北大哲学课

精讲

贾丹丹　苏玛　编著

品哲理、悟人生，与哲学大师零距离对话

探寻北大的知名学者、教授行走的足迹，
倾听他们永恒的人生哲理，
我们就可以从他们丰富的人生经历中汲取智慧和力量。

PHILOSOPHY

中华工商联合出版社

图书在版编目(CIP)数据

北大哲学课 / 贾丹丹，苏玛编著 . -- 北京 : 中华工商联合出版社，2018.2（2021.6 重印）

ISBN 978-7-5158-2187-0

Ⅰ．①北… Ⅱ．①贾… ②苏… Ⅲ．①人生哲学－通俗读物 Ⅳ．① B821-49

中国版本图书馆 CIP 数据核字（2018）第 010714 号

北大哲学课

编　　著：贾丹丹　苏　玛
责任编辑：林　立
装帧设计：北京东方视点数据技术有限公司
责任审读：魏鸿鸣
责任印制：迈致红
出版发行：中华工商联合出版社有限责任公司
印　　刷：唐山富达印务有限公司
版　　次：2018 年 8 月第 1 版
印　　次：2021 年 6 月第 2 次印刷
开　　本：710mm × 1020mm　1/16
字　　数：250 千字
印　　张：20
书　　号：ISBN 978-7-5158-2187-0
定　　价：78.00 元

服务热线：010-58301130
销售热线：010-58302813
地址邮编：北京市西城区西环广场 A 座
19-20 层，100044
http: //www.chgslcbs.cn
E-mail: cicap1202@sina.com（营销中心）
E-mail: gslzbs@sina.com（总编室）

前言

北京大学是一所屹立百年的高等学府，自 1898 年京师大学堂创建以来，她见证了中国近百年风云变幻的历史。在中国现代史上，北大是“新文化运动”兴起的摇篮，是五四运动的中心发祥地，也是多种政治思潮和社会理想在中国最早的传播地。在中国乃至世界，北大都享有极高的声誉。

人是精神的载体，说到北大，自然要说起北大的人和北大的精神。作为中国最具精神魅力的学府，北大英才辈出，堪称大师之园。百余年来，从北大走出了一大批优秀的学者、教授，他们从这里眺望世界，走向未来，以坚毅、顽强、前仆后继的精神，在这片辽阔的国土上传播着文明的种子。

早期的北大涌现出的杰出人物有蔡元培、陈独秀、李大钊、鲁迅、胡适、蒋梦麟等一大批学者，这些人是北大的先驱，也是北大精神的奠基者。之后，北大又培养了冯友兰、季羡林、梁漱溟、林语堂、朱光潜、张岱年等一大批大师级的学者。这些前辈以各自的思想和行动，共同为我们构造了一个独属于北大的人文哲学体系。

北大的哲学精神和人文气质不是物质的留传，而是一种灵魂的塑造和远播。一代又一代北大人传承和发扬着北大独特的精神气质和文化内涵，也彰显着自身与众不同的人生经验与生活智慧。他们广博的学识、闪光的才智与庄严无畏的思想，像一盏盏明灯，点亮我们的心灵，也照亮我们未来的道路。他们身上有太多值得我们学习的东西：勤奋、宽容、克己，等等。当然，更为重要的是北大人经过几年、十几年，甚至是几十年的思考而归纳出来的人生哲理。

当我们困惑迷茫之时，鲁迅告诉我们希望总在前方；当我们缺乏信念之时，冯友兰告诉我们各人的历史由各人写就；当我们陷入悲观之时，季羡林告诉我们每个人的生命都各有其意义；当我们总是匆匆地生活，无暇顾及身边的事物之时，朱光潜提醒我们慢慢走，要懂得欣赏生活之美……有一种光芒永不消逝，有一种精神永远留存。无数北大人以其博大的胸襟，为我们提供的是取之不尽、用之不竭的精神宝藏。不管我们处于何种精神状态，我们都能从他们所散发的智慧之光中，摘取一片我们需要的光芒，以驱散积存于我们内心的阴影，并且以另外一种眼光看待世界，看待现实生活带给我们的不尽如人意。

因此，即使我们没有进入北大学习，即使很多先哲已经离我们远去，但是探寻大师们行走的足迹，倾听他们永恒的人生哲理，我们就可以从他们丰富的人生经历中汲取智慧和力量，以帮助我们更好地经营自己的人生，从而能够拥有一份成熟、稳重和练达，悦纳世间百态，笑看人生风云。

本书撷取了许多北大先哲的精彩言论、真实的人生经历，并结合大量生动深刻的故事，详尽地阐述了北大人的生命智慧和人生哲理，体现了北大人身上所具有的独特的智慧、博大、厚重与坚强。阅读本书，聆听大师们的谆谆教诲，汲取其人生经验和智慧，学会从容地面对生活中的各种问题，深刻地理解和把握人生，多一些得、少一些失，多一些成功、少一些失败，创造出属于自己的辉煌。

目录

第一篇 以平常心泰然处世

第二篇　心中洒满阳光，世界才会透亮

第三篇　人生的价值在于拼搏

第四篇　选择比努力更重要

第五篇　培养美好的品性

第六篇　给心灵留一片自由的空间

第一篇
以平常心泰然处世

第一章

修持一颗平常心

平常心是生命中最宝贵的东西

我在茫茫人海中，寻找自己灵魂之唯一伴侣。得之，我幸；不得，我命。如此而已。

——徐志摩

平常心是一种情趣、一种修养、一种韵味。平常心是一个人心灵中最美丽的地方，因为它是最上乘的人生哲学，是一种生活艺术。拥有这颗心的人能够“像一个凡人那样活着，像一个诗人那样体验，像一个哲人那样思考”。

人的一生，或多或少，总难免有浮沉，不会永远如旭日东升，也不会永远痛苦潦倒。面对人生的起伏，真正的高手都是那些能以平常心牢牢地驾驭人生这匹烈马的人。古人说：“君子如兰。”懂得用一生践行谦逊之道的人，就是古人所说的君子，他们温婉含蓄、风度翩翩，用美德的芬芳熏醉着世人。保持平常心使你在成功的路上不但越走越远，还越来越有内涵、越来越有魅力。

林语堂先生说："我总以为生活的目的即生活的真享受，是一种人生的自然态度。"保持一颗平常心，波澜不惊，生死不畏，于无声处听惊雷，超脱眼前得失，不受外在情感的纷扰，喜怒哀乐，收放自如，才能体会到"采菊东篱下，悠然见南山"的自在。

曾经有一天，一个信徒这样问慧海禅师："您是有名的禅师，与芸芸众生不同，您是如何做到超越常人的呢？"

慧海禅师答："很简单，我感觉饿的时候就吃饭，感觉疲倦的时候就睡觉。"

"这算什么超越常人之举，每个人都是这样的，有什么区别呢？"

慧海禅师答："当然是不一样的！"

"为什么不一样呢？"信徒又问。

慧海禅师说："他们吃饭的时候总是想着别的事情，不专心吃饭；他们睡觉时也总是做梦，睡不安稳。而我吃饭就是吃饭，什么也不想；我睡觉的时候从来不做梦，所以睡得安稳。这就是我超越常人之处。"

慧海禅师继续说道："世人很难做到一心一用，他们在利害中穿梭，囿于浮华的宠辱，产生了'种种思量'和'千般妄想'。他们在生命的表层停留不前，这是他们生命中最大的障碍，他们因此而迷失了自己，丧失了'平常心'。要知道，只有将心灵融入世界，用心去感受生命，才能找到生命的真谛。"

保持一颗平常心，做到无为、无争、不贪、知足，保持对名利的淡泊心，对屈辱的忍耐心，对他人的仁爱心，做好每天当作之事，享受每一件事情带来的快乐，自然会有足够的力量来承担生活中永恒存在的挫折和痛苦，也自然能够获得更纯粹的幸福。

老子说："圣人处无为之事，行不言之教。"其所谓的无为，不在于毫无作为，而在于顺乎自然，遵从自然之道。面对人生，我们要选择闲看云

卷云舒、花开花落的心境，选择一种从容自在的人生态度，既要正视生活中的悲欢离合，做到宠辱不惊，也要正确定位自己的人生坐标，做到自在随意。

中国古代有很多人因失去平常心，得意忘形，从而招致灾祸，沈万三就是其中之一。

沈万三是明初江南首富，原籍为浙江湖州南浔。洪武三年（1370年），输粮京师，明太祖亲自召见，故其名噪一时。明太祖修建南京城，他捐了大量资财。《明史·马皇后传》记载："吴兴富民沈秀者，助筑都城三分之一，又请犒军。帝怒曰：'匹夫犒天子之军，此乱民也，宜诛之。'后曰：'其富敌国，民自不详。不详之民，天将灾之，陛下何诛焉？'"终因其富可敌国，成为皇家的心腹大患，家产被抄，全家被发配到云南。

俗话说："何妨得意，不可忘形。"沈万三虽富可敌国，却得意忘形，终落得家破人亡的悲惨境地。得意不可忘形，同样，失意也不能忘形。道理极简单，在失意忘形者的身后，也会有苦痛接踵而至。

平常心贵在平常，这也是一种超脱眼前得失的清静心、光明心。贫贱不能移，富贵不能淫，威武不能屈；安贫乐富，富亦有道；得到一点成功，看见些许景象，也不沾沾自喜，四处张扬；即使悲剧来袭，遇到许多不顺，也不怨天尤人，这样就是拥有了一颗平常心。

平常心是一种心态，是生命盛开的鲜花，是灵魂成熟的果实。平常在心，在于修身养性，平静便无处不在。只要有一颗看淡荣辱之心，追求自然者，便能心胸开阔，不被诱惑，坦荡自然。

保持一颗平常心能使一个人耳聪目明，看到别人的优势，也看到自己的不足。一个拥有平常心的人，偶有所得、偶有成就，他绝不会夸张地宣扬，因为他知道他的所得和成就，和过去别人的所得和成就比较起来太渺小，太微不足道。这样积极、谦逊的人，才能在一个成功上铸就新的成功。

不以物喜，不以己悲

走运时，要想到倒霉，不要得意得过了头；倒霉时，要想到走运，不必垂头丧气。心态始终保持平衡，情绪始终保持稳定，此亦长寿之道。

——季羡林

范仲淹在岳阳楼记上感叹道：“嗟夫！予尝求古仁人之心，或异二者之为，何哉？不以物喜，不以己悲。”意思是说，不因外物的好坏和自己的得失而或喜或悲，凡事都以一颗平常心看待。

孟子说：“士穷不离义，达不离道。”如果一个人很轻易就被身边发生的事改变心态，那么他永远都会为外物所累。范仲淹之所以能获得如此大的成就，能够不怨天尤人，保持积极乐观的心态，实在得益于“不以物喜，不以己悲”的思想境界。

“不以物喜，不以己悲”是一种人生境界，它要求我们学会取舍，学会忘却，能够宠辱皆忘，能够挣脱物质的诱惑，摆脱名利枷锁，泰然面对一切，做一个超然物外之人。这是一种大境界，也就是国学大师王国维所说的“无我之境”。不管是怎样的诱惑，不管处于什么状态，都能保持一颗平静的心，不喜、不悲、不痛、不恨。

但是，现实生活中，我们似乎总是缺乏“泰山崩于前，而面不改色”的勇气；缺乏“不义富且贵，于我如浮云”的从容，所以，既难以拒绝生活的威胁，也难以拒绝生活中的诱惑。当那些能搅乱内心的事物出现的时候，我们再也无法享受淡定的人生。

战国时期，靠近北部边城，住着一个老人，名叫塞翁。塞翁养了许多马，一天，他的马群中忽然有一匹走失了。邻居们听说这件事，跑来安慰，劝他不必太着急，年龄大了，多注意身体。

塞翁见有人劝慰，笑了笑说："丢了一匹马损失不大，没准会带来什么福气呢。"

邻居听了塞翁的话，心里觉得很好笑。马丢了，明明是件坏事，他却认为也许是好事，显然是自我安慰而已。过了几天，丢失的马不仅自动返回家，还带回一匹匈奴的骏马。

邻居听说了，对塞翁的预见非常佩服，向塞翁道贺说："还是您有远见，马不仅没有丢，还带回一匹好马，真是福气呀。"

塞翁听了邻人的祝贺，反而一点高兴的样子都没有，忧虑地说："白白得了一匹好马，不一定是什么福气，也许会惹出什么麻烦来。"

邻居们以为他故作姿态纯属老年人的狡猾。心里明明高兴，有意不说出来。

塞翁有个独生子，非常喜欢骑马。他发现带回来的那匹马顾盼生姿，身长蹄大，嘶鸣嘹亮，一看就知道是匹好马。他每天都骑马出游，心中扬扬得意。

一天，他高兴得有些过火，策马飞奔，一个趔趄，从马背上跌下来，摔断了腿。邻居听说，纷纷来慰问。

塞翁说："没什么，腿摔断了却保住性命，或许是福气呢。"邻居们觉得他又在胡言乱语。他们想不出，摔断腿会带来什么福气。

不久，匈奴兵大举入侵，青年人被应征入伍，塞翁的儿子因为摔断了腿，不能去当兵。入伍的青年都战死了，唯有塞翁的儿子保全了性命。

这是塞上老翁的故事，正是"塞翁失马，焉知非福"这一成语的由来。这种透过长远时空、利弊并重的思考问题的方式，自然产生"不以物喜，不以己悲"的处世心态，遂成为中国传统文化中睿智的典型。

世上有一些东西，是你自己可以支配的，比如兴趣和志向。在处世和做人方面好好努力，至于努力的结果是什么，只须顺其自然。因此，如果我们尽了力，结果得到的不是最好，而是次好、次次好，我们也应该坦然地接受。人生原本就是有缺憾的，在人生中需要妥协。不肯妥协，和自己过不去，其实是一种痴愚，是对人生的无知。

德国的尤利乌斯先生是一个画家，而且是一个很不错的画家。他的画中都是快乐的世界，因为他自己就是一个非常快乐的人。不过却很少有人来买他的画，这使他想起来有点伤感，但那也只是一小会儿。

有一天他的朋友劝他说："玩玩足球彩票吧！只花两个马克就可以赢很多钱！"

性格随和的尤利乌斯听后就花了两个马克买了一张彩票，并且真的中了彩，他因此赚了50万马克。

他的朋友前来祝贺，对他说："你多走运啊！现在你还经常画画吗？"

尤利乌斯笑着回答说："我现在只画支票上的数字！"

尤利乌斯买了一栋别墅并装修了一番，他很有品位，买了阿富汗地毯、维也纳柜橱、佛罗伦萨小桌、迈森瓷器，以及古老的威尼斯吊灯来装饰这栋别墅。装修完毕之后，他很满足地坐下来，点燃一支香烟静静地享受着新居的美妙，忽然他想到应该去看看朋友了，就把烟往地上一扔，马上出门了。燃烧着的香烟躺在地上，点燃了华丽的地毯。

一个小时以后别墅变成了火的海洋，真到完全消失在灰烬中。

朋友们很快知道了这个消息，纷纷跑来安慰尤利乌斯："尤利乌斯，真是不幸啊！"

尤利乌斯反问他们说："怎么不幸了？"

"大火造成的损失啊！尤利乌斯，你现在什么都没有了。"

尤利乌斯回答说："什么呀？不过是损失了两个马克而已。"

物质的得失是人生的常态，当我们将物质与心灵捆绑在一起的时候，我们的心境就会随着物质的得失而大起大落，大喜大悲。尤利乌斯做到了不以物喜，不以己悲，所以才拥有了平和宁静的心境，不因人生的得失而困扰。

生活中，有许多人因为毫无节制的狂热而骚动不安，因为不加控制欲望而浮沉波动。整日被自己的欲望所驱使，好像胸中燃烧着熊熊烈火一样；一旦受到挫折，一旦得不到满足，便好似掉入寒冷的冰窖中一般。生命如此大喜大悲，哪里还有平静可言？

我们知道，竹林七贤本是魏晋时期的隐士高人，他们在竹林中饮酒赋诗，过着神仙般的生活。但他们最终分崩离析，原因就在于其中的部分人难以耐得住那份清凉与寂寞，红尘的诱惑使得他们的内心蠢蠢欲动，最终走出“竹林”，投入俗世当中。

所以，与其说“不以物喜，不以己悲”是一种心态，不如说是一种静美的人生哲学。一切大智慧、一切摆脱烦恼的秘诀原本不在大风大浪中，也不在沧桑变迁间，只在日常生活中。这种至上境界是在很多人生经历之后，方才明白“历经千山万水，原来只隔条溪”。

世态炎凉心不凉

对世态炎凉的感受或认识的程度，却是随年龄的大小和处境的不同而很不相同的，绝非大家都一模一样。我在这里发现了一条定理：年龄大小与处境坎坷同对世态炎凉的感受成正比。年龄越大，处境越坎坷，则对世态炎凉感受越深刻。反之，年龄越小，处境越顺利，则感受越肤浅。这是一条放诸四海而皆准的定理。

——季羡林

俗语说：“人情冷暖，世态炎凉。”我国最早在先秦时期，这种世情风气就已经形成并蔓延在社会上，直到今天，也没有完全根除。“贫居闹市无人问，富在深山有远亲”就是这一现象的真实写照，当我们看够了人间的沧桑沉浮，听惯了社会上的风言冷语，知道了利益是永恒追求的时候，作为社会性的人就很容易变得自私和漠然。

人们常说：“人在江湖，身不由己；失又何悲，得又何喜。曾经沧海，不期而遇。繁花过后，落陌成溪。”在这个复杂的世界，想发现简单的、单纯的情感实属不易，心灵深处的感动更是难以被激发，所以，从古至今，会有人一直感叹着世态炎凉。

在当今竞争激烈的社会中，能够保持一种世态炎凉心不凉的心态，显得格外珍贵。因为世态炎凉并非是说真情已经不存在，而是更加能够衬托真情的可贵。如果你的身边能够有人在你大起大落的时候，待你始终如常，那么你应该感到非常庆幸，因为你终究还是获得了真情。所以，古人对此也有盛赞：“一死一生，乃知交情，一贫一富，乃知交态，一贵一贱，交情乃见。”

从古至今，有很多的书籍都对世态炎凉进行了描述，并且教我们怎样应对。其实，完全没有必要去相信。对待世态炎凉的最好办法就是世态炎凉心不凉，只要我们始终对生活充满热情，将生活中的人情冷暖，视为风轻云淡，那就足够了。

人走，茶凉，是自然规律；人未走，茶已凉，那便是世态炎凉。一杯茶，佛门看到的是禅，道家看到的是气，儒家看到的是礼，商家看到的是利。而茶说：“我就是一杯水，给你的只是你的想象，你想什么，什么就是你。”所以，心既茶，茶既心。人与人之间的关系有时很微妙，浓淡可能不在远近而在造化。其实，人情世情，冷暖自知，不如看茶是茶，看心是心。

《红楼梦》的作者曹雪芹恐怕比任何人对世态炎凉都要有感触。曹家本和皇室有着密切的联系，康熙皇帝南下的时候也曾经住在他的家中。这样的荣宠无量，不知道有多少人对曹家巴结奉承，曹雪芹作为曹家的一分子，自己也见过很多这样的嘴脸，年幼的曹雪芹就在这秦淮风月之地过着众星捧月的生活。

但是“天有不测风云，人有旦夕祸福”，雍正年间，曹雪芹一家受政治斗争的牵连，被查抄家产，曹雪芹从贵公子，一下子成了贫民。

这个时候，那些曾经想要依附曹家的人全都作鸟兽散，曹雪芹也不再是别人心中的贵公子，而是一个落魄之人，昔日那些人也没有一个人愿意再与他来往。一贫如洗的曹雪芹在那个时候终于感受到了真正的世态炎凉。

但是曹雪芹没有因此对生活失去信心，经历过伤痛之后，曹雪芹安贫乐道，过着自己的日子，即使衣食无着，他也毫不在意。在这样的生活中，曹雪芹走上了文学创作的道路，最终写出了旷世奇作《红楼梦》。

人情冷暖、世态炎凉是一种世俗情态。正是因为有了许多世态炎凉的故事，败坏了人与人之间的真诚友情，产生出许多消极的所谓的“世情格言”。比如“知事少时烦恼少，识人多处是非多”“入山不怕伤人虎，只怕人情两面刀”“逢人只说三分话，未可全抛一片心”等。把正常的人际关系交往笼罩一层人情反复世态炎凉的阴云，或许因为这词义弄得人们心灵一片荒芜。

许多有识之士揭露和批判过这种丑恶世态。对这些现象，我们当然无法视而不见，甚至完全不受侵蚀也是不容易做到的。但我们可以努力丰富自己的知识，尽可能地对那些丑恶的东西有清醒的认识，净化自己的灵魂，陶冶自己的情操，以抵制世俗的恶习。正像古人所说的：以青铜作镜子，可以正衣冠，以历史作镜子，可以知兴亡，以别人作镜子，可以明得失。

人生苦短，匆匆几十年。在这个世界上，没有什么是我们一定要拥有的，也没有什么是我们无法忘记的。我们尽可以放开那些在我们生命中无法长久存留的，不去钻进欲望的沼泽。如果我们心中保有梦想，我们就能以一种平和的目光去看待周围的人和事。有时候，我们能看清自己是一个入世的人，这本身就是一件很幸运的事。我们有理由笑看今天和明天，

笑看我们经历过的和即将经历的。一切都会好起来的，我们的心，我们的路，都会清晰；人情冷暖，世态炎凉，也将一一看透。

其实，我们的生活宛如一架钢琴，黑白键相互交错，奏出一首首交响曲，有高音，必有低调；有欢快的节奏，也有悲伤的韵律。其实，无论遭遇的是黑色的，还是白色的，无论人情多么淡薄，我们都可以将它看成是将生命弹奏优美旋律的乐器。只要热爱生活，我们就可以像蚌壳一样，将烦恼它的沙砾化成珍珠，生活的世界依然会是柳暗花明又一村。淡看世态炎凉，人间自有真情在，保持积极的心态和感恩的心，就会拥有快乐的生活。

有人说："人情似纸张张薄，世事如棋局局新。"其实，人生风雨，是我们锻炼心性的环境；世态炎凉，是我们忍耐心性的地方；世事黑白，是我们修炼操行的资源。总而言之，淡看世态炎凉，不管人情冷暖，拥有一颗关爱他人、善待自己的心，我们才能积极地面对人生，在暖意的世间真实地生活。

生命无常，泰然处之

我有两种看待人生的方法。在第一种方法里，我把我自己摆在前台，和世界一切人和物在一块玩把戏；在第二种方法里，我把我自己摆在后台，袖手看旁人在那儿装腔作势。

——朱光潜

人生都要经历生老病死，如同春夏秋冬的轮转一样，是一种自然现象。所以，面对生命无常的泰然心态，不但不是消极的，反而是积极进取的，是给人以希望与光明的。因为，只有明白了生命的无常，才会珍惜生命的有限，才能放下无谓的执着，才可以坦然地面对人生的苦难。

自然通达之人，能够看破事物的表象，优游物外，而化解险境和忧烦；一般凡夫俗子却总被世间的烦恼困惑缠缚而难以自拔。天地间的万事万物，不论美与丑、善与恶、得与失，既是相对，亦非绝对，却是无常的，缘生的。在热闹的尘世中，看破了名利、得失的虚妄，放下了贪爱的执着，活也活得自在，死亦死得安然。唯有旷达超然的态度，以乐观、宽容的心去正视现实，眼下的世界才会越来越广阔。

佛说："涅槃寂静。离苦得乐，苦与乐乃是生命的盛宴。"活在世间的生命，总是感慨苦多于乐，要离苦才能得乐。因此，佛学是离苦得乐的哲学。只有深刻体验苦，才能透彻体会其中之乐。

圆满的人生并不是一辈子没有吃过苦、没有失过恋，而是经历过、体验过、面对过那苦的滋味，超越那苦的感觉。苦为乐、乐为苦，苦与乐的感受全在于一心。达摩面壁，凡人皆称其为苦修。达摩祖师在静修中心归空灵、慧及宇宙，体肤之苦尽皆化为心灵的极乐，并无半点苦楚可言。世间许多有非凡成就的人并不害怕困苦，他们往往以自己的智慧和心胸化苦为乐，让自己的人生变得更从容、更成功。

法国作家巴尔扎克就是一个善于以苦为乐的人。

巴尔扎克是法国现实主义作家的代表。巴尔扎克一生共完成了 90 部长篇小说，平均每天工作 12 小时以上。每天深夜 12 点时，仆人就会叫醒他，于是他穿上衣服，立刻奋笔疾书。一般他会连续写五六个钟头，直到累到极点才会离桌休息。

巴尔扎克是举世公认的观察和剖析人性的高手，但在现实生活里，他却不太精明。年轻时，他曾经商失败，欠下了 6 万法郎的债务。等他成名后，尽管收入不菲，但由于奢侈浪费，最后弄得入不敷出。在他入不敷出的日子里，还发生了一桩趣事。

有一天晚上巴尔扎克醒来，发觉有个小偷正在翻他的抽屉，他不禁哈哈大笑。小偷问道:“你笑什么?”

巴尔扎克说:“真好笑，我在白天翻了好久，连一毛钱也找不到，你在黑夜里还能找到什么呢?”

小偷自讨没趣，转身就要走。巴尔扎克笑着说:“请你顺手把门关好。”

小偷说:“你家徒四壁，关门干什么啊?”

巴尔扎克幽默地说:“它不是用来防盗，而是用来挡风的。”

巴尔扎克曾自诩要超过拿破仑:“他的剑做不到的，我的笔能完成。”他的确做到了，虽然他只活了50岁，却留下许多伟大的作品，为人们提供了巨大的精神财富。

苦与乐并非是相互对立的，而是相辅相成、相互转化的。人的一生总要生活在一种特定的境遇中，无数的不同境遇连起来，便构成了一个完整的人生线段。这个处境线既不可能是圆的，也不可能是直的，在生命的长河中，我们总是会碰到各种各样的急流险滩，但是也会搭上顺风船，一路风平浪静。

唐代的孔颖达是为《周易》作详细注解的大学者。这天，他注释到“丰”卦的时候，不知该如何下笔，伏在桌子上睡着了。梦中，他遇到了先哲孔子，孔颖达赶紧问道:“伟大的圣人啊，请告诉我什么是‘丰’吧。”

孔子反问道:“那你说什么是‘丰’呢?”

孔颖达毕恭毕敬地回答说:“按照学生的看法，‘丰’就是丰富、顺利、兴旺的意思。”

孔子捋着白胡子笑了，说:“是这样的，可是你只说对了一半。你看，太阳在天空中运行，正当顶的时候，骄阳万里，可是大家都知道，过了这个顶峰，它就向西方倾斜了。月亮到了每月十五，圆圆的像一面明镜，可是从第二天开始，它就开始亏缺了。夏天最炎热的时候，一片叶子悄悄落下，昭示着秋天即将来临。正午的太阳不‘丰’吗?十五的月亮不‘丰’吗?万物生长的夏季不‘丰’吗?可是，它们都面临着下降、亏缺和衰败的危险啊。”

孔颖达恍然大悟，醒来后，在“丰”卦下写道：“日月盈亏，寒暑往来，山陵升降，都是一个道理啊。增长的时候随着时间一同增长，衰减的时候也随着时间一同衰减，天地日月这样的宏伟之物还不能长久，更何况是人呢？所以，一定要在盛的时候想到衰，在存的时候想到亡，警惕吧。”

万事万物处于一个不断变化的过程中，好的可以变坏，弱的可以变强，冬去春来，斗转星移，所以，我们要举起双手划桨，左手上写着“乐观”，右手上写着“忧患”，两只手同时用力，就不会让心灵偏离正确的航向。

其实，每个人都有“潜龙在渊”的阶段，此时一定要保持乐观的心态，相信即使我们身处逆境、四面楚歌，也一定会有“山重水复疑无路，柳暗花明又一村”的那一天。不过，一味乐观就有了盲目之嫌，所以要学会在乐观的同时未雨绸缪，心中长存忧患意识，否则换来的可能是盛极而衰的结局。另外，就现实的情形而言，悲观失望者一时的呻吟与哀号，虽然能得到短暂的同情与怜悯，但最终的结果必然是别人的鄙夷与厌烦；而乐观上进的人，经过长久的忍耐与奋斗，最终赢得的将不仅仅是鲜花与掌声，还有别人饱含敬意的目光。

平平淡淡才是真

圣人的生活，原也是一般人的日常生活，不过他比一般人对于日常生活用品了解得更为充分。了解有不同，意义也有了分别，因而他的生活超越了一般人的日常生活。

——冯友兰

有位哲人说过：“做人的极致是平淡。”周国平先生也曾说：“最低的

境界是平凡，其次是超凡脱俗，最高是返璞归真的平凡。”所以我们说，平平淡淡才是真，它是一种归宿，也是一种胸怀。当我们拥有了一颗淡然之心，也就拥有了宁静、淡泊、从容和美好。

世间万物都是平平淡淡的。小草是平平淡淡的，它用自己轻柔的生命，铺就了绿色天涯；水流是平平淡淡的，它坚持不懈，能把顽石击得百孔千疮；母爱是平平淡淡的，却能使铮铮铁汉潸然泪下。用一个平平淡淡的心去看这个世界，你就会发现美无处不在，看似平淡的生活，其实是绚丽多彩的。

佛家讲，有求皆苦；儒家说，无欲则刚；道家言，清心寡欲方为道。渔人说，心平好过海；农夫说，知足者常乐；读书人曰，人到无求品自高。众说纷纭，虽然说法各自不同，但是道理却是一样的：平平淡淡才是真，难得一颗平常心。荣华富贵不过是一场梦，人生不过一轮回。

张中行先生为人治学都讲求平淡朴实。他的心态很平淡，他没有什么刻意的要求，他做任何事情都是希望顺其自然。而这种顺其自然，也就是一种平淡的真实。他的二女儿张文说：“父亲死后没有留下任何遗言，但即便是能留，他也不会留的。因为他对任何事情都看得很淡，希望一切都能顺其自然。”季羡林曾评价张中行先生“学富五车，腹笥丰盈”，并用“高人、逸人、至人、超人”来形容这位老友。

每一次经历，都始于平淡，也归于平淡，这就是我们的生活。平淡并不拒绝轰轰烈烈，然而，无论多么绚烂，最后都会归于平淡，曾经所有的丰功伟业，也必将归于平凡的过往。

其实，幸福就像手心里的沙，握得越紧，失去得越快；欲望又像彼岸的花朵，隐约可见，却无法触摸。与其终日如发条般紧绷度日，不如放松下来，拥有一份平淡的心境，也便拥有一种惬意的生活。

62岁的苏轼被朝廷贬到海南时，天空正下着绵绵细雨，斜风吹打在身上，透出一丝凄凉。虽然居陋室，食粗饭，但苏轼并不以之为苦，倒是经常和当地士绅百姓共叙桑麻乐事。他也不以文豪自居，入乡随俗，身披当地衣冠，走街串巷，享受难得的快慰。

一次，苏轼来到一座山头，惹来一个黎山樵夫的善意笑声。虽然语言不通，但樵夫也看得出，他是一个身居山林的贵人，出于对他的好感，慷慨地送了一匹布，好让他抵御寒冷的海风。

苏轼和周围的邻居关系也非常融洽，左邻右舍常送饭食给他。当人们听他说起往事的时候，苏轼的脸上总是乐呵呵的，并没有伤感怅然之色，笑称“昔日富贵，一场春梦”。

而事实上，苏轼在海南的谪居生活是十分困顿的。岭南天气卑湿，地气蒸溽，而海南为甚，这对于年老的苏轼，无疑是难以适应的。

但是苏轼去世前自题画像却将贬官黄州、惠州、儋州看成是自己的平生功业。

由此可见，苏轼是深谙“平淡才是生活”这个道理的，而且他也做到了，他为后人留下的豪放词句就是最好的证明。

平淡则安乐，其实，人生不过如此。只需用心做好眼下应做之事，人生就会像“云在青天水在瓶”般自然，同时也就能从中悟出平淡生活中的智慧。

平淡是真性灵的流露，是原原本本的自然呈现，不用刻意强求，只有借由神奇妙手，腹有诗书气自华的气定神闲，自然下笔行云流水。平淡好滋味，不用多沾上一点调味料，味道依然恬淡风清，令人赏阅品尝后，口齿留香，身心舒朗，言有尽而意无穷。

平淡是一种崇高深远的智慧，是哲理，也是人世间最深刻的美。心淡如菊，心静如水，那是一种美的精神境界。在嘈杂的红尘人世中，不张扬，不浮夸，凡事看到别人的长处，检自己的不足。这样的淡淡在荣辱

之外，淡在名利之外，淡在诱惑之外，却淡在风华之中。这样的淡，能让我们在物欲横流的滚滚红尘中，击破纷扰，洞察世事，洞察繁华，回归本真。

或许当我们白发苍苍，悠闲地躺在树下的藤椅上，旁边放着一杯香茗，手里拿着一本书时，也许我们会懂得享受生活的平平淡淡。到那个时候，已然是“曾经沧海难为水，除去巫山不是云”，我们的一生即将逝去。在那个时候，我们才会发现生命的珍贵、生活中的美好，才会明白自己的一生其实是在虚度，自己的心灵没有享受过片刻的安宁，将是一件很可悲的事。

在生活中，我们被很多表象所迷惑，人们总是在为生活而奔波，追名逐利，不断地追求金钱、权势和地位，却忽视了生活最本质的东西，那就是平淡即是人生之真味。平淡之中能见真情真意，平淡之中是一种另类的幸福所归。回归平淡，乃人生之真境，虽看似淡而无味，品尝之时却有幸福的甘甜。

第二章

淡泊名利是人生的最高境界

淡泊以明志，宁静以致远

一个有成就的科学家，他最初的动力，绝不是想要拿个什么奖，或者得到什么样的名和利。他之所以狂热地去追求，是因为热爱和一心想对未知领域进行探索的缘故。

——王选

诸葛亮在《诫子书》中说道："非淡泊无以明志，非宁静无以致远。"因此，中国人不仅倾慕诸葛亮的神机妙算，还欣赏他的淡泊人生观，常常借用这句"淡泊以明志，宁静以致远"来自我勉励。

淡泊的心态也是孔子所提倡的，《论语》里他讲到"无欲则刚"，意在告诉人们：一个真正强大的人是"没有欲望"的——因为"没有欲望"，所以才不会患得患失。

淡泊与宁静，是一种宠辱不惊的淡然与豁达，是一种历经尘世间诸多磨难和变迁后的成熟与从容，也是大彻大悟的宁静心态。淡泊名利并非不追求名利，而是能在名利中游刃有余，顺势取得名利，并及时从名利中抽身。只有这样，我们的一生才不会被名利牵绊，身在红尘里飘摇，心在诗意地栖居，拥有一个洒脱的人生。

《瓦尔登湖》的作者梭罗为了写这本书，决心去森林中过两年隐士生活。梭罗以种豆和玉米为食，摆脱了一切剥夺他时间的琐事俗务，专心致志，去体验山林湖泊的景色与他心灵所产生的共鸣。这样，他便从中发现了许多道理，从而完成了这本名著。

而我们身处这样一个浮躁的时代，往往心浮气躁，似乎难以找到那种宁静、平和的精神境界。然而，对于每一个人来说，看轻世俗的名利，才能明确自己的志向；身心安宁恬静，才能实现远大的理想。

季羡林是淡泊名利的表率，当他在学界声誉四起之后，各种邀请、聘任、采访纷至沓来。面对众多虚名实利，季先生却选择了躲避，对于这些他是能推就推，不能推掉的也尽量不让它影响到自己的正常生活。

1981 ~ 1998 年的 17 年间，当有的人靠着资历名望大赚外快、大捞实惠的时候，季先生却把自己关在书斋里，把全部精力都放在对《唐史》的撰写上面。

季羡林告诉我们：只要有“淡泊以明志，宁静以致远”的心态，我们就能从容应对一切的挫折与困难。因此，一个人要想使自己的头脑清明起来，必须先放下一切，使自己真正空起来，才能拥有无限的可能。

“淡泊明志，宁静致远”是追求精神境界的一种方式。淡泊名利不是超凡脱俗，宁静致远不是与世无争。

财富追求无止境，地位追求无止境，人生的意义在哪里？当人们成为财富和地位的奴隶时，不是快乐和幸福，只有痛苦和烦恼。淡泊是不要成为财富和地位的奴隶，明志是明确自己的志向，是要做出贡献，这样就可以在恬静的人生中感受更美的风景。

淡泊就是不争，不纠结，不骄躁，保持平常心的心态去面对人和事，“淡中出真味，常中识英奇”，越是生性淡泊的人越能体会平淡中的长久。淡然而不虚妄，从容面对得与失，静心必能修性致，淡泊可少纷争，锦衣丰食不长久，安于本分，淡泊随性，才能快乐生活、安然度日。

宋朝的雪窦禅师喜欢云游四方访学，这天，禅师在淮水旁遇到了曾会学士。曾会问：“禅师，您要到哪里去？”

雪窦回答说：“不一定，也许去往钱塘，也许会到天台那里去看看。”曾会建议道：“灵隐寺的住持珊禅师和我交情甚笃，我给您写封介绍信，您带去交给他，他一定会好好招待您的。”

于是雪窦禅师来到了灵隐寺，但他并没有把曾会的介绍信拿出来，而是潜身于普通僧众之中过了三年。

三年后，曾会奉令出使浙江，便到灵隐寺去找雪窦禅师，但寺僧告诉他说并不知道这个人。曾会不信，便自己到云水僧所住的僧房内，在一千多位僧众中找来找去，终于找到了雪窦禅师。

曾会不解地问：“为什么您不去见住持而隐藏在这里呢？是我为您写的介绍信丢了吗？”

雪窦禅师微笑着回答道：“不敢不敢。我只是一个云水僧，一无所有，所以我不会做您的邮差的！”说完拿出介绍信，原封不动地交给曾会，两人相视而笑。曾会随即将雪窦引荐给住持珊禅师，珊禅师甚惜其才。后来，苏州翠峰寺缺住持，珊禅师就推荐雪窦去任职。在那里，雪窦终成一代名僧。

人格的伟大之处就在于：它超出了欲望的需求而追求品德的完善。一个人做到淡泊、宁静的时候，就是放弃了心中的杂念，就是清空了心灵中积存的枯枝败叶。人只有清空了心灵，才能最大限度地获得生命的自由、独立，才能收获未来的光荣与辉煌。

“淡泊明志，宁静致远”不仅是自我调节的心境宁静，而是要有更高的追求目标。淡泊于名利才能有更高的志向，将人们共同的快乐和幸福作为个人追求的目标，就会有持久的快乐。宁静才能对事物的规律有更清楚地认识，才能在努力奉献的过程中少犯错误。终日劳碌会烦恼，无所事事会更烦恼。

当人们处在劳碌之中时，会因为烦恼不能静心而更忙碌，如果能静心可以事半功倍，因为许多人是在反复重复着自己的错误。静心可以看清自我、提高智慧，提高智慧就能有更高的境界，境界提高了就会减少错误。

人生如花草植物，枯荣不定，岁月无情，生命短暂，名利对于我们来说就是过眼云烟，根本不用为功名利禄而煞费苦心。

其实，每个人都应该从功名利禄交织的尘世中超脱出来，认清生命的本质，从而掌握人生的禅机，游刃于变幻莫测的人生。只有做到淡泊，方能真正体会人生真义；只有心灵宁静，方能在生命的旅途中走得更远。

以成就为重，而非以名利为先

核武器事业，是成千上万人的努力，才能取得成功的！我只不过做了一小部分应该做的工作，只能作为一个代表而已。

——邓稼先

有一位哲人说：“不要忽略参天大树之下的土壤。”现实生活中，我们往往被一种表象蒙住了眼睛，看不到光环笼罩下的表面背后，也需要有它坚实的基础。自然地，很多人都会重名利而轻成就。其实，成就与名利的关系就好像是花茎和花朵的关系，花朵虽然很引人注目，但是却需要花茎

为支撑；花茎虽然看起来很不起眼，却能为花朵传输养分，没有花茎的良好生长，就不可能有美丽的花朵存在。如果我们总是想着追求名利，而忽略了成就，那么我们的行为就有失明智了。

钱锺书先生是我国难得的通才、大家，无论是古学还是新学，无论是中文还是外语，他都无所不通，但更让人慨叹的，还是先生那不以名利为先的情怀。

曾经有一次，法国巴黎的《世界报》撰长文力捧钱锺书先生，认为中国最有资格荣膺诺贝尔文学奖殊荣的，非先生莫属。

每天阅读外国报纸的钱先生读到这一信息后迅速做出反应，马上在《光明报》上发表笔谈式文章，历数诺贝尔奖委员会的误评、错评与漏评。条条款款有根有据。其表面上是在批诺贝尔奖委员会，实际上却是在消除自己获奖的可能。

生活中，如果我们一开始的时候，就怀一颗名利之心去从事某个领域的钻研，那么，一方面我们会很难有所成就，另一方面，我们会忽略所做事情本身带给我们的快乐。要知道，名利之心会让我们在做研究的时候就难以心无旁骛，总是关心自己的努力究竟有没有换来应得的名利。我们总会衡量：如果有好处，我们可能会继续下去；如果没有的话，难免会有些沮丧，进而失去动力。

古罗马国王哈德良手下有一位将军，跟随自己长年征战。

有一次，这位将军觉得他应该得到提升，便在皇帝面前提到这件事。“我应该升到更重要的领导岗位，”他说，“因为我已经参加过10次重要战役。”

哈德良国王指着拴在周围的驴子说：“亲爱的将军，好好看看这些驴子，它们至少参加过20次战役，可它们仍然是驴子。”

在战场上没有功绩，就不会有本质的改变，就如同参加20次战争的

驴子一样，最终还是驴子。其实，很多人都与这位将军的想法一样，总是以名利为先，而非以成就为重。当工作任务没有成功地完成的时候，就产生“没有功劳也有苦劳”的想法，其实这样的人反而更难有大的成就。

其实，很多时候，一味追逐名利的心态会促使我们急功近利，难以下苦功、用心做事，总是计较暂时的得与失，这样就会大大地增加我们失败的可能性。

名利之心让我们总是把自己的付出与所得到的回报进行对比，追求付出与回报的对等，甚至是付出大于回报。一旦我们怀着名利之心去做某一件事情，必然不能全身心地投入其中，当然也就很难取得成就了。

有一个聪明的年轻人很想在所有方面都比他身边的人强，尤其想成为一名大学问家。可是，许多年过去了，他在其他方面都不错，就是学业没有长进。他很苦恼，就去向一位大师求教。

大师说：“我带你去爬山，到山顶之后你就会知道该如何做了。”

山路上有许多晶莹的小石头，很引人注目。每当见到漂亮的石头，大师就让年轻人装进袋子里背着。渐渐地，年轻人吃不消了。

“大师，如果再往袋子里放石头，别说到山顶了，恐怕我连动也不能动了。”他疑惑地望着大师。

“是呀，那该怎么办呢？”大师微微一笑。

“该放下。”

“那为何不放下呢？背着石头怎能登山？”大师笑了。

年轻人豁然开朗，向大师道谢。

从此，他再也不处处与人比较，而是一心一意做学问，果然进步飞快……

“但问耕耘，莫问收获”是我们成就一项事业应有的心态。任何一个人想要在某个领域取得成就，都必须付出非常大的努力，只有经过长时间的积累，才有可能最终有所成就。这也就要求我们必须不计代价地去做事。

对于大多数人来说，当我们决定要从事一项行业或研究的时候，往往并不是因为看到了这项行业和研究能给我们带来多少名利，而是完全出自于对这一行业或研究的兴趣和热爱，或者是某种崇高的理想，就像周恩来总理所说的那样“为中华崛起而读书”，这也许就可以称得上是一种赤子之心，也只有这样，我们才能在自己所从事的领域中取得成就。

其实，成就和名利是分不开的，当我们取得很高的成就的时候，名利自然也就随之而来。如果一定要将这两者分开的话，那么成就就是针对于我们所从事的行业或者研究本身而言的，而名利则是外人强加给我们的。而且，虽然成就和名利在一定情况下是相伴而生的，但是我们应该把取得的成就看成是最重要的，而不是以求取名利为第一要义。这样，我们在人生的路上才能看得更高，走得更远。

远离名利，自在生活

有修养的人士也只能避免利的诱惑，只有最伟大的人物才能够逃避名的诱惑。

——林语堂

名利是世上最难摆脱的诱惑之一，它让人产生幻觉、欲望、争斗，内心难以平静。人人都想将名利据为己有，却常常被名利俘获。这世上能够享受盛名高位，又能保持本性的，少之又少，这就是林语堂先生的名利观。

林语堂认为，只有那些伟大的人才能抵挡它们的诱惑。当权势、财富、名望等人造的幻象向那些人袭来的时候，他们只用宽容的微笑去接受，他们并不相信这些名利有什么特殊，拥有了它，自己又会有怎样的不同。正是有了这种思想和态度，他们才被林语堂先生称为伟大的人物和精神上的圣人。先生说他们的生活是简朴的，精神却是饱满和充实的。不为名利而惑的人是智者，只有这样的人才豁达、自由，少去忧伤和烦恼。

战国时代，孟子名气很大，府上每日宾客盈门，其中大多是慕名而来、求学问道之人。有一天，接连来了两位神秘人物，一位是齐国的使者，一位是薛国的使者。对这两人，孟子自然不敢怠慢，小心周到地接待他们。

齐国的使者给孟子带来赤金 100 两，说是齐王所赠的一点小意思。孟子见其没有下文，坚决拒绝齐王的馈赠。使者灰溜溜地走了。

隔了一会儿，薛国的使者也来求见。他给孟子带来 50 两金子，说是薛王的一点心意，感谢孟子在薛国发生兵难的时候帮了大忙。孟子吩咐手下人把金子收下。左右的人都十分奇怪，不知孟子葫芦里装的是什么药。

左右的人对这件事大惑不解，问孟子："齐王送你那么多的金子，你不肯收；薛国才送了齐国的一半，你却接受了。如果你刚才不接受是对的话，那么现在接受就是错了；如果你刚才不接受是错的话，那么现在接受就是对了。"

孟子回答说："都对。在薛国的时候，我帮了他们的忙，为他们出谋设防，平息了一场战争，我也算个有功之人，为什么不应该受到物质奖励呢？齐国人平白无故给我那么多金子，是有心收买我，君子是不可以用金钱收买的，我怎么能收他们的贿赂呢？"

左右的人听了，都十分佩服孟子的见解和操守。

名利与钱财世人都喜爱，让世人疲于奔命而又心甘情愿。但是人不能违背自己的良心与道义去拿不属于自己的东西，所以不义之财就算被你拿到了，将来也会要你十倍于它地偿还。一个人可以爱财，但是一定要取之有道。那些原本可以安享一生的人正是因为用旁门左道去发财，结果在监狱里终结了自己的人生。

《徐无鬼》篇中也有言曰：“钱财不积则贪者忧；权势不尤则夸者悲；势物之徒乐变。”就是说，追求钱财的人因钱财积累不多而忧愁，贪心者永不满足；追求地位的人常因职位还不高而暗自悲伤；迷恋权势的人，特别喜欢社会动荡，以便从中扩大自己的权势。

县城老街上有一家铁匠铺，铺里住着一位老铁匠。时代不同了，如今已经没人再需要他打制的铁器，所以，现在他的铺子改卖拴小狗的链子。

他的经营方式非常古老和传统，人坐在门内，货物摆在门外，不吆喝，不还价，晚上也不收摊。你无论什么时候从这儿经过，都会看到他在竹椅上躺着，微闭着眼，手里是一只半导体收音机，旁边有一把紫砂壶。

当然，他的生意也没有好坏之说。每天的收入正够他喝茶和吃饭。他老了，已不再需要多余的东西，因此他非常满足。

一天，一个文物商人从老街上经过，偶然间看到老铁匠身旁的那把紫砂壶，因为那把壶古朴雅致，紫黑如墨，有清代制壶名家戴振公的风格。他走过去，顺手端起那把壶。壶嘴内有一记印章，果然是戴振公的。商人惊喜不已，因为戴振公在世界上有捏泥成金的美名，据说他的作品现在仅存三件：一件在美国纽约州立博物馆，一件在中国台湾“故宫博物院”，还有一件在泰国某位华侨手里，是那位华侨 1993 年在伦敦拍卖市场上，以 56 万美元的拍卖价买下的。

商人端着那把壶，想以 10 万元的价格买下它。当他说出这个数字时，老铁匠先是一惊，然后很干脆地拒绝了，因为这把壶是他爷爷留下的，他们祖孙三代打铁时都喝这把壶里的水。

虽然壶没卖，但商人走后，老铁匠有生以来第一次失眠了。这把壶他用了近 60 年，并且一直以为是把普普通通的壶，现在竟有人要以 10 万元的价钱买下它，他转不过神来。

过去他躺在椅子上喝水，都是闭着眼睛把壶放在小桌上，现在他总

要坐起来再看一眼，这种生活让他非常不舒服。

特别让他不能容忍的是，当人们知道他有一把价值连城的茶壶后，来访者络绎不绝，有的人打听还有没有其他的宝贝，有的甚至开始向他借钱。他的生活被彻底打乱了，他不知该怎样处置这把壶。

当那位商人带着20万现金，再一次登门的时候，老铁匠没有说什么。他招来了左右邻居，拿起一把斧头，当众把紫砂壶砸了个粉碎。

现在，老铁匠还在卖拴小狗的链子，据说现在他已经106岁了。

老铁匠真正体悟到了人生的本质，他的心中已没有名利等身外之物的束缚，只想从容而安静地生活，因此，他才没有一丝犹豫地砸了别人眼里的宝贝，活出了属于自己悠闲的人生。

然而，名利之心产生容易，摆脱难，一旦产生，也可能带来许多不必要的烦恼。只有当一个人远离名利的困扰时，他才能对客观的、外在的出身、家世、钱财、生死、容貌等，都看得很淡很轻，才能够达到精神的超脱、洒脱的境界。正所谓去留无意，任天空云卷云舒；宠辱不惊，看窗外花开花落。

名利虽然很耀眼，但并不是越多越好。过于靠近，就会刺痛我们的双眼；过分追求，我们将会失去很多人生乐趣。所以，在我们的生命中，远离名利是一种人生的智慧，这样我们拥有的将是淡然自在的幸福生活。

淡然面对他人的评价

用沉默的力量与高尚的德行来对待他人的毁谤。

——季羡林

好誉而恶毁，乃人之常情，无可厚非。古代豁达的先贤一直倡导毁誉置之度外、宠辱皆不惊心。老子在《道德经》中说:“宠辱若惊，贵大患若身。何谓宠辱若惊？宠为下。得之若惊，失之若惊，是谓宠辱若惊。何谓贵大患若身？吾所以有大患者，为吾有身，及吾无身，吾有何患。”在老子眼里，宠辱观从始至终都不存在，因而无须惊心。

古人说“行高于人，众必非之”，赞誉和诋毁总是相伴而生的。当一个人取得很高荣誉的时候，也就逐渐地走向了公众视野，得到很多人的关注。这个时候，有人会赞誉他的功绩，也会有一些不明真相或者带着某种目的去诋毁他的声名。

成就大事者，需要一种宠辱不惊的淡然来面对来自外界的不同声音。赞誉也好，诋毁也罢，都要坦然接受，微微一笑，接收所有对自己的评价，沿着自己选好的道路，继续前行。若是因为别人的赞誉或诋毁而陷入苦恼，摇摆不定，所谓的成就也会被别人的声音淹没。

在诽谤与赞誉中，只有始终坚持自己的信念，才能将自己一生的活动进行下去。在历史上曾经留下过浓墨重彩一笔的人，不仅正在接受着我们这些现代人的评价，在他生活的那个年代也曾遭受过各种各样的非议。但是他们顶受住了毁谤的压力，也接受了各种赞誉。

就像中国历史上第一位也是唯一一位女皇帝武则天，她冒天下之大不韪登上了皇位，这种“惊世骇俗”的举动自然掀起了轩然大波。但武则天无论是别人对她的称颂，还是对她的诽谤，她都搁置一旁，依旧在皇帝的位置上行使着自己的权力。这种态度使她成功地应对了政治生涯里的种种危机，直到死去，留下一个无字碑，让后人去评述自己的功过。

北宋著名政治家、改革家王安石就是一个不避毁誉的人。他曾经说:“天变不足畏，人言不足惧，祖宗不足法，圣贤不足师。”

王安石当政期间，为了改变宋朝积贫积弱的情况，主持变法运动。他的变法运动得到了皇帝的支持，和一部分有革新思想的人的坚决拥护。

王安石的变法取得了一定的成效，那些从中得到利益的人，包括宋神宗都对王安石非常赞赏。

但是，他的变法运动触及到很多人的利益，由于用人不当，在执行的过程中也对老百姓造成了一定的伤害，遭到了来自太后和以司马光为首的保守派大臣的坚决抵制。

倔强的王安石在这冰火两重天中依然坚持自己的想法，誓死将变法运动进行到底。但是支持他的宋神宗很快死去，失去了坚强后盾的王安石不得不退出了政治舞台。

我们暂且不论王安石的变法运动究竟有没有起到作用。仅仅王安石的这种坚持，这种在赞誉和诋毁中始终不动摇的精神就是值得后人学习的。

庄子曾经说:“举世誉之而不加劝，举世毁之而不加沮。”真正有修养的人，即使全世界的人都对他赞誉有加，他也不会自傲；即使全世界的人都诋毁他，他也不会沮丧。这种毁誉不惊的修养，是人生的极高境界。只有毁誉不惊才能够坚持自己的理想和信念不动摇。

孔门贤人子路“闻过则喜”，意思是子路听到别人的指责仍然感到欢喜，子路的谦虚美德被传为美谈。

每个人都有朋友，也会有“非友”。友，难免有誉；非友，难免有毁。若是毁誉得有理，从中获益，那完全可以将这种毁誉置之度内，做到“闻过则喜”便不难了。

有位修行很高的禅师叫白隐，无论别人怎样评价他，他从不加以争辩，每次都只是淡淡地说一句:“就是这样吗？”

在白隐禅师所住的寺庙旁，住着一家三口，女儿年方二八，长得如出水芙蓉，上门提亲的人不少，老两口都不满意，便一一回绝了。无意间，夫妇俩发现尚未出嫁的女儿竟然怀孕了。这种见不得人的事，使得她的父母震怒异常！在父母的一再逼问下，她终于吞吞吐吐地说出“白隐”二字。

她的父母怒不可遏地去找白隐理论，但这位大师仍不置可否，只若无其事地答道：“就是这样吗？”

孩子生下来后，就被送给白隐。

此时，他的名誉虽已扫地，但他并不以为然，只是非常细心地照顾孩子。他向邻居乞求婴儿所需的奶水和其他用品，虽不免横遭白眼，或是冷嘲热讽，他总是处之泰然，仿佛他是受托抚养别人的孩子一样。

事隔一年后，这位没有结婚的女子终于不忍心再欺瞒下去了，她老老实实地向父母吐露真情：孩子的生父是街北的一位青年。

她的父母立即将她带到白隐那里，向白隐道歉，请他原谅，并将孩子带回。

白隐仍然是淡然如水，他只是在交回孩子的时候，轻声说道：“就是这样吗？”仿佛不曾发生过什么事；即使有，也只像微风吹过耳畔，转瞬即逝！

白隐禅师的泰然处之是因为将别人的评价完全置之度外了吗？从他那一句发人深省的“就是这样吗”之中，我们不难看出禅师心中泛起的微澜。他将人们的冷嘲热讽放在心上，并非为了报复，而是为了感化。

大千世界，人各有异。由于各人禀赋不同、遗传基因不同、生活环境不同，所以各人的人生观、世界观、价值观、好恶观等，都会千差万别。

在这种情况下，最好是各人自是其是，而不必非人之非，若能以自己的德行来感化他人，就是更高的境界。

生活在这个社会中，我们就必须接受来自旁人的评价。人人都希望得到别人的赞誉，而不希望听到别人对自己的诋毁。然而，名誉的好坏，

是别人的看法，并不受我们的控制。即使我们自我感觉已经做得非常好了，一样会有人说我们不好。

古语说：“雁过留声，人过留名。”声名尽管对我们来说很重要，但是对于别人的评价，无论是赞誉，还是诋毁，我们都不必放在心上。因为出自别人之口的评价，并不一定是最真实的评价，只须淡然面对，而不必去过多在意。只要我们自己无愧于心，便可一路行走，宠辱不惊，坦然自适。

第三章

淡定从容才能走远

只有登上山顶，才能看到那边的风光。

——徐志摩

得意时淡然，失意时坦然

有位哲人说：“人这一生不可能顺顺利利，有得意必有失意，有快乐必有痛苦，有欢笑必有眼泪。”其实，人生之路就像天气一样。天气不可能总是风和日丽、艳阳高照，也有风雨交加、电闪雷鸣的时候。不可能晴朗的天气你就享受，恶劣的天气你就回避。不管人生有什么样的风风雨雨，要学会坦然面对，要学会淡然承受。因而做到“得意时淡然，失意时坦然”对每个人来说都非常重要。

心态的平和能使一个人做出正确的决断，能够看到别人的优点，也看清自己的不足。懂得用一生践行淡然之道的人，必是一个拥有生活智慧的人。“安禅何必须山水，灭却心头火自凉。”生活就是心灵的修炼场，凡事顺其自然，遇事处之泰然，得意之时淡然，失意之时坦然，艰辛曲折必然，历尽沧桑了然，方是修身养性之道。

淡然并非平庸，而是随性；坦然不是不思进取，而是低调处理人生之事，以平和的心态去面对人生，以怡性怡情的胸襟去享受生活。花开任其绽，云散任去飘，得意时不忘我，失意时泰然恬淡，以豁达的心来体会人生的真谛。

世间之事确实如此，很多时候都是和硬币一样，集正反面于一身的。牵牛花靠攀附在篱笆架上成长，有人贬斥它是软骨头，没有人格，可悲；也有人赞美它能利用他物发展自己，开花结果，成就一番事业，可喜。

小草与庄稼争肥料，争地盘，影响庄稼生长，农民把它斩草除根。但它生命力极强，高山、石隙、洼地，都茁壮成长。人们常用“疾风知劲草”“野火烧不尽，春风吹又生”来赞颂它。在这个祸福并行的世间，任何事情都有它的两面性，关键是看你如何从不利的一面当中看到有利的一面。

面对成功需要淡然以对，面对失败更要淡然以对。经历过千辛万苦，最终换来的却是失败，这对任何人来说都是痛苦的。但是，即使再痛苦，也要学着用淡然的态度来看待它。那些取得巨大成就的人物，都是从失败中走出来的。在面对失败的时候，他们都选择了用一颗平常心来对待。

佛语道：“笑着面对，不去埋怨。悠然，随心，随性，随缘。注定让一生改变的，只在百年后，那一朵花开的时间。”有的时候我们要用佛家的思想来劝慰自己。人心本无杂念，只是随着年龄的增长，生活的烦恼、工作的压力、情感的纠缠等，才让人心无宁日。得意时淡然，失意时坦然，看淡一时的得失，不受外物的纷扰，人生苦乐安然面对，收放自如，才能体会看天上云卷云舒的淡然与自在。

一天夜里，一场雷电引发的山火烧毁了美丽的“万木庄园”，这座庄园的主人迈克陷入了一筹莫展的境地。面对如此大的打击，他痛苦万分，闭门不出，茶饭不思，夜不能寐。

转眼间，一个多月过去了，年已古稀的外祖母见他还陷入悲痛之中不能自拔，就意味深长地对他说："孩子，庄园成了废墟并不可怕，可怕的是，你的眼睛失去了光泽，一天一天地老去。一双老去的眼睛，怎么能看得见希望……"

迈克在外祖母的说服下，决定出去转转。他一个人走出庄园，漫无目的地闲逛。在一条街道的拐弯处，他看到一家店铺门前人头攒动。原来是一些家庭主妇正在排队购买木炭。那一块块躺在纸箱里的木炭让迈克的眼睛一亮，他看到了一线希望，急忙兴冲冲地向家中走去。在接下来的两个星期里，迈克雇了几名烧炭工，将庄园里烧焦的树木加工成优质的木炭，然后送到集市上的木炭经销店里。

很快，木炭就被抢购一空，他因此得到了一笔不菲的收入。他用这笔收入购买了一大批新树苗，一个新的庄园初见规模了。

几年以后，"万木庄园"再度绿意盎然。

很多时候，一个人的苦乐成败，不在于外物的左右，而在于自己的心态和看待世界的角度，庄园烧毁了并不可怕，可怕的是心灵也成了废墟。面对人生的得意和失意，做事心态很重要，要时时保持内心平和，得意时不要过分骄傲。适度的骄傲能增强自信心，但是过分的骄傲则像前进路上的大石，使你失去进一步发展的机会，这就如狂放地饮酒，没有节制，酒多到"濡其首"，就会危及自身的前途。

一人若不能坦然面对生活中的不如意，就会很容易被困难击倒。而一个能够坦然面对困难的人，能够放下心中的负担，反倒可以无往不胜，无坚不摧。其实，沮丧的面容、苦闷的表情、恐惧的思想和焦虑的态度，是我们缺乏自制力的表现，是你不能控制环境的表现。它们是你的敌人，你要把它们抛到九霄云外。面对得意和失意，都能从容面对，这样才算达到了一种较高境界。

世间没有死胡同，就看我们如何去寻找出路。正视不如意之事，不在失意面前退缩，自然不会无路可走。得意是一位贫乏的教师，它能教给我们的东西很少；在失意的时候，我们学到的东西才最多。

所以，不要为自己所没有的东西感到苦恼，能享受自己现在所拥有的人，才是最聪明的。

我们不妨学着坦然一点，坦然面对一切得到和失去，坦然面对一切成功和失败。我坦然，于是我心美丽；我心美丽，于是人生跟着美丽。坦然，是一份快乐，是一种潇洒；是一种失意后的乐观，是沮丧时自我的一种调整；是一种看淡一切功名利禄的成熟，也是平淡中的一份自信。

在人的一生中，许多的成败与得失，并不是我们都能预料到的，很多的事情也并不是我们都能够承担得起的。

很多时候，得未必是好事，失也未必是坏事。但是，只要我们努力去做，求得一份付出后的无愧于心，便会得之淡然，失之亦坦然。

从容是一种心灵优势

“最难风雨故人来”，阴森森的天气使我们更感到人世温情的可爱，替从苦雨凄风中来的朋友倒上一杯热茶时候，我们很有放下屠刀，立地成佛子的心境。“风雨如晦，鸡鸣不已”，人类真是只有从悲哀里滚出来才能得到解脱，千锤百炼，腰间才有这一把明晃晃的钢刀，“今日把示君，谁为不平事。”

——梁遇春

《庄子·内篇》有言曰：“人莫鉴于流水，而鉴于止水。唯止能止众止。”人为什么不能鉴于流水，因为流水不是平的，只有止水才能鉴人。

水平不流，如止水澄波，能够做到昼夜都在止水澄波中，便是淡定从容的境界所在。

老子说："治大国若烹小鲜。"意思是说，治理一个很大的国家，像炖一条小鱼一样简单。传说舜在位时，弹琴赋诗，从容儒雅，把天下治理得很好。人生也一样。每一个人都可以有无限多样的选择。人们似乎应该去更好地选择，选择去过一种更适然、更从容、更惬意的生活。

从容是一种气质，一种修养，一种境界，是一种充满内涵的心灵优势。安之若素、沉默从容，往往比气急败坏、声嘶力竭更显涵养和理智。从容可以沉淀出生活中的浮躁，过滤出浅薄粗率等人性的杂质，可以避免许多鲁莽、无聊、荒谬的事情发生。

有这样一则故事：

下雨了，大家都匆匆忙忙往前跑。唯有一人不急不慢，在雨中踱步。

旁边跑过的人十分不解："雨这么大，你怎么不快些跑？"

此人缓缓答道："急什么，前面不也在下雨吗？"

从某种角度看，当人们在面临风雨匆忙奔跑之时，那个淡然安定欣赏雨景的人，其实深谙从容的生活智慧。在现代都市竞争的人性丛林，从容淡定是一种难以达到的大境界，别人都在杞人忧天、慌不择路，只有他镇定从容。

庄子在《逍遥游》中说："朝菌不知晦朔，蟪蛄不知春秋，此小年也。"意思是说，树根上的小蘑菇寿命不到一个月，因此它不理解一个月的时间是多长；蝉的寿命很短，生于夏天，死于秋末，它自然不知道一年当中有春天和冬天。它们的生命都是短暂的，或许一般人觉得它们可怜，然而，那些生命即使活了几秒钟，也觉得自己活了一辈子，它们有它们自己的快乐。人生也是如此，每个人都有自己的活法，感受的境界也各不相同，其实不必计较太多，只要我们能够从容生活，感受到生命中的快乐就行。

唯有境界从容，才不会眼热权势显赫，不奢望金银成堆，不乞求声名鹊起，不羡慕美宅华第，因为所有的眼热、奢望、乞求和羡慕，都是一厢情愿，只能加重生命的负荷，增加心灵的浮躁，而与豁达康乐无缘。

老僧的一位老友来拜访他，吃饭时，他只配一道咸菜。

老友忍不住问他：“这样不会太咸吗？”

老僧回答道：“咸有咸的味道。”

吃完饭后，老僧倒了一杯白开水喝。

老友又问：“白水过于平淡了吧？”

老僧笑着说：“白水虽淡，可是淡也有淡的味道。”

漫漫人生路，需要品尝各种滋味，咸菜的咸与白水的淡就像人生中遇到的不同情境与事件，超越了咸与淡的分别，才能真正品味到咸的恰到好处与淡的至纯至真。

心灵与外物一经碰触就再也难以分开，这正是造成我们人生苦难的根源。或许我们可以尝试着在年轻的时候，就摆脱外物的纠缠，尝试着去放松，给自己的心灵腾出一片空间，让自己能够平和地面对现实生活中的种种，减轻不满足、不平衡带来的负担。当我们真正懂得了从容是一种心灵的优势，能够淡然面对生活的时候，无论过着怎样的生活，我们都能从正在拥有的生命中感受到淡淡的幸福。

梁实秋是近代最负盛名的作家和翻译家，他翻译的《莎士比亚全集》至今是汉英翻译教学中的典范。和同时期的文人大多参与政治不同，梁先生对政治的态度是规避三舍，他一再强调文学和文人应该保持独立的思想和生活，尽量去掉阶级性。

在北大教书的时候，梁先生始终两耳不闻窗外事，一心过他从容质朴的生活，上课、听戏、下馆子、游园子，从来不将自身和政治挂上钩，无论是身边哪位同事又高升进政务院了，抑或是自己的哪位知己又收到某政府机构的邀请了，梁先生都装作不知。观其一生，这种淡然从容的生活志趣梁先生从未改变过。

也正因为有这样的心态，梁先生才在旁人都忙于世俗杂务的时候，能够潜心于书斋，把精力放在提高文化修养上面，他先后发表的《雅舍小品》等散文著作开创了一股清新的文风，成为后世争相效仿的对象。

一个人所处的环境无论是多么的荒凉或不和谐，或者一个人的生活条件是多么的艰难，这都无关紧要。在每个人的体内都有着巨大的潜能，这使他能在每一次暴风雨和外在不利环境的重压下保持真诚和平静，他是自己的主人。他可以这样指导他的思想，甚至达到了“不以物喜，不以己悲”的境界。这样，任何事物都无法破坏他对天赐的巨大潜能的开发和利用。

许多人忙碌了一辈子，究竟为谁辛苦为谁忙？到头来自己都无法回答。

心无旁骛，只做自己该做的，面对纷杂世俗之事，一笑而过，笑看世间风云变幻，只求从从容容、平平淡淡，因此，看到的又是山水的本来面貌。真正的做人与处世之道便在其中：人本是人，不必刻意去做人；世本是世，无须精心去处世。

如今的社会，每个人都奔波劳碌，疲于奔命，早已忘却了“从从容容才是真”的人生真谛。青山不改，细水长流，从容便是。

生命中的许多东西是不可以强求的，那些刻意强求的东西或许我们终生都得不到，而我们不曾期待的灿烂会在我们的淡泊从容中不期而至。

在漫长的人生旅途中，我们只有做到了平淡、坦然，方能心态平和，恬然自得，达观进取，笑看风云。

以出世心做人，以入世心做事

人要有出世的精神才可以做入世的事业。现世只是一个密密无缝的利害网，一般人不能跳脱这个圈套，所以转来转去，仍是被利害两个大字系住。在利害关系方面，人己最不容易调协，人人都把自己放在首位，欺诈、凌虐、劫夺种种罪孽都种根于此。

——朱光潜

中国文人在谈论理想人格时，总是离不开两个词：出世与入世。在人们的思想意识里，出世与入世的思潮永远泾渭流变，枝蔓衍生，成为思想精神文化上的两难选择。特别是在封建时代的文人们，要么选择精神上的困顿，要么远离官场，潇洒自在。

陶渊明因看不惯官场黑暗而退隐江湖，选择了出世，并且没有再回来，即使他有过想法。也有入世成就霸业，急流勇退般出世的人，例如范蠡。相传范蠡帮勾践报仇之后，便弃官从商，富而有德，人称“陶朱公”。而这个世界上，真正像范蠡那样的人不在多数，大多都是像李白、李商隐这样的人，郁郁不得志，无处退隐。

出世与入世，换一种说法其实就是看透进退的玄机。古人讲进退，是指做官还是退隐的问题。明代理学大师薛文清说：“进将有为，退将自修。君子出处，唯此二事。”这是古人的进退观，正是“穷则独善其身，达则兼济天下”。

最高明的智者会在出世和入世间进退自如，不受名利的束缚，既能全身，又能成就大业。梁漱溟就是这一方面的典型代表。

梁漱溟先生说：“挺然是有精神，站立得起。安详则随时可以吸收新的材料，因为在安详悠闲时，心境才会宽舒；心境宽舒，才可以吸收外面材料而运用融会贯通。”

梁漱溟先生到北大讲学后，便开始研读儒家经典。他发现佛学只言苦，而儒家却讲乐。这两者的矛盾迫使他去寻求答案。这时，少年中国学会邀请他去做关于宗教问题的演讲。这件事情在以前本是很容易的，但现在他“写不数行，涂改满纸，思路窘涩，头脑紊乱”。

于是，他放下笔，在《东崖语录》中看到“百虑交锢，血气靡宁”这句话才蓦然惊醒。

正是这件事情，促使他后来重返儒家。

梁漱溟先生认识到自己在散乱暴躁的心境之下，很难认真地去做好每件事情。所以，他选择放下了手头之事，在平和的心境下确立了自己的“精神”——放弃出世，回归儒家。

中国历史上还有一位幸运者，他就是诸葛亮，诸葛亮的人生只有短短的54年，他出山辅佐刘备的时候，刚好近而立之年，正是人生大好时光。隆中对成了他人生的分界线。他有两句名言，一句是“淡泊以明志，宁静而致远”，另一句是“鞠躬尽瘁，死而后已”。分别代表了他前半生和后半生的精神。

诸葛亮是先出世，后入世的。前半生避世草堂之中，躬耕于南阳，博览群书，拥有经世致用的才能，同时在身体力行中，养成淡泊名利的人生态度。前半生为后半生打好了基础，所以他既不会苟活于乱世，也不求闻达于诸侯。

诸葛亮所拥有的人生，的确令人向往。现在面对出世与入世，很多人无从选择，往往会从这一面走到那一面。

其实每个人都有自己的人生，要走的人生路也不可能相同，所以什么样的生存方式都是正确的，只是不要自寻烦恼就是了。毕竟出世与入世

只不过是生活方式不同而已。入世却能够不恋世，便是心出家，再经过生活的锤炼而愈发炉火纯青，才会有真正的觉悟。出世却持名利心，不仅不能有助于解脱，反而会影响道心，更堕地狱！

有个说法叫出离心，是以出世之大愿，做入世的事业，也就是“以出世的态度做人，以入世的态度做事”。朱光潜先生也曾用这句话评价弘一法师，即“以出世之精神，做入世之事业”。

印度有一位智者，学识渊博，德高望重。他有一个小徒弟，天资聪颖，却总是怨天尤人。

这天，徒弟又开始抱怨，智者对他说：“去取一些盐来。”徒弟不知何意，疑惑不解地跑到厨房取了一罐盐。

智者让徒弟把盐倒进一碗水里，命他喝下去，徒弟不情愿地喝了一口，苦涩难耐，智者问：“味道如何？”

徒弟皱了皱眉头，说：“又苦又涩。”

智者笑了笑，让徒弟又拿了一罐盐和自己一起前往湖边。

智者让徒弟把盐撒进湖水里，然后对徒弟说：“掬一捧湖水喝吧。”

徒弟喝了口湖水，智者问：“味道如何？”

徒弟说：“清爽无比。”

智者又问：“尝到苦涩之味了吗？”徒弟摇摇头。

智者语重心长地对他说：“人生中的许多事情如同这罐盐，放入一碗水中，你尝到的是苦涩的滋味，放入一湖水中，你尝到的却是满口甘爽。让自己的心变成一湖水，自然尝不到人生的苦涩。”

做人做事，都应如此，莫让心局限在一个狭小的空间，心如大海，便可达到出世的境界。但最完美的人生并不是一味地追求出世，而是以出世心做入世事。

以出世的心态做人，以入世的心态做事。常怀出世之心，功名利禄才能看得淡、愤懑幽怨才能放得下；常怀入世之志，满腔抱负才能展得开、生命之翼才能飞得起。做人当如隐士，在滚滚红尘中淡泊明志，羽扇纶巾，泰山崩于前而面不改色；做事当如战士，在人生战场上披坚执锐，长剑既出，虽千万人吾往矣！

具体说来，人活着要做事，要谋生，不论是为自己，还是为社会，都来不得半点虚妄。一个人一生能看到几次日出日落的景致？因此主要还是得珍惜，绝不能虚度光阴。要每日都过得充实、有意义，有益于人，也有益于己。

积极地做好眼前的每一件事，不悲观，不厌世，一步一步坚定地向前走去。明知愈走愈接近那谁也无法逃避的终点，也坚定地前行。这样的人生是摆脱了大悲苦，拥有大欢喜的人生。

忘记怨恨，淡然面对

生是一种偶然，由父母至祖父母至高祖父母，你想，有多少偶然才能落到你头上为人。上天既然偶然生了你，所以要善待生，也就是要善待人。

——张中行

屠格涅夫曾说过这样一句话：“生活过，而不会宽容别人的人，是不配受到别人的宽容的。但是谁能说是不需要宽容的呢？”的确，我们每天都在生活，过错总是在所难免的，但是我们仍然可以将生活继续下去，是因为别人总是用一种宽容心态在包容我们的过错。而我们所能做出的回应，就是用同样的宽容去面对自己遇到的人和事。

在人生的旅程中，我们总会遇到很多不如意，也难免会遇到怨恨。怨恨就像海水，喝得越多，就越觉得口渴难耐。

可是，我们应该怎样去对待呢？生活中，很多人不懂得如何去对待爱恨情怨，所以总是活得很累，总有不能淡然面对的事情，其实这都是在跟自己过不去。面对怨恨时，应学会忘记，淡然面对。

释迦牟尼说："以恨对恨，恨永远存在；以爱对恨，恨自然消失。"人生就像是一块肥沃的土地，它既种植希望和成功，也会播种仇恨，但最好不要在人生中播散这种仇恨的种子。生活的经验告诉我们，不管我们的理由如何，怀恨总是不值得的。学会忘记怨恨，淡然面对，即便他们曾给我们带来无尽的痛苦。当宽恕的行为一旦产生，我们的内心便会获得永远的安宁与平静，原谅别人的同时，也放过了自己。

人活在世上，生死爱恨一念间，就这么短短的一辈子，一去不会再回，究竟能容纳下多少怨恨？总把怨恨放在心头，就不会拥有快乐的生活。

社会本来就复杂多变，人与人之间多一点美好，少一点怨恨，快乐就会在心头荡漾，我们的生活也就幸福很多。

曼德拉因为领导反对白人种族隔离的政策而入狱，白人统治者把他关在荒凉的大西洋小岛罗本岛上 27 年。当时，白人统治者对他进行了残酷的虐待。

罗本岛上布满岩石，到处是海豹、蛇和其他动物。曼德拉被关在总集中营一个"锌皮房"，平时打石头，将采石场的大石块碎成石料。有时他还要下到冰冷的海水里捞海带，有时也干采石灰的活儿——每天早晨排队到采石场，然后被解开脚镣，在一个很大的石灰石场里，用尖镐和铁锹挖石灰石。因为曼德拉是要犯，看管他的看守就有 3 人。他们对他并不友好，总是寻找各种理由虐待他。

1991 年，曼德拉出狱当选总统以后，他在就职典礼上的一个举动震惊了整个世界。

总统就职仪式开始后，曼德拉起身致辞，欢迎来宾。他依次介绍了来自世界各国的政要，然后他说，能接待这么多尊贵的客人，他深感荣幸，但他最高兴的是，当初在罗本岛监狱看守他的3名狱警也能到场。随即他邀请他们起身，并把他们介绍给大家。

曼德拉的博大胸襟和宽容精神，令所有到场的人肃然起敬。看着年迈的曼德拉缓缓站起，恭敬地向3个曾关押他的看守致敬，在场的所有来宾以至整个世界，都静下来了。

后来，曼德拉向朋友们解释说，自己年轻时性子很急，脾气暴躁，正是狱中生活使他学会了控制情绪，因此才活了下来。

牢狱岁月给了他时间与激励，也使他学会了如何处理自己遭遇的痛苦。他说，感恩与宽容常常源自痛苦与磨难，必须通过极坚韧的毅力来训练。

获释当天，他的心情平静："当我迈过通往自由的监狱大门时，我已经清楚，自己若不能把悲痛与怨恨留在身后，那么我其实仍在狱中。"

海阔天空来自于宽容大度，山高水长来自于淡然面对。对于不幸，与其萎靡不振，一味地怨憎，不如淡然面对，主动化解痛苦，达到一种真正的不怨恨任何人的境界。生活中，忘记怨恨，记住恩惠，不仅仅是一种美德，也是能让我们生活得更美好、更愉快的秘方。

忘却过去的疼痛才能好好生活，如果我们一直怀抱仇恨而生活，只会激化矛盾，酿成大祸。只有将恨意化解，才能让紧张的气氛化作脉脉温情。大度一些，宽容一些，做到不惊不扰，反而会让我们拥有平静而快乐的生活。

人有自由意志，每个人的心中都会有人性与兽性的争斗。即便兽性暂居上风，但终究敌不过人性，这便是人之所以为人的原因。内心的对决始终在进行，面对兽性的暂时得逞，我们最需要做的便是用人性的慈悲之心去宽恕。

实际上，忘记仇恨，还是关爱他人、关爱世界，都是我们面对人生的一种方式。人人都有不足，事事都有缺憾，但是瑕不掩瑜，只要我们忘记仇恨，不刻意追求完美，我们就能从中发现自己喜欢的东西，从而拥有更加丰富而美好的真实生活。

第二篇
心中洒满阳光，世界才会透亮

第一章

不抱怨地生活

人生没有绝对的公平

世界上没有绝对的公平，公平只在一个点上。心中平，世界才会平。

——俞敏洪

人生中充满着不能尽如人意之事，中国有句俗话说得好：“比上不足，比下有余。”当我们为自己的不幸而愤恨的时候，想一想那些正遭受磨难的人，相对于你，他们是否更不公平。而且，人们觉得不公平的痛苦主要还是来自于向上看，看到比自己好的人。但要知道，那些看起来“幸运”的人，他们也同样经历了无数的磨难。

所以，不平之事都是客观存在的，我们应该追求一种豁达的心态，而不是一味地苛求这个世界。生活是没有道理可讲的，当我们遇到不顺心的事情的时候，没有必要怨天尤人，也没有必要自怨自艾。

虽然，有很多事会让我们感到痛苦，但是过多的不满和抱怨更会加深这种痛苦，只有看淡不公平的事情，它才不会在我们的心里造成涟漪，才不会因此而愤世嫉俗，甚至失去生活的信心。

威廉·詹姆士曾说："心甘情愿地接受吧！接受事实是克服任何不幸的第一步。"是的，你我也应该能接受不可避免的事实。即使我们不接受命运的安排，也不能改变事实分毫，我们唯一能改变的，只有自己。

外界的事物什么样，这由不得你去选择和控制，但用什么样的心态去对待，这可以由你自己做主。面对生活中的种种不公正，能否使自己坚忍，关键就在于你能否以一颗平常心去面对。

有这样一个寓言：

一个水池中，有许多大鱼和小鱼在快乐地游动。大鱼随便张口，十几条小鱼就被吞入口中。

一天，一条大鱼又在吃小鱼。旁边的一条小鱼愤怒异常，朝着大鱼喊道："太不公平了，太不公平了！你们大鱼为什么要吃小鱼？"

大鱼很平静地说："那你吃我，可以吗？"

小鱼就狠狠地朝大鱼的肚子咬了一口，但只咬下一小片鱼鳞，还差点噎死，小鱼就不再打大鱼的主意。

大鱼也轻轻地笑了笑，扬长而去了。

这是林语堂先生曾经讲过的一个寓言，结论很简单：世上没有绝对的公平。这话听起来有些残酷，可事实或许就是这样。

每个进入社会的人总会遇到这样那样的无奈、责难、非议甚至莫名的中伤。奋斗是个过程，而起点可能是最低也最容易被人忽略的。此时进入社会，难免会有诸多不适应，这是每个人都要经历的过程。世上没有天生的强者，只有跨越了所有苦难、波折，由弱者蜕变成强者的人。

其实，生活中很多事情，都是人们在进行付出与回报的比较之后，产生的一种主观的心理感受，公平与不公平全在于我们怎么看。只要我们不用自己内心的天平，去进行严苛的衡量，那么客观上的不公平对我们来说就不再那么重要了。

每个人都在追求自己想要的生活，都幻想着能够通过自己的努力获得应有的回报，然而在很多时候，我们恰恰会感受到不公平的存在。在我们一心为一件事情付出之后，却见不到任何回报，于是我们会抱怨那些不公平、不能尽如人意之事。但是，世事不可能完全按照我们设想的那样发生。

承认生活中充满着不公平这一事实的一个好处便是它激励我们去尽己所能，而不再自我伤感。我们知道让每件事情完美并不是“生活的使命”，而是我们自己对生活的挑战。承认这一事实也会让我们不再为他人遗憾。

每个人在成长、面对现实、做种种决定的过程中都有各自不同的能力和难题，每个人都有感到成了牺牲品或遭到不公正对待的时候。承认生活并不总是公平这一事实表明我们更应该尽己所能去改善生活，去改变整个世界。

成功学大师戴尔·卡耐基刚开始拓展事业的时候，经常在全国各地巡回演讲，举办一些成人教育班和座谈会。

某次的活动里，来了一位纽约《太阳报》的记者，他后来在报道中毫不留情地攻击卡耐基和他所热爱的工作。这对年轻气盛的卡耐基来说，不只是一桶泼在头上的冷水，而且简直是一桶恶臭难当的馊水。

卡耐基看了报纸，越想越恼火。这些文字侮辱了他的人格、他的理想，以及他全心全意专注的事业，根本是这个记者在刻意扭曲事实。气急败坏之下，卡耐基马上打电话给《太阳报》执行委员会的主席，要求刊登一篇声明，以澄清真相。是可忍，孰不可忍。卡耐基当时只有一个念头，就是一定要让犯错的人受到应有的惩罚。

几年之后，卡耐基的事业规模越来越庞大，他不禁为自己当时的幼稚行为感到惭愧。因为，他直到这时才体会到，当时气冲冲地发表自己的文章，想要借此昭告天下、澄清事实，但是实际上，看那份报纸的人也许当中只有 1/10 会看到那篇文章；看到那篇文章的人里面可能有 1/2 会把它当成一件微不足道的小事，而真正注意到这篇文章的人里面，又有 1/2 会在几个礼拜之后，把这件事忘得一干二净，如此一来，刊登这篇文章有什么作用呢？

经过一番思考，卡耐基的处世态度更为成熟，他明白了这样一个道理：在你的能力范围内，尽可能做你应该做的事，然后把你的伞收起来，免得任意批评你的雨水顺着脖子向背后流去，当你不停地充实自己，那些攻击你的人就会自动闭上嘴巴了。

面对别人的批评和指责时，你可以回敬同样的“礼数”，这也许会使你的怨气得以宣泄，却不会让你有更好的名声。因为，当你反击对手，为自己平反时，你还是同一个你，没有一点进步：喜欢你的人依然喜欢你，不接受你的人还是不接受你。这就像生气地把一块大石头丢进海水里，只会有一瞬间的水花，转眼却又风平浪静。

许多不公平的经历，我们是无法逃避的，也是无所选择的。我们只能接受已经存在的事实并进行自我调整，抗拒不但可能毁了自己的生活，而且也许会使自己精神崩溃。因此，人在无法改变不公和不幸的厄运时，要学会接受它、适应它。

当我们没有意识到或不承认生活并不公平时，我们往往怜悯他人也怜悯自己，而怜悯自然是一种于事无补的失败主义的情绪，它只能令人感觉比现在更糟。但当我们真正意识到生活并不公平时，我们会对他人也对自己怀有同情，而同情是一种由衷的情感，所到之处都会散发出充满爱意的仁慈。

当你发现自己在思考世界上的种种不公正时，可以提醒自己注意这一基本的事实。你或许会惊奇地发现它会将你从自我怜悯中拉出来，采取一些具有积极意义的行动。

对强求生活公正的人来说，生活就是一出不可逆转的悲剧。在这悲剧中，人们先是冷眼旁观片刻，然后就扮演起自己的角色。

我们承认生活是不平等的客观事实，并不意味着一切消极的开始，正因为我们接受了这个事实，我们才能放平心态，找到属于自己的人生定位。

明白了这些，我们就会善于利用不公正来培养你的耐心、希望和勇气。缺少时间的时候，可以利用这个机会学习怎样安排一点一滴珍贵的时间，培养自己行动迅速、思维灵敏的能力。就像野草丛生的地上能长出美丽的花朵，在满是不幸的土地上，也能绽放出美丽的人性之花。

怨天尤人不如改变心态

历史的道路，不全是坦平的，有时走到艰难险阻的境界这是全雄建的精神才冲过去的。

——李大钊

罗曼·罗兰说："只有将抱怨环境的心情化为上进的力量，才是成功的保证。"也有人说："如果一个人青少年时就懂得永不抱怨的价值，那实在是一个良好而明智的开端。"心理学家认为，成功心理、积极心态的核心就是自信、主动意识，或者称作积极的自我意识，而自信意识的来源和成果就是经常在心理上进行积极的自我暗示。反之，消极心态、自卑意识，就是经常在心理上进行消极的暗示。而不同的心理暗示也是形成不同意识与心态的根源。

人生在世，并不是做的每一件事都是徒劳有功的。当一个人开始抱怨的时候，他想到的只是自己如何的不幸，造成如今的悲惨结果，越想越伤心，越想越生气，当这种情绪不断蔓延的时候，就再也没有余力去做真正重要的事。比如抱怨生活条件不佳，不仅不能对改善你的生活起到任何作用，反而影响到你为自己创造更好条件的机会和时间。

怨天尤人不如改变心态。苦难永远不会因为人的暴躁而消失，当我们苦闷的时候可以尝试着放松心情，暗示自己这是很正常的事情，没什么大不了的，也可以适当地倾诉，但绝不要让心情一直沉浸在不幸的事情上。充满信心，昂首挺胸地迎接生活的挑战这是打胜仗的前提条件。只要我们换个视角，就可以让生命充满生机，充满希望。

有一位自以为优秀的女子毕业以后屡次碰壁，一直找不到理想的工作。她觉得自己怀才不遇，对人生感到失望。

痛苦绝望之下，她来到大海边，打算就此结束自己的生命。正当她走向大海的时候，一位路过的智者阻止了她。这位智者问她为什么要走绝路，她说自己不能得到别人的认同，没有人欣赏她。

智者从脚下的沙滩上捡起一粒沙子，让女子看了看，然后随意地把它扔回沙滩上，对女子说："请你把我刚才扔在沙滩上的那粒沙子捡起来。"

"这根本不可能！"女子说。智者没有说话，接着又从自己口袋里掏出一颗珍珠，同样将其随意地扔在沙滩上，然后对女子说："那你能不能把这颗珍珠捡起来呢？"

"当然可以。"

"你应该明白这是为什么了吧？现在你还不是一颗珍珠，所以你不能苛求别人认同你。如果你想要得到别人的认同，那你就要由一粒沙子变成一颗珍珠才行。"

即使曾经迷失过、彷徨过、挣扎过、沉沦过，只要我们有好的心态，不去怨天尤人，相信坚持不懈的努力，一定可以找到前行的方向。很多时候，命运的改变往往只在一念之间。让信念转化成行动，或许下一秒，幸福就会来敲门。

抱怨远远不如调整好自己的状态，努力地改变现状，这样更容易使自己摆脱困境。与其怨天尤人，不如改变心态，抛开不悦，乐观进取。生活处处都有希望，只要你想去做、尽力做，就一定能做得更好，走得更远。

倘若我们心中出现抱怨的念头，应马上提醒自己从根本上改变自己的心态，由消极变为积极，由推诿变为主动，由事不关己变为责任在我。即使我们的抱怨具备十足的理由，那也不要抱怨！在逆境中拼搏能够产生巨大的力量，当你遇到某一个难题时，也许一个珍贵的机会也正在悄悄地靠近你。抱怨并不能解决实际问题，尽快地停止抱怨吧，只有行动才能解决问题。

生活是一面镜子，你对着它笑，它也对着你笑；你对着它哭，它也对着你哭。不去怨天尤人，才能看到生活细微处的美妙和动人，才会懂得珍惜拥有的一切，才能享受到当下的幸福。一个人一旦没有了埋怨，没有了忌妒，没有了愤愤不平，也就有了一颗从容淡然的心，积极地面对每一天的生活。

别把抱怨当成习惯

其实哪一个人在人生的坎坷的路途上不有过颠簸？哪一个不再憧憬那神圣的自由的快乐的境界？不过人生的路途就是这个样子，抱怨没有用，逃避不可能，想飞也只是一个梦想。

——梁实秋

生活如海上航行，不可能始终一帆风顺，面对这样或那样的不如意，有人选择一笑而过，有人选择抗争，有人选择抱怨。而抱怨一旦成为一种习惯，生活的本来面目就被遮掩了，就只剩下布满阴霾的天空。

有些人习惯于抱怨，今天抱怨这个，明天抱怨那个，仿佛一刻不说抱怨的话，他就感受不到平衡。可是抱怨多了实在无益，一味地去抱怨自身的处境，对于改善处境没有丝毫益处。面对不如意的事情，只有先静下心来分析，并下定决心去改变它，付诸行动，它才能向你所希望的方向发展。

抱怨的人和不抱怨的人的最大区别就是他们看待事物的态度，抱怨的人的心中，充斥的是挑剔和不满，它们是腐蚀幸福的酸液。而不抱怨的人，心中必定有善良和感恩，因为他们懂得抱怨对改变现状并没有用处，懂得去感恩生活的美好之处，不会让暂时的不如意毁坏这种美好。

有时候我们抱怨自己的生活，其实并不是真的不顺心，生活中还是有很多开心的、有意义的事，只是已经习惯了将目光放在相对不好的事情上。其实，如果我们的心态积极，生活也变得积极，同样的生活在一个爱抱怨的人眼中，任何事情都会失去美好的色彩。而慢慢地去体会和感受生活中的美好，把一切的失败和错误当成是人生的一种历练，我们就会慢慢发现，一切生活都有它的意义。

一位老人每天都要坐在路边的椅子上，向开车经过镇上的人打招呼。有一天，他的孙女在他身旁，陪他聊天。这时有一位游客模样的陌生人在路边四处打听，看样子想找个地方住下来。

陌生人从老人身边走过，问道："请问老人家，住在这座城镇还不错吧？"

老人慢慢转过来回答："你原来住的城镇怎么样？"

陌生人说："在我原来住的地方，人人都很喜欢批评别人，邻居之间常说闲话，总之，那地方让人很不舒服。我真高兴能够离开，那不是个令人愉快的地方。"摇椅上的老人对陌生人说："那我得告诉你，其实这里也差不多。"

过了一会儿，一辆载着一家人的大车在老人旁边的加油站停下来加油。车子慢慢开进加油站，停在老先生和他孙女坐的地方。

这时，那位父亲从车上走下来，对老人说道："住在这市镇不错吧？"老人没有回答，又问道："你原来住的地方怎样？"

父亲看着老人说："我原来住的城镇每个人都很亲切，人人都愿帮助邻居。无论去哪里，总会有人跟你打招呼，说谢谢。我真舍不得离开。"

老人看着这位父亲，脸上露出和蔼的微笑："其实这里也差不多。"

车子开动了。那位父亲向老人说了声谢谢，驱车离开。等到那家人走远，孙女抬头问老人："爷爷，为什么你告诉第一个人这里很可怕，却告诉第二个人这里很好呢？"老人慈祥地看着孙女说："不管你搬到哪里，你都会带着自己的态度。你如果一直抱怨，那么你的心中就充满了挑剔和不满；可是不抱怨的人，却能够看到人们的可爱和善良。我正是根据两个不同人的心理给出的答案啊！"

心态不同，看到的世界就是不同的。不抱怨的人生是多彩的，他们看得到别人看不到的美景。他们的生活中始终有白云和蓝天，有知足，有意趣。而抱怨的人生是灰色的，报怨者的眼睛里只有消极和悲观，他们的目光也只会为了生活中的不如意而停留，他们的生活总是被烦恼占满，他们的心理总是被沮丧充斥着。

当然，抱怨也是人之常情。然而抱怨之所以不可取在于：抱怨等于往自己的鞋里倒水，只会使自己以后的路更难走。抱怨的人在抱怨之后不仅让别人感到难过，自己的心情也往往更糟，心头的怨气不但没有减少，反而更多了。

戈洛尔是公司的业务精英。在年终业绩评比时，他的业绩名列整个集团公司的第五名。按照惯例，业绩在公司前六名的员工可获得一大笔年终奖金。对此，戈洛尔兴奋极了，甚至他已经许诺为妻子买一条白金项链。

可万万没想到的是，公司公布的获奖名单上竟然没有他的名字！第七名都入围了，唯独裁掉了他，凭什么?

戈洛尔怒气冲冲地去找上司讨个说法。上司看到他一点也不意外，说这次绩效考核，不仅看业绩，而且还要看平时的表现，尤其是个人的心态。很多同事都反映戈洛尔的牢骚与抱怨太多了，影响了公司的团队合作士气，甚至让同事间彼此产生很多误会，导致一些客户丢失。所以，公司决定取消戈洛尔的获奖资格。

上司的一番话，像一记炸雷撞击着戈洛尔的心。他先是诧异，继而愤怒，接着是羞愧，他低下了头，脸上阵阵发烧。

上司安慰地拍拍他的肩膀，语重心长地说："我能理解你现在的心情，回去好好反思反思，相信明年见到的你会是一个全新的人。"

那一刻，他感到全公司的同事都在嘲笑他、奚落他，感到无地自容。

对上司的话，他几乎找不到一点反驳的理由，因为他的确就像上司说的那样，爱发牢骚，爱抱怨，同事们都私下里叫他“抱怨鬼”。

其实戈洛尔是个非常有才华的人，他本来可以得到更好的工作，但是由于一些变故他才来到了现在的公司。所以，从进入公司的第一天起，他就怨天尤人，让上司和同事都觉得不愉快。他常常觉得一身才气没受到重用，便不免牢骚满腹。他常常抱怨命运不公，抱怨上司事情处理得不好，抱怨同事爱挑他的毛病，抱怨手下人能力不济……总之，从上司到同事，他从来都是不合作、不屑与不满的态度，走到哪里都在发牢骚，都在抱怨，在公司里与同事说，在外面与客户说，牢骚与他形影不离。

如果你一个星期抱怨 10 次以上，那么你可能已经陷入惯性的抱怨状态，这样对你和你身边的人都没有任何好处，而我们的生命也在抱怨中一点一点消逝。所以，当抱怨成为一种习惯，将是一件很可怕的事情。

美国著名作家华盛顿·欧文说过这样一段话：“如果有人总是抱怨自己的天赋被埋没的话，那通常都是推辞，是那些慵懒的人和意志不坚定的人在公众面前故作姿态而已。”生活中有很多人参不透这其中的道理，遇事抱怨不止，认为自己经历了世上最大的不平，但他忘记了听他抱怨的人也可能同样经历了这些，只是心态不同、感受不同。

现实生活中的确有太多的不如意，但只是抱怨而不去改变的话，一切还会照旧。在我们的身边，大部分终日抱怨的人，实际上并不是遭受了多大的不幸，而是内心素质存在着某种缺陷，从而导致对生活的认识存在偏差。

所以，与其抱怨，不如将其放下，用超然豁达的心态面对一切，这样迎来的将是一番新的景象，人生的美景自然会映入我们的眼帘。

悦纳生活中的不顺心

世界既完美，我们如何能尝创造成功的快慰？这个世界之所以美满，就在有缺陷，就在有希望的机会、有想象的田地。换句话说，世界有缺陷，可能性才大。

——朱光潜

著名学者房龙说：“当世界抛弃了你，而你又无法改变时，你才有权利抱怨。”在人生的路上，无论我们走得多么顺利，只要稍微遇上一些不顺的事，首先想到的不是去怎么改变现状，而是习惯性地去抱怨。其实，人的一生很少一帆风顺，或平淡，或惊奇，或险恶，或复杂，乃至几起几落，大喜大悲，总是有这样和那样的不顺心，因此，只要愿意，我们总能找到抱怨的理由。

大海的博大在于它能包容一切，即使是把一块大石头丢进海水里，也只会有一瞬间的水花激起，海面很快又会风平浪静。所以我们要做的，就是把我们的心灵变成大海。不顺心的事就像洒进大海的盐，盐融化了，大海却不会有任何改变。事实上，只要我们能够调整好自己的情绪，理智地分析自己对生活的不满，内心始终为快乐占据，用昂扬的战斗精神面对一切。那么，不管是雷霆还是阳光，都值得我们喝彩。

有人说：“大事聪明的人，小事必朦胧；大事懵懂的人，小事必伺察。”不顺心之事是我们生活中的一部分，如果我们对一些不尽如人意的事情总是耿耿于怀，我们的生活将会失去很多美好。

要知道，生活并非时时刻刻都是那样让我们满意，但是只要我们能够坦然面对，它会始终向我们展露它最灿烂的微笑。

苏格拉底和一个失恋者之间有这样一段对话。

苏格拉底:“孩子，你为什么悲伤？”

失恋者:“我失恋了。”

苏格拉底:“哦，这很正常。如果失恋了没有悲伤，恋爱大概也就没有什么味道。可是，年轻人，我怎么发现你对失恋的投入比对恋爱的投入还要倾心呢？”

失恋者:“到手的葡萄给丢了，这份遗憾，这份失落，您非当事人，怎知其中的酸楚啊。”

苏格拉底:“丢了就是丢了，何不继续向前走呢，鲜美的葡萄还有很多。”

失恋者:“等待，等到海枯石烂，直到她回心转意向我走来。”

苏格拉底:“这一天也许永远不会到来。你最后会眼睁睁地看着她向另一个人走去。”

失恋者:“那我就用自杀来表述我的诚心。”

苏格拉底:“如果这样，你不但失去了你的恋人，同时还失去了自己，体会蒙受双倍的损失。”

失恋者:“踩上她一脚如何？我得不到的别人也别想得到。”

苏格拉底:“可这只能使你离她更远，而你本来是想与她更接近的。”

失恋者:“那我该怎么办？我真的很爱她。”

苏格拉底:“真的很爱？”

失恋者:“是的。”

苏格拉底:“那你希望你所爱的人幸福吗？”

失恋者:“那是自然。”

苏格拉底:“如果她认为离开你是一种幸福呢？”

失恋者:“不会的！她曾经跟我说，只有跟我一起的时候她才感到幸福！”

苏格拉底：“那是曾经，是过去，她现在并不这么认为。”

失恋者：“这就是说，她一直在骗我？”

苏格拉底：“不，她一直对你很忠诚。当她爱你的时候，她和你在一起。现在她不爱你，离去了，世界上再没有比这更大的忠诚。如果她不再爱你，却还装着对你很有情谊，甚至跟你结婚、生子，那才是真正的欺骗。”

失恋者：“那我为她投入的感情不就白白浪费了吗？谁来补偿我？”

苏格拉底：“不，你的感情从来没有浪费，根本不存在补偿的问题。因为在你付出感情的同时，她也对你付出了感情，在你给她快乐的时候，她也给了你快乐。”

失恋者：“可是，她现在不爱我了，我却还苦苦地爱着她，这多不公平啊！”

苏格拉底：“的确不公平，我是说你对所爱的那个人不公平。本来，爱她是你的权利，但爱不爱你，则是她的权利，而你却想在自己行使权利的时候剥夺别人行使权利的自由，这是何等的不公平！”

失恋者：“可是，现在痛苦的是我而不是她，是我在为她痛苦。”

苏格拉底：“为她而痛苦？她的日子可能过得很好，不如说是你为自己而痛苦吧。明明是为自己，却还打着别人的旗号。年轻人，德行可不能丢。”

失恋者：“这么说，这一切倒成了我的错？”

苏格拉底：“是的，从一开始你就错了。如果你能给她带来幸福，她是不会从你的生活中离开的。要知道，没有人会逃避幸福。”

失恋者：“可她连机会都不给我，可恶不可恶？”

苏格拉底：“当然可恶。好在你现在已经摆脱了这个可恶的人，你应该感到高兴，孩子。以真诚换真诚，做事但求问心无愧。”

生活的现实对于我们每个人都是一样的，但经过不同的心态诠释后，便代表了不同的意义，因而形成了不同的事实、环境和世界。

心态改变，则事实就会改变；心中是什么，则世界就是什么。心里装着哀愁，眼里看到的就全是黑暗，心里装着牢骚，所有的事情都会变得很不顺眼。

如果想做一个快乐的人，就要能掌控自己的思想，开始按照自己的规划生活。你需要非常高的门槛，才能容许自己表达哀伤、痛苦，或者不满。当下次发牢骚之前，请先问问你自己，这件事情是否已经重要到了值得你去抱怨的程度。

有一天，素有森林之王之称的狮子，来到了天神面前：“我很感谢你赐给我如此雄壮威武的体格、如此强大无比的力气，让我有足够的能力统治整座森林。”

天神听了，微笑地问：“但这不是你今天来找我的目的吧，看起来你似乎为了某事而困扰呢！”

狮子轻轻吼了一声，说：“天神真是了解我啊！我今天来的确是有事相求。因为尽管我的能力再好，但是每天鸡鸣的时候，我总是会被鸡鸣声给吓醒。神啊！祈求您，再赐给我一个力量，让我不再被鸡鸣声给吓醒吧！”

天神笑道：“你去找大象吧，它会给你一个满意的答复的。”

狮子兴冲冲地跑到湖边找大象，还没见到大象，就听到大象跺脚所发出的“砰砰”响声。

狮子加速地跑向大象，却看到大象正气呼呼地直跺脚。

狮子问大象：“你干吗发这么大的脾气？”

大象拼命摇晃着大耳朵，吼着：“有只讨厌的小蚊子总想钻进我的耳朵里，害我都快痒死了。”

狮子离开了大象，心里暗自想着："原来体型这么巨大的大象，还会怕那么瘦小的蚊子，那我还有什么好抱怨的呢？毕竟鸡鸣也不过一天一次，而蚊子却是无时无刻地骚扰着大象。这样想来，我可比他幸运多了。"

狮子一边走，一边回头看着仍在跺脚的大象，心想："天神要我来看看大象的情况，应该就是想告诉我，谁都会遇上麻烦事，而它并无法帮助所有人。既然如此，那我只好靠自己了！反正以后只要鸡鸣时，我就当鸡是在提醒我该起床了，如此一想，鸡鸣声对我还算是有益处呢！"

生活中，我们有时也会像狮子一样陷入了抱怨的"陷阱"，但静下心来想一想，我们所抱怨的事情并没有那么严重。

实际上，每个困境都有其存在的正面价值。一个障碍，就是一个新的已知条件，只要愿意，任何一个障碍，都会成为一个超越自我的契机。

没有一种生活是完美的，也没有一种生活会让一个人完全满意，我们做不到从不抱怨，但我们应该让自己少一些抱怨，而多一些积极的心态去努力进取。

因为如果抱怨成了一个人的习惯，就像搬起石头砸自己的脚，于人无益，于己不利，生活就成了牢笼一般，处处不顺，处处不满；反之，则会明白，自由地生活着，其实本身就是最大的幸福，这样一想，生活中的不顺心就会减少很多。

人生不如意事常八九，每个人的生活都不是完全如意的。面对生活中的不顺心，我们应该愉悦地接纳它，并试图去改变它，这是一种积极面对人生的态度。有了这样的态度，我们才能在不如意的生活中拥有如意的人生。

一道门关上后，总有一扇窗打开

人生最苦痛的是梦醒了无路可走。

——鲁迅

海伦·凯勒说过："当一扇幸福的门关起的时候，另一扇幸福的窗会因此开启；但是，我们经常看着这扇关闭的大门太久，而没有注意到那扇已经为我们开启的幸福之窗。"这就告诉我们：车到山前必有路，不要放弃任何成功的希望。面对人生的不如意，我们可以走进来，就可以一定走出去。这时，我们就会发现，迎接我们的是一片湛蓝的天空。

生活就像浩渺的大海，有落潮的无奈，也有涨潮的欣慰；生活也像一碗百味汤，酸甜苦辣溶于其中，个中滋味，品后才知分晓。人的一生不可能永远一帆风顺地走下去，其中肯定会有不少时间是灰暗的时光。这些灰暗的日子被我们称为苦难，即人这一生必经的过程。

生活里没有旁观者，每个人都有自己的位置。每个人都有自己的得到和失去，成功与失败，因此，每个人都有着自己的快乐和痛苦。所以，我们不如学会坦然地面对功成名就与闲云野鹤，让得失之心远离我们的内心，也让淡然从容带给我们恬淡美好的性情。

丘吉尔，世界上著名的政治家。曾于1940～1945年及1951～1955年两度任英国首相，被认为是20世纪最重要的政治领袖之一，带领英国获得第二次世界大战的胜利。

丘吉尔在第二次世界大战期间，带领英国人民取得了胜利，为英国的反法西斯战争作出了不可磨灭的贡献。但是1945年7月英国大选后，丘吉尔首相却落选了。

理查德·皮姆爵士去看望丘吉尔，把大选结果告诉他。当时丘吉尔正躺在浴缸里洗澡。当理查德爵士把这个坏消息告诉他时，丘吉尔说："他们完全有权利把我赶下台。那就是民主！那就是我们一直在奋斗争取的！现在劳烦您把毛巾递给我。"

丘吉尔先生被赶下台了，不仅没有沮丧，相反认为这是他一直追求的民主。能如此坦然地面对失败，还有什么事情能难倒他呢？而且，这一扇门的关闭，对丘吉尔来说，只是另外一扇窗的开启，他获得的是一种悠闲而非整日忙碌的生活。

生活就是这样，一会儿让我们号啕大哭，一会又让我们喜极而泣。我们如果事事都太过较真，太过在意，生活必定会非常痛苦。

其实，上天赐予我们每个人的生活都是一样的，不同的是有的人有着一份坦然的胸襟，而有的人却没有。

面对苦难，每个人的承受能力又很不同，有些人可以乐观应对，有些人却陷于其中不能自拔。乐观者往往能以积极的心态去看问题，这样不仅可以使自己心情愉悦，而且正视问题的同时也可以使问题得到很好的解决；悲观者总是感慨命运不济，认为自己是世界上最不幸的人，这样不仅不能解决问题，反而会加剧自己的痛苦。

西娅在维伦公司担任高级主管，待遇优厚。很长一段时间，她都为到底去什么地方度假而烦恼，但是不久之后，情况就变得糟糕起来。为了应对激烈的竞争，公司开始裁员，而西娅也在其中。那一年，她43岁。

"我在学校一直表现不错！"她对好友墨菲说，"但没有哪一项特别突出。后来，我开始从事市场销售。在30岁的时候我加入了那家大公司，担任高级主管。我以为一切都会很好，但在43岁的时候，我失业了，那感觉就像有人给了我的鼻子一拳，当时感觉简直糟糕透了。"

西娅似乎又回到那段灰暗的日子，语气也沉重了许多。

“有一段时间，我不能接受自己失业的事实。整天躲在家里，不敢出门，因为每当看到忙碌的人们，我都会觉得自己没用，脾气也越来越大，孩子们也越来越怕我。情况似乎越来越糟糕。但就在这时，转机出现了。一个月后，一个出版界的朋友询问我，如何向化妆业出售广告。这是我最擅长的事。我重新找到了自己的方向：为很多上市公司提供建议，出谋划策。”

两年后，西娅拥有了自己的咨询公司。她已经不再是一个打工者，而成了一个老板，收入自然也比以前多了很多。

“被裁员是一件糟糕的事情，但那绝对不是地狱。也许，对你自己来说，可能还是一个改变命运的机会，比如现在的我。重要的是如何看待，我记得有一句名言说：世界上没有失败，只有暂时的不成功。”西娅真诚地对墨菲说。

很多人在面临西娅那样的遭遇时都会苦恼不已，沉浸在低迷的情绪状态中不能自拔。但是只要迅速调整心态，转个弯就能找到另一条出路，就能找到成功之门。所以，像西娅那样，面临挫折和磨难时勇敢地走过去，前面有更光明的天空在等着我们。

对待生活，我们大多数人都还来不及体味和享受，就已经匆匆地走到了目的地。当你身陷人生的低谷，首先是要有一颗向上的心，就像朝阳，而不是夕阳。从低谷走到平地远比从平地攀上高山容易，只要有坚定的信念，你就可以战胜一切。

或许你以为在你面前，是很难越过的门槛，其实当事情过去以后，你会发现，这在你人生路上是多么不显眼的一件事情，根本不用害怕，所以，你应该重新扬起自信的风帆，鼓起劲摇桨，向成功的彼岸进发。

面对不可避免的事实，我们就应该学着做到诗人惠特曼所说的那样：

“让我们学着像树木一样顺其自然，面对黑夜、风暴、饥饿、意外等挫折。”生活的不顺心更能培养美好的品德，我们应该做的就是让自己的美德，在不利的环境中放射出奇异的光彩。

面对现实，并不等于束手接受所有的不幸。当我们发现情势已不能挽回时，我们最好就不要再思前想后，拒绝面对，要接受不可避免的事实，唯有如此，才能在人生的道路上掌握好平衡。

这一生，有悲有喜，有起有落，既有成功后的喜悦，也有失败后的痛苦。岁月会编织五彩斑斓的梦，给人积极向上的启迪，也会编织无情的网，使人走不出人生的沼泽地。面对短暂的人生，我们要学会面对磨难，不要错过人生的失意时刻，也许当生命之神把你抛入谷底时，也是你人生腾飞的最佳时机。

第二章

看淡得失，知足常乐

知足是一种乐观的态度

然无论如何，倘把中国人和西洋人分门别类，一个阶级归一个阶级，处于同一环境下，则中国人或许总是比西方人来的知足，那是不错的。此种愉快而知足的精神流露于知识阶级，也流露于非知识阶级，因为这是中国传统思想的渗透结果。

——林语堂

何谓知足？知足的第一个境界就是珍惜所拥有的，人们可以看到很远，但远方的景色再好，也是虚幻的，只有你的立足之地才是现实，如果一直关注虚幻的东西，看不到现实的美好，那么就永远不会知足。

知足者身贫而心富，贪得者身富而心贫。生活中常见到这样两类人，一类人虽然没有太多的财产，收入也不高，却整天心无牵挂，活得开怀；另一类人，物质上很富足，但是却不知道满足，看见更好的就觉得自己差，即使事事如意，他也能找到不快乐的理由来。这两种人最大的区别就是知足与否。

古人的“布衣桑饭，可乐终生”是一种知足常乐的典范。“宁静致远，淡泊明志”中蕴含着诸葛亮知足常乐的清高雅洁；沈复所言“老天待我至为厚矣”表达了知足常乐的真情实感；曾国藩认为人生一切都“不宜圆满”，以免乐极生悲，名其书房为“求阙斋”，体现了知足常乐的智慧；林语堂说半玩世半认真是最好的处世方法，不忧虑过甚，也不完全无忧无虑，才是最好的生活，这流露了知足常乐的幽默。

儒家提倡“中庸之道”，一切行为适中、折中为宜，不能什么也不追求，也不要过分追求，凡事讲究个“度”。简言之，就是对幸福的追求持一种极易满足的态度。一个人知道满足，心里就时常是快乐的、达观的，这样有利于身心健康。相反，贪得无厌，不知满足，就会时时感到焦虑不安，甚至是痛苦不堪。

明朝有个人叫胡九韶，他的家境很贫困，他一面教书，一面努力耕作，仅仅可以衣食温饱。但每天黄昏时，胡九韶都要到门口焚香，向天拜九拜，感谢上天赐给他一天的清福。妻子笑他说：“我们一天三餐都是菜粥，怎么谈得上是清福？”

胡九韶说：“我首先很庆幸生在太平盛世，没有战争兵祸。又庆幸我们全家人都能有饭吃，有衣穿，不至于挨饿受冻。第三庆幸的是家里没有病人，监狱中没有囚犯，这不是清福是什么？”

知足常乐，并不是易事。人生中总是面临着形形色色的诱惑，名气、财富是很多人一生孜孜以求的目标。一个人拥有多少财富才算足够？这个问题可能并不容易回答。因为钱财之于人的诱惑总像一个无底深渊一样，让人们看不到它的边际，也无法探测它的深浅，很多人都只能受它的奴役，而且往往不自知。

但是，在日常生活中，很多人却做不到这一点。诱惑一旦多起来，心境很难保持平和淡然，而且纷繁浮躁的心就可能向更大的欲望寻去，所以，我们要懂得知足，减少内心的欲望，以抵挡外界的诱惑。只有懂得知足并且知止的人，才能不为凡尘所累，免遭不必要的危险，生命也必将更加真切、美好。

智者能够明白其中的道理，而一个被名利迷住双眼、无法自拔的人，终究会因为欲望的不断膨胀而迷失自己，丧失人生的乐趣。基于这一点，林语堂先生告诫我们：做人要知足。不能奢求太多，在即得中感恩和满足，才能获得人生之乐。即使身处逆境，也应该乐观看待一切。

知足常乐，是一种乐观的生活智慧。在烦躁与喧嚣中，懂得知足，会过滤一种压抑与深沉，沉淀一种默契与亲善，澄清一种本真与回归，久而久之，步伐轻盈，精力充沛。小说《笑傲江湖》里有一句话："莫思身外无穷事，且尽生前有限杯。"这不失为一种人生感悟，它点出了"人生一世，草木一秋"的真谛。

黄美廉出生时由于医生的疏失，造成她脑部神经受到严重的伤害，以致颜面四肢肌肉都失去正常作用。病魔夺去了她肢体的平衡，也夺走了她发声讲话的能力。从小她就活在肢体不便及众多异样的眼光中，她的成长充满了血泪。

然而，这位坚强的女孩没有让这些外在的痛苦击败她内在奋斗的精神，她昂然面对，迎向一切的不可能。

经过努力，她终于获得了加州大学艺术博士学位，她用她的手当画笔，以色彩告诉人"寰宇之力与美"，并且灿烂地"活出生命的色彩"。

"请问黄博士，"在一次讲座上，一个学生问她，"你从小就长成这个样子，你怎么看你自己？你都没有怨恨吗？"

"我怎么看自己？"黄美廉用粉笔在黑板上重重地写下这几个字。她写字时用力极猛，大有力透纸背的气势。

写完这个问题，她停下笔来，歪着头，回头看着发问的同学，然后嫣然一笑，回过头来，在黑板上龙飞凤舞地写了起来：

“我好可爱！

我的腿很长很美！

爸爸妈妈这么爱我！

我会画画！我会写稿！

我有只可爱的猫！

还有……”

台下，所有的人都沉默了，面对众人的沉默，她在黑板上写下了她的结论：“我只看我所有的，不看我所没有的。”

掌声响起。有一种永远也不会被击败的傲然，写在她的脸上。

黄美廉是乐观而知足的，她看见了自己拥有的生命和爱，因此她能在不幸中感受到快乐。

但是有些人恰恰相反，他们身体健康，生活在优裕的家庭，丰衣足食，可是他们偏偏感知不了这一切，觉得这一切都理所当然，于是无视自己的幸福，盲目攀比，欲望泛滥。

“人心不足蛇吞象”这句话形象地表明了这种人的欲望是永远不知满足，要想真正享受人生的乐趣，就需要有知足常乐的心。

知足常乐是一种人生底色，当我们都在忙于追求、拼搏而找不着北的时候，知足常乐，是平凡人生中深沉的最丰富的底色，它孕育的宁静与温馨，对于风雨兼程的我们来说，是最好的避风港口。知足的人是幸福的，他们清楚自己需要的是什么，他们的天空少有阴霾，他们的世界总是光明。一点点微小的幸福就成了他们生活中的太阳，散发着快乐的光与热。

社会越来越繁荣，人们在物质的潮水里渐渐迷失了自我，逐渐脱离了生活的真谛，社会越富足，人们的幸福感反而越低。这种情况下，就需要我们知足常乐，返璞归真，明白真正的生活真谛。认清自己所拥有的幸福，不盲目比较，不抱怨自己所缺。

知足是一种处事态度，常乐是一种幽幽释然的情怀。知足常乐，贵在调节。这是一种人生底色，当我们在忙于追求、拼搏而迷失方向的时候，知足常乐，这种在平凡中渲染的人生底色所孕育的宁静与温馨对于风雨兼程的我们是一个避风的港口。休憩整理后，毅然前行，来源于自身平和的不竭动力。真正做到知足，人生便会多一些从容、多一些达观，从而常乐。

珍惜拥有，你会得到更多

微小的幸福就在身边，容易满足就是天堂。

——海子

叔本华说："我们很少想到我们有什么，可是总想到我们缺什么。"这句话深刻地揭示了人性的本质。

两千多年前，孔夫子便在河川上感叹："逝者如斯。"几乎在同一时代，古希腊的大哲学家赫拉克利特也在沉吟："万物流变，无物常在。人不能两次踏入同一条河流。"先哲们那悠远的声音至今仍在我们耳边回响，无非是提醒我们要懂得珍惜拥有。

生活中很多人不快乐，就是因为他看不到自己所拥有的，不会珍惜，而只看到自己所没有的。

其实，人的一生何其匆匆，如果想不留遗憾，就要学会珍惜、懂得珍惜，要看清自己手中的幸福，感受身边的感动。

有这样一个故事：

有一位哲学家，当他是单身汉的时候，和几个朋友一起住在一间小屋里。尽管生活非常不便，但是，他一天到晚总是乐呵呵的。

有人问他："那么多人挤在一起，连转个身都困难，有什么可乐的？"

哲学家说："朋友们在一块儿，随时都可以交换思想、交流感情，这难道不值得高兴吗？"

过了一段时间，朋友们一个个相继成家了，先后搬了出去。屋子里只剩下哲学家一个人，但是每天他仍然很快活。

那人又问："你一个人孤孤单单的，有什么好高兴的？"

"我有很多书啊！一本书就是一个老师。和这么多老师在一起，时时刻刻都可以向它们请教，这怎能不令人高兴呢？"

几年后，哲学家也成了家，搬进了一座大楼里。这座大楼有七层，他的家在最底层。底层的境况是非常差的，既不安静，也不安全，还不卫生。那人见他还是一副自得其乐的样子，好奇地问："你住这样的房间，也感到高兴吗？"

"是呀！你不知道住一楼有多少妙处啊！比如，进门就是家，不用爬很高的楼梯；搬东西方便，不必费很大的劲儿；朋友来访容易，用不着一层楼一层楼地去叩门询问……特别让我满意的是，可以在空地上养些花、种些菜。这些乐趣只可意会，无法言传。"

又过了一年，哲学家把底层的房子让给了一位朋友，因为这位朋友家里有一位偏瘫的老人，上下楼不方便，而他则搬到了楼房的最高层。哲学家每天依然快快乐乐。那人又问他："现在住七楼又有哪些好处呢？"

哲学家回答说："好处多着呢！比如说吧，每天上下几次，这是很好的锻炼，有利于身体健康：光线好，看书写字不伤眼睛，没有人在头顶干扰，白天黑夜都非常安静。"

后来，那人遇到哲学家的学生，问道：“你的老师总是那么快快乐乐，可我却感到，他每次所处的环境并不那么好呀。”

学生笑着说：“决定一个人快乐与否，不在于环境，而在于心境。”

其实，一个人是否幸福，关键在于他心态的平衡与否，世界上与幸福相连的东西太多了，一个人穷其一生，又能得到几何？所以，珍惜拥有，知足常乐就是最大的幸福。谁能够以平常心看待功名利禄，以平静心观赏云起云散，宠辱不惊，谁就是幸福最大的受益者。

我们总以为生活在别处，其实，生活就在身边。岁月河水一般在我们的脚下缓缓流过，一去不复返。

千万要记住，珍惜眼前的一切，珍惜当下的时光，珍惜你所拥有的一切，珍惜值得你珍惜的一切。这样才能让我们的生活少一些牵挂的苦楚，多一些悠闲的舒适；少几分带瑕疵的不如意，多几分悠闲的惬意。

有一位青年时常对自己的贫穷发牢骚，有一天，他终于鼓足勇气敲开了一位富翁家的门，希望那位靠白手起家的富翁能够告诉他一些关于致富的秘诀。

“你一定是来问我，我是怎么白手起家的吧？”一进门，富翁首先问道。

“你是怎么知道的？”青年暗暗地对富翁的判断表示惊讶。

“因为在你之前，已经有很多自以为一无所有的年轻人来找过我。来时他们确实贫困潦倒而且牢骚满腹，但走时俨然个个都成了富翁。你也具有如此丰厚的财富，为什么还抱怨不止呢？”

“那到底是什么呢？快告诉我在哪里呀？”青年急切地问。

“你的一双眼睛。只要你给我一只眼睛，我可以用一袋黄金作为补偿。”

“不，我不能失去眼睛。”青年大声回答道。

“好，那么把你的双手给我吧。这样我就可以把你想得到的东西都给你。”

“不，双手也不能失去。”青年尖叫道。

“既然有一双眼睛，你就可以学习；既然有一双手，你就可以劳动，现在你看到了吧，你有多么丰厚的财富啊。这就是我所谓的致富秘诀。”富翁微笑着说。

这个故事就是要告诉我们，要懂得珍惜，才能懂得生活，才能拥有充实圆满的人生。其实，生命中值得我们珍惜的东西有很多。

我们要珍惜所拥有的健康。珍惜健康是一种责任。无论对家人，对社会，对自己的事业，健康的作用和重要性毋庸置疑。唯有健康，才能够有资格谈幸福，才能有“资源”拥有幸福和享受幸福，才能有资格成就事业，品味快乐。珍惜健康，就是不要再为名利所拖累，不要再为失意而痛苦欲绝，不要再为一时的挫折而忧伤。

我们要珍惜所拥有的幸福。幸福对每个人有着不同的含义：颜回的一箪食一瓢饮是清贫者的幸福；财源滚滚、生意兴隆是商人的幸福；“春种一粒粟，秋收万颗子”是农民的幸福；官运亨通、青云直上是政治家们的幸福。对任何人来讲，幸福极容易把握，也极容易失去。有时候，幸福的出现只需要我们擦亮眼睛，生活中不是没有幸福，而是幸福已经来到，而有些人却在张望远方。

我们要珍惜我们所拥有的今天。昨天已经逝去，明天还未来到，我们唯一能把握的，就是今天。所以说，虚度了“现在”，就等同于虚度了今天，也就在不知不觉中丧失了昨天和明天。

与其沉迷于昨天的痛苦回忆，与其憧憬于明天的海市蜃楼空中楼阁，不如脚踏实地抓住今天，充实今天，完善今天。从某种意义上说，珍惜了今天，就等于延伸了自己生命的长度，升华了生命的意义。

总之，在有限的生命时光中行走，懂得珍惜拥有是一种人生的大智慧。懂得发现我们已拥有的东西的价值，我们将会得到更多，我们的生命将会更富足、更美好。

不快乐，是因为你想要的太多

快乐是在心里，不假外求，求即往往不得，转为烦恼。

——梁实秋

生活如海，欲望如潮。人生在世，不能没有欲望，就像大海不能不涨潮一样，这是一种自然规律。假如世人都没有欲望，就会对什么事情都不感兴趣，就会缺少热情、缺少投入、缺少追求，那将是多么苍白的生活画卷。问题的关键在于，人们如何把握住自己的欲望尺度。涨潮也有落潮时，不让欲望泛滥成灾，才是可取之举。

追求财富，占有金钱，本无可厚非。那么，富有到什么程度才算富有，占有多少金钱才算足够？这大概没有一个固定的统一标准。

坦然的人生则要把握好欲望的“横”和“竖”两条线。所谓“横”线是以自己的富有程度为起点画一条水平线，可以看出高于水平线和低于水平线的都大有人在。自己比上不足，比下有余，已经是较佳的位置了。因为生活是大海，浪高浪低纯属自然，正如人们的富有程度永远不可能都在一个水平线上一样。所谓“竖”线是以自己从前生活中的低点为起点画一条上升线，随着这条线上升可以十分清晰地表明自己生活水平逐步提高的程度，应该为此感到欣慰、充实并满足。

然而，生活中有许多人不想这么做。他们从来不蓦然回首，不和自己的从前比，而是一味地和别人攀比。于是，欲望的潮水只涨不落，而且一浪高过一浪。为了自己富有与享乐，他们让欲望的潮水冲开理智的大坝，轻者自己不快乐，重者害己害人。

欲望过度是人们不快乐的根源，欲望以及其隐含的名利是快乐的最大障碍，一个人只有抛开心中欲望的纷扰，真正把自己从物质的束缚中解放出来，才能够成就不朽的事业。

我们要明白这样一个道理：欲望适度则为利，欲望过度则为害。人生在世，不应让欲望的潮水冲开理智的大坝，只有这样，才能少走弯路，少流悔恨的泪水。清爽恬淡，笑对人生，也是一种高度的幸福。

从前，有个山民靠打柴为生，他长年累月地辛苦劳作，仍改变不了困顿局面。他自己也不记得曾在佛前烧了多少炷高香，祈求佛祖降临好运，帮他逃脱苦海。

佛祖果然慈悲，有一天，山民无意中在山坳里挖出了一个百十来斤的金罗汉。转眼间他就过上了他从前做梦都无法梦到的生活，又是买房，又是置地。而他的宾朋亲友一时间竟多出十几倍，从四面八方赶来向他祝贺。

可是这个山民只高兴了一阵，继而却犯起愁来，食不知味，睡不安稳。

“偌大的家产，就是贼偷，一时也不能偷个精光，看你愁得像个丧气鬼！”他妻子劝了几次都没效果，不由得高声埋怨起来。

“你一个妇道人家怎能理解我的愁事呢，怕人偷只是原因之一啊！”山民叹了口气，说了半句便很懊恼地用双手抱住了头，又变成了一只闷葫芦。

“18尊罗汉我只挖到了一个，其他17个不知在什么地方？要是那17个罗汉一齐归我所有，那该有多好啊！”这才是他犯愁的最大原因。

其实，如果我们能够停下来回头看看自己走过的岁月，我们就会发现，除了一路追寻物质的脚印，我们甚至什么都没有留下。

很多时候，事业和成功都是在淡泊和刻苦中积累起来的，我们什么都没留下是因为我们把时间都用在了享受和索取上面，却忘记了想要成功就要控制自己的欲望，不被欲望控制，才能认清成功的道路。

调整贪婪心理的最好办法就是懂得知足常乐的道理，“知足”就是懂得满足，知道满足了，就不会再有非分之想，也就能保证正常的心理平衡了。人要时刻保持清醒的头脑，摒弃不该有的欲望。

要知道，生命是有限的，贪图太多，生命就变成一场负重行走。那样，你一路上都在给自己加重，就再也无心欣赏沿途的美景。

如果为了没有鞋而哭泣，看看那些没有脚的人

中国文化的精髓就是“和谐”。

——季羡林

宋代无门慧开禅师做过一首诗偈：“春有百花秋有月，夏有凉风冬有雪。若无闲事心头挂，便是人间好时节。”但是，现实生活中常常有人抱怨着生活中的种种不如意，其实仔细想想，我们应该是非常幸福的：如果你拥有自己的家庭，有关心自己的人，每天吃得饱穿得暖，这就比世界上很多的人幸福了。

如果早上醒来，你发现自己还能自由呼吸，你就比在这一周离开人世的一百万人更有福气；如果你从未经历过战争的、被囚禁的孤寂、受折磨的痛苦和忍饥挨饿的难受，你已经好过世界上的五亿人；如果你冰箱里有食物，身上有足够的衣服，有屋栖身，你已经比世界上百分之七的人更富足；如果你银行户头有存款，钱包里有现金，你已经身居世界上最富有的百分之八的人之列；如果你的双亲仍然在世，并且没有分居或离婚，你

已属于稀少的一群；如果你能抬起头，带着笑容，内心充满感恩的心情，你是真的幸福——因为世界上大部分的人都可以这样做，但是他们没有。

拿自己的优势跟别人的劣势比，越比越幸福；相反，若拿别人的优势比自己的劣势，却会越比越伤心。

幸福是比出来的，痛苦也是比出来的，关键看你怎么比，聪明的人知道该如何比较出幸福，而不是痛苦。拿什么作为幸福的参照物？这就要看一个人活着最看重什么了。有些人看重金钱、名誉、地位，有些人认为情最重要，亲情、友情、爱情缺一不可，拥有它们我们的生命才堪称完美。

金钱它能买任何物质上的东西却唯独买不到情。名誉、地位，可有可无的东西，它只不过是世俗的一种心灵上的慰藉。有的人穷其一生只为争权夺利，却换来了终身疲惫；而有些人平凡一生却快乐生活了一辈子。

周大疾的短篇小说《无疾而终》中，小说主人公是瞎爷，他 9 岁时发高烧之后，左眼什么也看不见了，急得父母泪流满面。独生儿子瞎了一只眼，父母能不伤心吗？儿子对两位老人说："爹，娘，你们哭啥？应该笑才对，这场病不是只弄坏了我一只眼吗？左眼瞎了右眼还能看见，总比两只眼都弄坏要好嘛。你们想一想，我比世界上那些双目失明的人，不是要强多了吗？"

瞎爷家境不好，父母无力供他上学，只好送他去私塾旁听，为此老人很是伤心。

儿子十分明智，对父母说："我已经认识了几个字，虽然不多，总比一个字不识的孩子强多了。"

后来瞎爷娶了个嘴巴很大的媳妇，父母觉得对不住儿子，可儿子很满足，说："能娶这么个媳妇就很不错了，和世界上许多光棍比起来，真是好到天上去了。"瞎爷有几个孩子全是闺女，媳妇总觉得对不住他们家，瞎爷说："这有什么值得愧疚的？我认为你还是个很有能耐的女人。世界上有好多结了婚的女人，压根就没生过孩子，别说生男孩子，连一个女孩也生不出来。咱们这 5 个女孩，待长大之后就会有 5 个女婿。日后等我老了，逢年过节时，5 对女儿女婿一起提着酒拎着肉回来孝敬咱们，那该多热闹！”

瞎爷家境后来更是贫寒，妻子实在熬不下去了，便抱怨起来，瞎爷说：“你不能只跟那些住楼房、有万贯资财的人家相比，越比咱这日子就越没法过了。你要是瞧瞧那些拖儿带女、四处讨饭的人家，白天饱一顿饥一顿，晚上睡在别人家的屋檐下，弄得不好还会被狗咬一口，你就会觉得咱家这日子还真不赖。虽然咱们没有馍吃，可是还有稀饭喝；虽然咱们家买不起新衣服，可是总还有旧衣裳穿；虽然咱们住的房子漏雨，可总还是住在屋子里边，和那些讨饭维持生活的人相比较，我们家的日子算是天堂了……”

瞎爷有着一种乐天知足的人生观，从不和比自己强的人攀比，这是找到了快乐的人生哲学。即使生活穷苦，他的世界依然充满阳光。

美国著名作家海伦·凯特的一句经典之语：“我哭喊着，痛苦着自己没有新鞋可穿，但突然发现身边的一个人，他居然没有脚……”所以，如果用自己的劣处和他人的优点去比，我们会越比越不幸福，而如果我们用自己的优点和别人的劣处比，你会发现，我们原来竟是如此幸福。

能比出幸福来，是人生的智慧。季羡林先生在谈到和谐的创建时说，关键是人的内心要和谐，内心和谐，社会才会有和谐的基础。所以，人只要有阳光的心态，眼前就会是一片光明，身边就会处处温暖，累中有乐。

幸福是比较出来的，在比较中感受幸福，在比较中感受世界的美好、人间的温暖，是正常的心态，是和谐的心境。怀着阳光的心态，拥有平和的心境，感受今天比昨天好、明天会更好，就会天天都有好心情。

有这样一个故事：

一年四季，只要不是大风雪雨天，每天晚上，马路边的路灯下，总有一对姐妹趴在板凳上，聚精会神地写着作业。面前，是川流不息的车辆，来来往往的行人，身后是一个帐篷搭建的简易房，这个简易房就是姐妹俩的家。生活的贫苦显而易见。

这一对姐妹是外乡人，她们的父母是收废品的，因此，她们俩只能跟随父母四处漂泊。很多人见她们每天晚上都在路灯下写字，同情之余，又好奇地问姐妹俩，为什么不在家里写字。姐妹俩浅浅一笑，说家里没有灯，到了晚上帐篷里一片漆黑，为了节省蜡烛，她俩只能在路灯下写字。

路人都赞赏姐妹俩的懂事，又问她们：“这样的苦日子，你们感觉幸福吗？”姐妹俩都说很幸福！

路人很诧异，继续问道：“这样的苦日子，你们为什么说是幸福的？”姐妹俩说：“虽然我们父母很穷，但他们非常疼爱我们；虽然我们的家很简陋，但能为我们遮风挡雨；虽然我们日子很苦，但我们还有饭吃还有衣穿还有书读，比起一些没有父母没有家没有书读的孩子，我们是幸福的！”

只要有父母的爱、有个家、有书读就是幸福，这种幸福是多么简单啊。很多人的生活比这姐妹俩强百倍。他们有高大宽敞明亮而又温暖的房子，有大大的、宽宽的、干净的书桌，有属于自己的一盏明亮的台灯，他们也有父母伟大无私的爱，有美酒佳肴锦衣玉食，可他们却感觉不出幸福。因为他们把眼光抬得太高，只和一些有权有钱有势的富人比生活。

有一篇文章里讲到过，人生值得去的地方有三个：监狱、贫困地区、火葬场。

到监狱里，你看到的是失去人身自由的罪犯。很多人生的梦想都在这里搁浅，留下深深的遗憾。你就会感到自己可以尽情自由享受生活是多么的幸福。

到贫困地区，你看到的是人们困苦的生活现状，意想不到的艰苦生活的情景，你会从心底里生发感慨，会从骨子里庆幸自己生活的优越。

到火葬场，你看到的是一个实实在在存在的人，瞬间变成一堆骨灰的残酷。想到自己有一天也会落得如此结局，你还会为了金钱、名誉、地位等身外之物趋之若鹜，争得面红耳赤、碰得头破血流吗？

我们要学会真正看清自己的幸福，明白幸福生活快乐生活的法则，明白人生应该怎样度过，应该以怎样的心态去生活。那样，我们的生活就会少了很多不必要的烦恼了。

平凡地活着，就是莫大的幸福

如愿便是满足，满足即是幸福。

——梁实秋

每个人的一生皆各有各的幸福，并不需要一味依靠物质，依靠虚伪的荣耀，通过不合法的手段达到富贵是非常可耻的事。孔子认为，这种富贵对他来说就等于浮云。

生活在幸福的年代，人们也渐渐习惯了衣食无忧的生活，但是，幸福却似乎没有跟物质上的丰裕并行。英国未来基金会的迈克尔·威尔莫特和威廉·纳尔逊在《复杂的生活》一书中指出："在过去50年里，物质财富的极大丰富并没有使人们增加多少快乐，这是进步的悖论。今天的一代人比以前更富裕、更健康、更安全，享有更多的自由，但他们的生活却似乎更压抑。"

幸福是朴实的、简单的。一杯淡水，一杯清茶，也可以品出幸福的滋味；一朵鲜花，一片绿叶，也可以带来幸福的气息；一间陋室，一卷书册，也可以领略幸福的风景。

一个人，如果每天早晨，清风拂过，双眼迷蒙，心里充满了难以拂拭的尘埃，时间久了，生活变得越来越无趣，除了吃喝玩乐似乎已经没有什么事情可做，便开始追求刺激，一步步滑向“不义”的深渊。这样的生活并不是人们想要的，人们期待的是毫无心灵负担的幸福，是平凡生活中的甘甜，是一杯无色的蜂蜜水，看似平淡，其实回味甘甜。

有位青年，厌倦了生活的平淡，感到一切只是无聊和痛苦。为寻求刺激，青年参加了挑战极限的活动。

活动规则是：一个人待在山洞里，无光无火亦无粮，每天只供应5千克的水，时间为整整5个昼夜。

第一天，青年颇觉刺激。

第二天，饥饿、孤独、恐惧一齐袭来，四周漆黑一片，听不到任何声响。于是，他开始向往平日里的无忧无虑。

他想起了乡下的老母亲不远千里地赶来，只为送一坛韭菜花酱以及小孙子的一双虎头鞋；他想起了终日相伴的妻子在寒夜里为自己掖好被子；他想起了宝贝儿子为自己端的第一杯水；他甚至想起了与他发生争执的同事曾经给自己买过的一份工作餐……渐渐地，他后悔起平日里对生活的态度来：懒懒散散，敷衍了事，冷漠虚伪，无所作为。

到了第三天，他几乎要饿昏过去。可是一想到人世间的种种美好，便坚持了下来。第四天、第五天，他仍然在饥饿、孤独、极大的恐惧中反思过去，向往未来。

他责骂自己竟然忘记了母亲的生日；他遗憾妻子分娩之时未尽照料义务；他后悔听信流言与好友分道扬镳……他这才觉出需要他努力弥补的事情竟是那么多。可是，连他自己也不知道，他能不能挺过最后一关。

此时，泪流满面的他发现：洞门开了。阳光照射进来，白云就在眼前，淡淡的花香，悦耳的鸟鸣——他又迎来了一个美好的人间。

青年扶着石壁蹒跚着走出山洞，脸上浮现出了一丝难得的笑容。5天来，他一直用心在说一句话：活着，就是幸福。

当我们把追求外在的成功或者“过得比别人好”作为人生的终极目标的时候，就会陷入物质欲望为我们设下的圈套。它像童话里的红舞鞋，漂亮、妖艳而充满诱惑，一旦穿上，便再也脱不下来。我们疯狂地转动舞步，一刻也停不下来，尽管内心充满疲惫和厌倦，脸上还得挂出幸福的微笑。

当我们在众人的喝彩声中终于以一个优美的姿势为人生画上句号时，才发觉这一路的风光和掌声，带来的竟然只是说不出的空虚和疲惫。这个时候，是无暇去感受幸福的。幸福的青鸟早在你疯狂旋转的时候，飞向了别人的树枝。

因此，“简单不一定最美，但最美的一定简单”。最美的生活也应当是简单的生活。因为大多数的生活，以及许多所谓的舒适生活，不仅不是必不可少的，而且是人类进步的障碍和历史的悲哀。

人来到这个世界后，一开始无忧无虑，因为需求的东西少，负担少，所以也更容易觉得幸福。随着自己想要得到的东西不断地增加，要求不断地提高，各种各样的负担和烦恼也由此而生，除了苦苦挣扎得到想要得到的一切之外，再也没有时间去想自己是不是幸福。

到了最后，终于明白了这个问题时，生命的守护神已经开始远离，等待自身的是身体的衰落、灭亡。那么，为何不在衰落之前就对欲望和奢求适可而止呢?

人的一生很短暂，仿佛一刹那就走到了生命的尽头。惊鸿一瞥、昙花一现，正如伟大的印度诗人泰戈尔的诗句一样：生如夏花般绚烂，死如秋叶般静美。

人生看似几十个春秋，其实不过是一声叹息之间就让我们的生命画上休止符。它就是这样一个从绚烂归于平淡的过程。年少的时候喜欢出

名，因为少年都钟爱艳丽与繁华，喜欢一切新鲜刺激的事物，喜欢放任物欲。

但是随着年岁的增长、阅历的丰富，我们渐渐地喜欢清淡的色彩，那就像淡雅的人生，少了年轻人的血气方刚，褪去了中年人的惆怅和幽怨，留下的是一颗通透的心灵。

幸福是简单的、朴素的、平凡的，就如粮食、空气和水。在被过多的物欲蒙蔽双眼的时候，我们就无法看见美。平凡而幸福地活着，像一棵撑开绿荫的树，像一块山间小溪底的卵石，岁月无声，身心清静。

第三章

保持阳光心态，乐观生活

透过窗棂，用阳光照亮心灵

一个人总是在仰望和羡慕别人的幸福，一回头，却发现，自己正在被别人仰望和羡慕着。

——卞之琳

“我之所以高兴，是因为我心中的明灯没有熄灭。道路虽然艰难，但我却不停地去求索我生命中细小的快乐。如果门太矮、我会弯下腰；如果我可以挪开前进路上的绊脚石，我就会去动手挪开；如果石头太重，我可以换条路走。我在每天的生活中都可以找到高兴的事情。信仰使我能够以一种快乐的心态面对事物。”歌德夫人如是说。其实，生活中并不缺少快乐，而是缺乏发现快乐的眼睛与心灵。花朵绽开的刹那，蜻蜓点水的瞬间，炊烟飘散的过程，与家人团聚的时刻，是那么平凡，又是那么真实，只要我们张开心灵的眼睛，就能从平凡生活的细微之处感受到最真实的快乐与幸福。

当清晨的第一缕阳光洒下来时，我们可以问自己："你今天有两种选择，你可以选择心情愉快，也可以选择心情不好。"相信你一定选择的是要快乐地度过一天。生活中总是充满了意外，当有坏事发生时，我们可以选择成为一个受害者，也可以选择从中学些东西。不如选择后者，让自己快快乐乐地活着。

黄彦曾被确诊患上中期乳腺癌，需要尽快做手术。手术前期，她依然过着有规律的生活。她每天早上六点半就醒来，做做关节活动，上午收拾房间，中午照常喝着午茶——那种加奶的红茶，傍晚插插花，睡前认真写日志。所不同的就是，每天下午三点半的时候要接受医院规定的检查。对于来检查的医生，她总是微笑接待，让他们感到轻松无比，尽管检查的时候，她感觉十分不舒服。

直到手术麻醉之前，她仍然对主治医师说："王大夫，别忘了明天要请我吃炸酱面的，你可别赖账啊！"直叫王医生哭笑不得。

手术进行得很顺利。两个月后的一天，朋友来探望她，她竟然马上忘记疼痛，要让朋友看她新养的一盆花。等到她出院时，她与医科室一半的人都交上了朋友，还有那些病友。因为人们都被她轻松的坚强所感染和征服。

半年之后，黄彦再提及此事时，说："我一直心情很好！现在，想不想看看我的伤疤？愈合得不错，对吧！"

"当时第一件在我脑海中浮现的事就是我对自己说有两个选择：一是死，一是活。我选择了活，而且是今后快乐的生活。于是，我要坚强地笑一笑，我要让王大夫放松下来，以稳健的心情给我做手术。我相信，我们会配合好，手术也会顺利，尽管成功率只有 50%。显然，我很幸运！"

相信黄彦之所以活了下来，一方面当然要感谢医术高明的医生，但另一方面得感谢她的生活态度。生活充满了选择，坚强的黄彦总是积极地选择生活的正面，所以她快乐。

偶然与不幸是生活的组成部分，但它仅仅是生活的一小部分。花草树木，随着气候的变化而生长，但是你只能为自己创造天气。你要学会用自己的心态弥补气候的不足。如果你为他人带来风雨、冰霜、黑暗和不快，那么他们也会报之风雨、冰霜、黑暗和不快。相反地，如果你为他人献上阳光和温暖，自己也会收获光明和快乐。快乐就在我们每个人的身边，选择快乐，抓住快乐，拥抱快乐，你就是一个快乐的人。

一位闻名遐迩的老人被电视台节目主持人作为特邀嘉宾邀请来参加活动。她确实是一个非常杰出的老人。

她的讲话完全没有经过特别的准备，更没有经过任何排练。这些讲话与她的个性是完全一致的，她精神极好，容光焕发，充满快乐。

无论她想说什么，她都毫不掩饰，而且思维敏捷。她的机智幽默让听众捧腹大笑。大家都非常喜爱她。

这次节目，她给人留下了深刻印象，她也和其他人一样感到特别的兴奋。

最后，节目主持人问这位老人为什么总是这样高兴：“你一定有什么特别的让自己快乐的秘密。”

“不，没有，”老人回答说，“我没有什么特别的秘密。每天早上起床的时候，我有两种可能的选择：要么高兴，要么不高兴，你想我会选择什么呢？当然，我会选择快乐，这就是全部的秘密所在。”

这似乎也太过于简单，这个老人的思想也好像很浅显。但是，这让我们想到了林肯，林肯曾经说：“境由心造，你的心里有多快乐，你也就会得到多少快乐。如果我们想让自己不开心，那你时时刻刻都可以不开心，这也是世界上最容易做到的事情。”如果我们告诉自己什么事情都不顺利，没有什么事情让自己满意，就肯定开心不起来。但是，如果我们对自己说“事情进展良好，生活也不错，所以，我选择开心”，那么，我们很快就会快乐起来。

不同的心态，对所发生事件的评价是如此的不同，它必然会对处理问题的态度发生影响，也会对今后的人生之路产生影响。以达观、超然的心态看待这个世界，就会看出事物美好的方面；以狭隘、悲观的眼光对待生活，就会觉得人生是灰暗的。两个同时面对暴风雨的人，一个想着也须会看到美丽的彩虹，一个只想着暴雨阻碍了行路，这就是乐观和悲观的区别。

诗人罗伯特·布莱把心灵的阴影称为“每个人背上负着的隐形包裹”，我们在成长的过程中，总喜欢把胆怯、贪婪、恼怒诸如此类的阴影东西塞进包裹里。大多数人都对自己内心的阴暗面感到恐惧，不愿正面以对，殊不知，只有拥抱心灵的阴影，进而驱逐阴影，才能找回完整的自我，才能获得真正充实幸福的生活。

远离悲观的迷雾

走路一定要昂起头来。

——林庚

汪国真说：“悲观的人，先被自己打败，然后才被生活打败；乐观的人，先战胜自己，然后才战胜生活。”虽然，每个人的人生际遇不尽相同，但命运对每一个人都是公平的。因为窗外有土也有星，就看你能不能磨砺一颗坚强的心、一双智慧的眼，透过岁月的风尘寻觅到辉煌灿烂的星星。先不要说生活怎样对待你，而是应该问一问，你怎样对待生活。在人的一生中，幸与不幸之间仅仅只有毫厘之差，这毫厘之差就往往取决于心态的差别。

曾经有两个囚犯，从狱中望窗外，一个看到的是满目泥泞，一个看到的是万点星光。面对同样的遭遇，前者持一种悲观失望的心态，看到的自然是满目苍凉、了无生气；而后者持一种积极乐观的心态，看到的自然是星光万点、一片光明。

顾城有一句诗："黑夜给了我黑色的眼睛，我却用它来寻找光明。"就现实的情形而言，远离悲观的情绪，可以让生命富有朝气，也可以让我们的生活充满活力。人一旦陷入消极的思想，生活就会笼罩着一片暗淡的色彩，而当人们以乐观的心态看待世界，在黑夜中寻找光明，那么生活呈现给我们的将是一片光明。

布朗想到人生的虚无，就痛不欲生，他决定自杀。

他来到一片空旷的野地里，给自己挖了一个坟坑。他看这坟太光秃，便在周围种上树木和花草。种啊种，布朗渐渐地迷上了园艺，醉心于培育各种珍贵的树木和奇花异草。他的成就终于闻名遐迩，吸引来一批又一批的游人。

有一天，布朗听到一个小女孩问她的妈妈："妈妈，这是什么呀？"

妈妈回答："我不知道，你问这位叔叔吧。"

小女孩的手指着布朗从前挖的那个坟坑。

布朗的脸红了，他想了想，说："小姑娘，是叔叔特意为你挖的树坑，你喜欢什么，我就种什么。"

小女孩和她的妈妈都高兴地笑了。

在布朗失意时，那个坑是他为自己掘的坟墓，而当布朗为自己创造出一个美的花园后，那个坑在布朗眼里就是为纯真的孩子种下美好愿望的树坑。

生活就是这样，你把那个坑想象成坟墓，它就是坟墓，你把它想象成树坑，它就能绽放出绚烂的花朵。

在每个人的一生中，都会碰到无数的坑，关键是看你想做掘墓者还是种树人，你的心态决定了你一生的走向，打破心中的瓶颈，就可以排除一切障碍。

有人说："人的一生，就像一趟旅行，沿途中有数不尽的坎坷泥泞，但也有看不完的春花秋月。"因此，面对纷繁的人世，我们应该多一些乐观进取之心，少一些悲观失落的情绪，这样我们才能看到人生中更美的风景。

很久以前，为了开辟新的街道，伦敦拆除了许多陈旧的楼房。然而新路却久久没能开工，旧楼房的废墟晾在那里，任凭日晒雨淋。

有一天，一群自然科学家来到这里，他们发现，在这一片多年未见天日的旧地基上，这些日子里因为接触了春天的阳光雨露，竟长出了一片野花野草。奇怪的是，其中有一些花草却是在英国从来没有见过的，它们通常只生长在地中海沿岸国家。这些被拆除的楼房，大多都是在古罗马人沿着泰晤士河进攻英国的时候建造的。

这些花草的种子多半就是那个时候被带到了这里，它们被压在沉重的石头砖瓦之下，一年又一年，几乎已经完全丧失了生存的机会。

但令人感到意外的是，一旦它们见到阳光，就立刻恢复了勃勃生机，绽开了一朵朵美丽的鲜花。

人的一生很像是在雾中行走。远远望去，只是迷茫一片，辨不出方向和吉凶。可是，当你鼓起勇气，放下悲伤和沮丧，一步一步向前走去的时候，你就会发现，每走一步，你都能把下一步路看得清楚一点。

智者告诉我们："放下悲观往前走，别站在远远的地方观望。"这样我们就可以潇洒上路，最终找到自己的方向。

每个人都要学会主宰自己，做自己的主人。沮丧的面容、苦闷的表情、恐惧的思想和焦虑的态度是我们缺乏自信的表现。

在生活中，如果遇到失意或悲伤的事情时，我们要学会调整自己的心态。对一些事念念不忘，不但于事无补，还会占据快乐的时光。只有让它们彻底远离我们的心灵，我们才能感受到人生的乐趣，才能走出阴影，沐浴在明媚的阳光中。这样，我们就会惊奇地发现，人生的旅途原来可以是轻松的、自由的、愉快的。

为了看看阳光，我来到这个世上

你把自己的心封闭起来，使它陷于一片黑暗，你的生活怎么可能有光明！

——俞敏洪

太阳是生命之源，也是生命的价值之源。生活中，我们每个人都渴望得到阳光的照耀，渴望积极的心态和幸福的生活。我们歌唱太阳，也是赞颂生活，在光芒的关照之下，我们的世界才会更加美好，我们的生活也会更加幸福。有了太阳，人生不再兴趣索然，冷若冰霜；有了太阳，人生总是激起无数的幻想；有了太阳，人生充满动人的力量。

在我们生活的世界，时时看着阳光，就是我们的心灵与生命本质的接触和交流。在太阳之下，人就是自己至上的主宰。

巴尔蒙特有这样一首诗：

我来到这个世界，为了看太阳和蔚蓝的原野。
我来到这个世界，为了看太阳和连绵的山峦。
我来到这个世界，为了看大海和繁花盛开的山谷。

我和这个世界当面签下字据。

我就是这个世界的主宰。

我渡过冰冷的忘川，

发现了自己的理想。

我时时启示，

时时歌唱。

我的理想来自痛苦，

所以我拥有世人之爱。

谁的歌声能与我共唱？

无人、无人可与我媲美。

为了看看太阳，我来到这个世上，

当一切光芒熄灭，

我仍将歌唱……我要歌唱太阳，

直到一生中最后的时光！

“为了看看阳光，我来到这个世上”，只是这样简单的一句话，就足以看出诗人对生活的深刻领悟和无限的热爱。太阳每天都是新的，生活也如此。如果以“为了看看阳光，我来到这个世上”的心态，面对人生的每一天，热爱每一天的生活，那么，我们的生命必将是充满阳光、乐观向上的。

因此，我们要以欢悦的态度，微笑着对待当下的生活，那么生活也会回报我们以阳光、馈赠我们以幸福，让我们在平淡无奇的生活中，甚至在人生的困境中，找到属于自己的一缕阳光、一片绿叶、一朵鲜花……

1987 年 3 月 30 日晚上，洛杉矶音乐中心的钱德勒大厅内灯火辉煌，座无虚席，人们期盼已久的第 59 届奥斯卡金像奖的颁奖仪式正在这里举行。在热情洋溢、激动人心的气氛中，玛莉·马特琳走上领奖台，从上届最佳男主角奖获得者威廉·赫特手中接过奥斯卡金像。

手里拿着金像的玛莉·马特琳激动不已。她把手举了起来，但不是那种向人们挥手致意的姿势，眼尖的人已经看出她是在向观众打手语。原来，这个奥斯卡金像奖最佳女主角奖获得者竟是一个不会说话的哑女。

玛莉·马特琳不仅是一个哑巴，还是一个聋子。

玛莉·马特琳出生时是一个正常的孩子，但她在出生 18 个月后，被一次高烧夺去了听力和说话的能力。

这位聋哑女对生活充满了激情。她从小就喜欢表演，8 岁时加入伊利诺伊州的聋哑儿童剧院，9 岁时就在《盎司魔术师》中扮演多萝西。

但 16 岁那年，玛莉被迫离开了儿童剧院。所幸她还能时常被邀请用手语表演一些聋哑角色。

正是这些表演，使玛莉认识到自己生活的价值，克服了失望心理。她利用这些演出机会，不断锻炼自己，提高演技。

1985 年，19 岁的玛莉参加了舞台剧《上帝的孩子》的演出，她饰演的是一个次要角色。可就是这次演出，使玛莉走上了银幕。

女导演兰达·海恩丝决定将《上帝的孩子》拍成电影，在物色女主角萨拉的扮演者时，她发现了玛莉高超的演技，决定立即起用玛莉担任影片的女主角，饰演萨拉。

玛莉扮演的萨拉，在全片中没有一句台词，全靠极富特色的眼神、表情和动作，揭示主人公矛盾复杂的内心世界——自卑和不屈、喜悦和沮丧、孤独和多情、消沉和奋斗。玛莉十分珍惜这次机会，她勤奋、严谨、认真对待每一个镜头，用自己的心去拍，因此表演得惟妙惟肖，让人拍案叫绝。

就这样，玛莉·马特琳实现了人生的飞翔，成为美国电影史上第一个聋哑影后。正如她自己用手语表达出的那样：“我的成功，对每个人，不管是正常人，还是残疾人，都是一种激励。”

尽管生活不可能一帆风顺，但只要我们的心是向着阳光的，就不会感受到悲伤。找一件自己喜欢的事情，全身心投入地做，这本身就是一种快乐的享受。这种快乐，要比花费钱财到游乐场寻找乐趣要划算得多。

快乐本来不需要刻意为之，为快乐而快乐，难逃矫揉造作之嫌，也显得不够尽兴。抓住生活中的每一个小惊喜，尽情发挥，这种“碰巧为之”的乐趣却是任何既有的娱乐形式都无法比拟的。

只要我们每天都给自己一点希望，让自己看到最光明的一面，那么我们每一天的生活都是崭新的。只要你不想结束，一切就不可能结束。就像有人说的那样：“生活中不是缺少美，而是缺少发现美的眼睛。”

同样，快乐也是如此，如果我们带着发现的眼光去对待生活，就会发现快乐无处不在。让我们带着阳光前行，让幸福的阳光洒满我们生活的每一个角落。

生命在，希望就在

希望是附着于存在的，有存在，便有希望，有希望，便是光明。

——鲁迅

俞敏洪曾说过这样的话：“生活中其实没有绝境，绝境在于你自己的心没有打开。你把自己的心封闭起来，使它陷于一片黑暗，你的生活怎么可能有光明！封闭的心，如同没有窗户的房间，你会处在永恒的黑暗中。但实际上四周只是一层纸，一捅就破，外面则是一片光辉灿烂的天空。”

生活中，很多人早已习惯了用悲伤去迎接生命的各种不幸的遭遇，使得原本明朗的生活变得灰暗而毫无希望。事实上，只要用心去感受，你就会发现眼中的世界如此可爱。哪怕是最没有希望的事情，只要能以一个勇敢者的姿态坚持去做，到最后就会看到新的希望。

困境并不可怕，关键是人在生命的极点时，在完全不可能的情况下，主观上是否愿意奋力一搏，是否相信还存有希望。只是很多时候，精神先于我们的身躯垮下去了，打败自己的不是外部环境，而是自己本身。

其实，生活给予我们挫折的同时，也赐予了我们坚强，我们也就有了另一种阅历。对于热爱生活的人，生活从来不吝啬。

哈佛大学戴维·R.克拉克教授曾经说："任何生物没有不惧怕大自然的力量的。然而，当人的生命中充满了希望，当人生已经被阳光铺洒，生命之旅就会变成光明的路径，再也没有什么能让你自己感到害怕的了。"每当有学生遇到困难而退缩的时候，克拉克教授就鼓励他们：只要生命在，希望就在，永远都不要放弃希望。

一个人经过两山对峙间的木桥，突然，桥断了。奇怪的是，他没有跌下，而是停在半空中。脚下是深渊，是湍急的涧水。他抬起头，一架天梯荡在云端。望上去，天梯遥不可及。倘若落在悬崖边，他绝对会抓住耳边的任何东西，哪怕是一根小草。可是这种境地，他彻底绝望了，吓瘫了，抱头等死。

渐渐地，天梯缩回云中，不见了踪影。云中有声音传来："这叫障眼法，其实你踮起脚尖儿就可以够到天梯，是你自己放弃了求生的愿望，那就只好下地狱了。"

踮起脚尖儿，就是另一种活法，另一番境界。希望是生命的维系，只要一息尚存，就要心存希望，就要奋斗。身处逆境，不要轻易放弃，只要心灵不熄灭信念的圣火，努力地去寻找，总会找到能渡过难关的方法。

鲁迅先生曾经说过：“希望是附着于存在的，有存在，便有希望，有希望，便是光明。”当我们去审视和叩问自己的心灵，就可以看到永不熄灭的希望之光。只要我们内心充满希望，我们就会多一份勇气和力量，这种力量可以支撑起我们一身的傲骨。

通常情况下，最伟大的成就都属于那些在大家都认为不可能的情况下，却能沉住气坚持到底的人。是的，希望就是坚持，坚持就是胜利，这是走向成功的一条真理。

有两个人结伴穿越沙漠。走到半途，水喝完了，其中一人也因中暑而不能行动。同伴把一支枪递给中暑者，再三吩咐：“枪里有五颗子弹，我走后，每隔两小时你就对空中鸣放一枪，枪声会指引我前来与你会合。”说完，同伴满怀信心找水去了。

躺在沙漠里的中暑者却满腹狐疑：同伴能找到水吗？能听到枪声吗？他会不会丢下自己这个“包袱”独自离去？

暮色降临的时候，枪里只剩下一颗子弹，而同伴还没有回来。中暑者确信同伴早已离去，自己只能等待死亡。想象中，沙漠里的秃鹰飞来，狠狠地啄瞎他的眼睛，啄食他的身体……终于，中暑者彻底崩溃了，把最后一颗子弹送进了自己的太阳穴。

枪声响过不久，同伴提着满壶清水，领着一队骆驼商旅赶来，找到了中暑者温热的尸体。

中暑者不是被沙漠的恶劣环境吞没，而是被自己的恶劣心境毁灭。身处困境，他用绝望驱散了希望的圣火，拒绝了未来。一个人无论面对怎样的环境，面对再大的困难，都不能放弃自己的信念。放弃希望就意味着放弃自己。

在不断前进的人生中，凡是看得见未来的人，也一定能掌握现在，因为明天的方向他已经规划好了，知道自己的人生将走向何方。留住心中的“希望之火”，相信自己会有一个无可限量的未来，心存希望，任何艰难都不会成为我们的阻碍。只要怀抱希望，生命自然会充满激情与活力。

希望为我们带来美好，美好的希望更是让人激动，让人无限憧憬。社会能进步几乎是希望的功劳，是它让人们为了希望中的美好不断奋斗、拼搏，让社会天天在进步。拥有希望，我们将活得生机勃勃、激昂澎湃，哪里还有时间叹息、悲哀，将生命浪费在一些无聊的小事上，让时光荒废在回忆过去中呢?

生命是有限的，但希望是无限的，每天给自己一个希望，解开套牢自己的怀旧绳索，告诉自己不能活在回忆当中，便能够在生活当中得到快乐。

我们生活在一个竞争十分激烈的社会，有时困难重重，有时失败连连，甚至有时被人嘲笑。但是，无论什么时候，我们都不能放弃努力；无论什么时候，我们都不要熄灭心中希望的圣火。这样我们就能够在艰苦的岁月中，抱有一份美好的希望和期待走出困境，收获幸福。

假如命运折断了希望的风帆，请不要绝望，岸还在；假如命运凋零了美丽的花瓣，请不要沉沦，春还在；生活中总会有无尽的麻烦，请不要无奈，因为路还在，梦还在，阳光还在，我们还在。是的，只要生命在，希望就在。

内心有阳光，世界就是光明的

人生的努力，总向光明的方面走，这是人类向上的自然动机。

——李大钊

曾担任过联合国秘书长的瑞典政治家哈马·舍尔德说过：“我们无法选择命运的框架，但我们放进去的东西却是我们自己的。”人不能选择命运，却可以选择自己生命的道路；不能控制夜晚的到来，却可以选择心中有光明。

“不论担子有多重，每个人都能支持到夜晚的来临，”19世纪的浪漫主义代表，小说《金银岛》的作者罗勃·史蒂文生写道：“不论工作有多苦，每个人都能做他那一天的工作，每一个人都能很甜美、很有耐心、很可爱、很纯洁地活到太阳下山，而这就是生命的真谛。”是的，生命对我们所要求的也就是这些。

可是住在密歇根州沙支那城的薛尔德太太在学到“要生活到晚上睡觉为止”之前，却感到极度的沮丧，甚至于几乎想自杀。

1937年她丈夫死了，她觉得非常沮丧。她写信给她以前的老板李奥罗区先生，请他让她回去做她以前的工作——推销世界百科全书。两年前她丈夫生病的时候，她把汽车卖了。现在她勉强凑足了钱，分期付款买了一部旧车，又开始出去卖书了。

她原想，再回去做事或许可以帮她解脱目前的生活。可是要一个人驾车，一个人吃饭，几乎令她无法忍受。有些区域简直就做不出什么成绩来，密苏里州的维沙里市，那儿的学校都很穷，路也很糟，很难找到客户。因此虽然分期付款买车的数目不大，却很难付清。

她一个人又孤独又沮丧，有一次甚至想要自杀。她觉得成功是不可能的，活着也没有什么希望。

每天早上她都很怕起床面对生活。她什么都怕，怕付不出分期付款的车钱，怕付不出房租，怕没有足够的东西吃，怕生病没有钱看医生。让她没有自杀的唯一理由是，她担心她的姐姐会因此而觉得很难过，而且她姐姐也没有足够的钱来支付她的丧葬费用。

然而有一天，她读到一篇文章，使她从消沉中振作起来，使她有勇气继续活下去。她永远感激那篇文章里那一句很令人振奋的话："对一个聪明人来说，太阳每天都是新的。"她用打字机把这句话打下来，贴在她车子前面的挡风玻璃上，这样，她在开车的时候，每一分钟都能看见这句话。她发现每次只活一天并不困难，她学会忘记过去，不想未来，每天早上都对自己说："今天又是一个新的生命。"

她成功地克服了对孤寂的恐惧和对需要的恐惧。她现在很快活，也还算成功，并对生活满怀希望和爱。

她现在知道，不论在生活上碰到什么事情，都不要害怕；她现在知道，不必怕未来；她现在知道，每次只要活一天——而"对一个聪明人来说，太阳每天都是新的"。

是的，太阳每一天都是新的，每一个旧的日子都会过去，新的一天总会到来。但是，在很多人的生活中，总是充满了各种各样的忧虑、恐惧、不幸福。其实，生活中我们最需要的只是阳光的心态。只要我们内心有阳光，我们面前的世界就是充满光明的，只是太多人都意识不到这一点。

公元前323年的某一天，亚历山大大帝在巴比伦英年早逝，年仅33岁。同一天，第欧根尼在科林斯寿终正寝，享年90岁。这两人何其不同：一个是武功赫赫的世界征服者，行宫遍布欧亚，被万众呼为神；另一个是靠乞讨为生的穷哲学家，寄身在一只木桶里，被市民称作狗崽。相同的是，他们都名声远扬。

在两千多年后的今天，提起第欧根尼，人们仍会想到亚历山大，则是因为一个脍炙人口的故事。

第欧根尼在市场里放了一个大木桶，他晚上就睡在这个木桶里。

一个冬天的清晨，第欧根尼爬出他居住的木桶，到广场上晒太阳。可是没过多久，阳光就被一片阴影挡住了。

“我能为你做些什么吗？”一个身被紫色斗篷、目光炯炯有神的年轻人站在他面前问道，而在此人身后，是黑压压的人群。

“这是亚历山大大帝，还不快起来向他行礼！”一个身穿金色铠甲的士兵冲着第欧根尼大喊。

“第欧根尼先生，我可以为你做些什么吗？”亚历山大俯下身子微笑着又问了一次。

“可以，”第欧根尼不屑而又慵懒地说，“你挡住了我的阳光，请往边上站一点。”

听到这样的回答，亚历山大十分震惊，平静后他缓缓说道：“假如我不是亚历山大，我一定做第欧根尼。”因为他知道，这世上只有征服者亚历山大和乞丐第欧根尼是自由的。

据说，第欧根尼就这样一直活到 90 岁。后来，他的门徒在他的坟墓上立了一座狗的雕像，纪念他自由的一生。对于第欧根尼来说，自然的生活、不为财富和欲望所累的生活就是有意义的生活。

一个雄霸欧亚的年轻帝王羡慕一个生活在酒桶里的老“狗崽”，不是第欧根尼的行为吸引了他，而是第欧根尼无欲无求的生活状态折服了他。“不要挡住我的阳光”，一句简单却又深奥的哲言，其闪耀着的哲学之光、思想之光、智慧之光，不因岁月的流逝而褪色。

古希腊哲学家第欧根尼一直过着单纯的生活。他认为除了自然的需要必须满足外，其他的任何东西，包括社会生活和文化生活，都是不自然的、无足轻重的。第欧根尼是一名苦行主义的身体力行者，鄙弃俗世的荣华富贵。他居住在一个木桶内，过着乞丐一样的生活，践行着自己的哲学精神。

这个故事告诉我们，人在世上真正需要的无非是阳光。阳光是一个象征，代表自然给予人的基本赠礼，自然规定的人的基本需要，合乎自然的简朴生活。“不要挡住我的阳光”提醒我们，每个人都应该有一个属于自己的太阳。

人非永恒，而太阳则每天从东方升起，永远照耀着人的生前身后。万物生长靠阳光，阳光普照万物壮。内心有阳光，世界便是光明的，追逐阳光，一路行走，我们心中就会一直有阳光灿烂的日子在。

第三篇 人生的价值在于拼搏

第一章

梦想有多大，舞台就有多大

梦想照亮生活

每条河流都有一个梦想：奔向大海。长江、黄河都奔向了大海，方式不一样。长江劈山开路，黄河迂回曲折，轨迹不一样，但都有一种水的精神。水在奔流的过程中，如果像泥沙般沉淀，就永远见不到阳光了。

——俞敏洪

人生在世，总少不了对自身的期望：有些人想要成为叱咤风云的领袖，有些人想要成为金光闪闪的明星，有些人想要成为造福人类的科学家，有些人想要成为除暴安良的执法者，有些人则只想安安稳稳地过一生……无论哪一种人生的期望，都是合理的，也都有它的可行之处，毕竟每个人的人生，都应该有其不同的意义，有其特定的价值。

梦想在任何时候都是一种支持生命的力量，失去它生命就会枯竭，梦想，是每一个奋斗者的热烈企盼和向往，是每一个奋斗者为之倾心的夙愿。在它的推动下，人就能够被激励、鞭策，处于一种昂扬、激奋的状态下，去积极进取，向着美好的未来挺进。

人的一生，生活得是否幸福，并不在于每一天活得无忧无虑，而在于有没有梦想与目标。要知道，一个人如果没有梦想，就没有指引自己前进的光芒，人生也将陷入一片黯淡。不论一个人的梦想多么卑微，他都将得到尊重。不论生活有怎样的坎坷或不幸，只要坚持梦想，追寻梦想，我们的生活也必将被照亮。

在拿破仑小时候，一次偶然的机会，他的叔叔问他将来长大想要做什么。拿破仑在听叔叔这样问他之后，马上滔滔不绝地发表了心中构想已久的伟大抱负。拿破仑从他立志从军开始，一直说到想带领法国的雄兵，席卷整个欧洲，建立一个前所未有的超级大帝国，并且让自己成为这个大帝国的皇帝。

不料，叔叔听完拿破仑的抱负之后，当场大笑不已，指着拿破仑的额头，嘲讽道："空想，你所说的一切全都是空想！想当法国国王？那是不可能的！依我看，你长大之后，还是去当一个小说家，反倒更容易实现你的美梦……"

拿破仑被叔叔这一阵抢白，非但没有动怒，反而静静地走到窗前，指着远处的天边，认真地问道："叔叔，你看得到那颗星星吗？"

这时还是正午时分，拿破仑的叔叔诧异地走到窗前，茫然地答道："什么星星？现在是中午，当然看不到啊！孩子，你该不会是疯了吧？"

再次面对叔叔的质疑，拿破仑却依然镇定而冷静地说道："就是那颗星星啊！我真的看得到，它依然高挂在天边，不分日夜，一直为了我而闪烁着，那是属于我的希望之星；只要它存在一天，我的梦想就永远不会破灭……"

事实上，那颗希望之星从未高悬天际，它一直躲藏在拿破仑的内心深处，凭借内在希望之星的引导，终于使得拿破仑成为真正的法国国王。

许多人做事时非常努力，却坚持不到最后。其实，若心中有梦，总会有实现的那一天，哪怕现在我们仍在黑暗中摸爬滚打，哪怕别人认为我们现在是如何的不起眼，没有关系，只要自己相信自己，付出努力，坚持向着梦想的方向努力，就会让我们心中的幼芽开花、结果。

人的心走多远，人的脚步走多远，美丽的梦就能走多远。一个没有高远梦想的人就像一艘无舵的船，永远漂泊不定、心无所依，那么搁浅是必然的，由灰心、失望而导致失败也是在所难免的。

一百多年前，一位穷苦的牧羊人带着两个幼小的儿子替别人放羊为生。

有一天，他们赶着羊来到一个山坡上，一群大雁鸣叫着从他们头顶飞过，并很快消失在远方。牧羊人的小儿子问父亲："大雁要往哪里飞？"

牧羊人说："它们要去一个温暖的地方，在那里安家，度过寒冷的冬天。"

大儿子眨着眼睛羡慕地说："要是我也能像大雁那样飞起来就好了。"

小儿子也说："要是能做一只会飞的大雁该多好啊！"

牧羊人沉默了一会儿，然后对两个儿子说："只要你们想，你们也能飞起来。"

两个儿子试了试，都没能飞起来，他们用怀疑的眼神看着父亲，牧羊人说："让我飞给你们看。"于是他张开双臂，但也没能飞起来。可是，牧羊人肯定地说："我因为年纪大了才飞不起来，你们还小，只要不断努力，将来就一定能飞起来，去想去的地方。"

两个儿子牢牢记住了父亲的话，带着能飞起来的梦想，一直努力着，等他们长大——哥哥 36 岁，弟弟 32 岁时——他们果然飞起来了，因为他们发明了飞机。这两个人就是美国的莱特兄弟。

因为一直带着想飞的梦想，莱特兄弟才发明了飞机，实现小时候的心愿。有人说："梦想是一盏不会熄灭的明灯，会照亮我们每一天平凡的生活。”人生不可无梦想，生活不可无光亮，想一想自己曾有的梦想，也许就可以看到一颗颗星星，在生命的天空中闪耀着。

然而，很多时候，我们都会因失去梦想，而失去了人生的全部意义。其实，每个人都是自己人生的主宰者，想要成为什么样的人是自己的目标，能否成为期望中的人看自己的努力。

人生目标是指路明灯。没有人生目标，就没有坚定的方向；而没有方向，就没有生活。这便是梦想与目标的力量。作为一个完整的人，唯有树立自己人生的志向，才能点燃人生不灭的灯塔，让梦想的光芒照亮我们前进的方向。

人因梦想而伟大

将平凡的日子活成伟大的人生。

——俞敏洪

人生在世，处在两个世界，一个是物质世界，一个是精神世界。所谓梦想，就是人们精神世界里处在领导地位的一个支柱，如果没有这样一个支柱，人的精神世界就会倒塌，感觉不到生命的温度。因此，梦想是我们生命天空中的璀璨明星，有了梦想，我们的生活才有目标，我们的内心才不会空虚，生活才丰富多彩，充满意义。

有位哲学家说：“每个人都有梦想，只要你勇敢地抬起自己的脚，整座山都在你脚下。”是的，梦想就像黑暗里的指路明灯，照亮我们前行的道路；梦想是一道永恒的光芒，是驱使我们前行的力量。然而，所有的梦想都要经过努力才能实现，也许在实现梦想的过程中会遇到很多困难和挫折，但是只要坚持下去，每个人都很了不起。

著名诗人流沙河曾这样描写理想：

理想使忠诚者常遭不幸，
理想使不幸者绝路逢生。
平凡的人因有理想而伟大，
有理想者就是一个“大写的人”。

现实在此岸，梦想在彼岸。一个人要取得成功，就要心怀理想，并坚定心中的信念，为之坚持不懈地努力。当一个梦想足够强大，会催动一个人的能动性、进步性、创造性去构建一座此岸到彼岸的桥梁，这桥梁就是化梦想为一步一个脚印的可以达成的理想，这许多理想的积累会让我们不断地接近梦想。梦想是一种动力，或许一生都难以达成，但在追梦的过程中我们完成了一个个同样很美好的理想。

马云说过：“今天很残酷，明天更残酷，后天很美好，大部分人死在明天晚上，看不到后天的太阳，创业者要懂得左手温暖右手，要把痛苦当作快乐，去欣赏，去体味，你才会成功。”所以我们每个人都要坚持今天的梦想，勇往直前，才可以收获与众不同、无怨无悔的人生。

薛瓦勒是一个乡村的邮差。虽然他的工作很辛苦，工资很少，但是他每天勤勤恳恳地工作，总是把信件及时送到人们的手中。

有一天，他在山路上被一块石头绊倒了。他发现绊倒他的石头形状很特别，于是，他便把石头放在了自己的邮包里。

当他把信送到村子里时，人们发现他的邮包里除了信之外，还有一块沉甸甸的石头。大家觉得很奇怪，便问他为什么要带着这么沉的一块石头走。薛瓦勒取出那块石头，向人们炫耀：“你们看啊，这是一块多么美丽的石头啊，它的形状这么特别，你们以前一定没有见过这样的石头。”

人们听到他这么说，便开始笑他：“这样的石头山上到处都是，你带着这么沉的石头到处走，负担多重啊，不如把它扔了吧。如果你想要捡这样的石头，山上足够你捡一辈子的。”

薛瓦勒不理会人们的取笑，不肯扔掉那块美丽的石头。他晚上回到家，躺在床上，脑海里忽然冒出这样一个念头：“要是我能够用这样美丽的石头建造一个城堡，那该有多美啊！”

从那以后，薛瓦勒每天除了送信之外，都会带回一块石头。过了不久，他收集了一大堆千姿百态的石头。可要建造一座城堡，这些石头还远远不够。

薛瓦勒意识到，每天收集一块石头的速度太慢了。于是，他开始用独轮车送信，这样每天送信的同时，他可以推回一车石头。

薛瓦勒的行为在人们看来简直是疯了。无论是他的石头还是他的城堡，都受到了人们的嘲笑。可他丝毫没有理会人们诧异的目光。

在二十多年的时间里，薛瓦勒每一天都找石头、运石头和搭建城堡，在他的住处周围，渐渐出现了一座又一座的城堡，错落有致，风格各异。

1905 年，薛瓦勒的城堡被法国一家报社的记者发现并撰写了一篇介绍文章。一时间，薛瓦勒成为新闻人物。许多人都慕名前来观赏薛瓦勒的城堡，甚至连当时最有声望的毕加索大师都专程赶来参观。

如今，薛瓦勒的城堡已经成为法国最著名的风景旅游点之一，被命名为“邮差薛瓦勒之理想宫”。

一个梦想竟有如此大的力量！是啊，你的心能够走多远，你的脚就能够走多远。如果你把自己的心灵禁锢起来，那你的脚步就会停滞不前。很多时候，别人的看法并不重要，重要的是你的选择。世上没有做不到的事，只有不敢去设想所以不能实现的愿望。

如果人生没有了梦想，也就失去了前行的方向。尽管命运将我们推向了时代的巅峰，但是我们要找到属于我们自己的精彩。种下一颗梦想的种子，用坚韧给它浇水，用乐观给它施肥。人生还没有走到终点，即使一个小小的努力，一点点的坚韧，也能让梦想轻舞飞扬。

梦想就像阳光和希望一样，前者是世间万物生存的前提条件，后者是支配着人们前进的动力。试想，如果没有对生命的渴求，对生命的挽留，又怎么会出现医学？梦想的实现也是我们对自己生存的一种认可方式。我们都会问自己，生命是什么？活着又是为了什么？如果没有梦想，我们就会随波逐流，得过且过，如同行尸走肉，为了活着而活着。但是有了梦想，我们会通过一切努力和方法去实现，尽管不一定会成功，但在追求的过程，本身就是对自己的一种认可，对生命的一种尊重。正因为不想辜负，不愿意枉费一生，所以我们需要梦想，愿意为之奋斗。梦想就像一朵阴天里的向日葵，虽然在生活里痛苦辗转，在风雨和挫折中游走，但我们只要有梦想，随时抬头，总有你的那一抹阳光在笼罩你，它就是让你前进、为之拼搏的力量。

爱因斯坦说："人类因为梦想而伟大。"所以，我们说，有梦想，才有人生。一个人如果想要成就一番伟大的事业，就要给自己一个伟大的梦想，让梦想成为激励自己不断进步的力量。我们相信，这样的人生才是足够丰盛、足够浓烈的，而这样的人也一定是一个真正幸福的人。

梦想有多大，舞台就有多大

很多时候，一个人没有取得足够好的成绩，是因为他们没有足够大的梦想。

——李彦宏

有句话说得好："梦想有多大，舞台就有多大。"生命是上天赋予我们的最宝贵的财富，我们必须以热忱的心来呵护这份礼物。而梦想就是生命旅途中永远的路标，无论遇到什么事情，都不要关闭生命的梦想之门。

只要有生命，就有梦想；只要有梦想，生命就有价值。梦想是指引人们前行的灯塔，梦想越大，灯塔的光才会越明亮，走的路也才会更长远。梦想不抛弃苦心追求的人，只要不停止追求，你们会沐浴在梦想的光辉之中。

梦想是生命不竭的原因所在，它是引爆生命潜能的导火索，是激发生命激情的催化剂。有梦想的人，每天都将活得生机勃勃、激昂澎湃，即使他身处逆境，也会忘记叹息和悲哀，不会把生命浪费在一些无足轻重的小事上。

但凡取得成功的人，都有一个伟大的梦想。所以，我们说，只有伟大的梦想，才能激起无穷的力量，才能创造广阔的舞台。

哈佛的教授们一直告诫自己的学生：无论处境多么艰难，无论多么绝望，都要给自己一个希望、一个梦想。百度创始人李彦宏在留学的时候，他就确定了自己的伟大的梦想——要做一个让几亿人都能使用的东西，这个听起来遥不可及的梦想，现在已经成了现实。比尔·盖茨刚创业时的梦想是每个人都能拥有一台电脑，当时连他都很难拥有一台电脑，别说每个人了，但是正是有了这么伟大的梦想，才有了今日的比尔·盖茨和微软。

没有一颗心会因为追求梦想而受伤，当你真心想要某样东西时，整个宇宙都会联合起来帮你完成。人性最可怜的就是我们总是梦想着天边的一座奇妙的玫瑰园，而不去欣赏今天就开在我们窗口的玫瑰。

哥伦布，人类历史上最为出色的航海家之一。他的航海之旅向世人证明了地球是圆的这一学说。而他的这一伟大成就正是源于他那伟大的梦想。

哥伦布自幼热爱航海冒险。他读过《马可·波罗游记》，十分想往印度和中国。当时，地圆说已经很盛行，哥伦布也深信不疑。他和别人的不同是，他坚决要用自己的行动来证实这个理论的正确性。他确信西起大西洋是可以找到一条通往东亚的切实可行的航海路线的。

但是，环球航行需要大量的人力、物力和财力。他只能一次次向葡萄牙、西班牙、英国、法国等国国王请求资助，以实现他向西航行到达东方国家的计划。但是他的梦想遭到了残酷的践踏。因为当时地圆说的理论尚不十分完备，许多人并不相信他，把他看成是江湖骗子或疯子。

虽然受挫，但是哥伦布并未放弃自己的梦想。为了实现自己的梦想，他到处游说了十几年。功夫不负有心人，他的伯乐终于出现。1492 年，西班牙王后慧眼识英雄，她说服了国王，甚至要拿出自己的私房钱资助哥伦布，这才使哥伦布的计划得以实施。

1492 年 8 月 3 日，哥伦布率领着浩浩荡荡的队伍开始了改变世界的航海之旅。哥伦布一行经过 30 多天不见陆地、不靠岸的航行，于 1492 年 10 月 12 日终于抵达并登上了西半球的第一块陆地。这是一座长约 13 英里、最宽处约 6 英里的珊瑚岛。这一天也成为世界历史上重要的一天。洪都拉斯、巴西、厄瓜多尔、委内瑞拉、智利、哥伦比亚、巴拉圭、哥斯达黎加、巴哈马、美国等十几个国家把这一天或这一天前后定为美洲发现日——哥伦布日，予以纪念。离开美洲后，哥伦布继续前行。

1493年年初，哥伦布从海地岛海域向西班牙胜利返航。

但船队刚离开海地岛不久，天气骤然变得十分恶劣。天空布满乌云，远方电闪雷鸣，巨大的风暴从远方的海上向船队扑来。这是哥伦布航海史上遭遇的最大一次风暴，有几艘船已被排浪打翻了，只一闪，便沉入了大海的深渊。船长悲愤地对哥伦布说："我们将永远不能踏上陆地了。"

哥伦布知道，或许就要船毁人亡了。他叹口气对船长说："我们可以消失，但资料却一定要留给人类。"

哥伦布钻进船舱，在疯狂颠簸的船舱里，迅速地把最珍贵的资料缩写在几张纸上，卷好，塞进玻璃瓶里并加以密封后，将玻璃瓶抛进波涛汹涌的大海。

"有一天，这些资料一定会漂到西班牙的海滩上！"哥伦布自信肯定地说。

"绝不可能！"船长说，"它可能葬身鱼腹，也可能被海浪击碎，或许会被沙子深埋，但他绝不会被冲到西班牙海滩上去！"

哥伦布自信地说："或许是一年两年，或许是几个世纪，但他一定会漂到西班牙去，这是我的梦想。上帝可以辜负生命，却不会辜负生命的梦想。"

幸运的是，哥伦布和他的大部分船只在这次空前的海上风暴中死里逃生了。1493年3月15日，经过了224天的航行，经过无数次的生死难关，哥伦布回到了西班牙。哥伦布给欧洲带回了在西方大西洋彼岸发现陆地和居民的轰动消息，地理大发现的第一条重要新闻通过几十种语言的翻译迅速传遍整个欧洲。

哥伦布胜利返航以后，一直在找寻那个漂流瓶，但是一直都没有找到。1856年，大海终于把那个漂流瓶冲到了西班牙的比斯开湾，而此时，距哥伦布遭遇的那次海上风暴，已经过去了3个多世纪。

伟大的梦想是人前进的动力，是人的精神支撑。一个人只有有了伟大的梦想，他的人生才会充实，他才会时时刻刻提升自己，才会不断地挑战极限，创造奇迹。而没有理想的人就像一颗没有受精的种子，即使土地再肥沃，也是不可能长出植物来的。

梦想一旦被付诸行动，人就会变得神圣。伟大的梦想可以引导着我们战胜一个又一个困难。因此，一个人有了梦想，就不会害怕任何艰难险阻。在梦想面前，所有的困难都只是一个小小的考验而已。

哥伦布在一望无际的大海上漂流了两百多天，在这期间，他遇到过大海的风浪，他遇到过原始民族的追杀。但是，为了实现心中的梦想，他艰难地闯过了一关又一关。

一位诗人说过：“努力向上吧，星星就躲藏在你的灵魂深处；做一个悠远的梦吧，每个梦想都会超越你的目标。”在我们前行的路上，伟大的梦想是漆黑长夜中的星光，当我们身处困境的时候，给予我们勇气和信心。所以，只要我们坚定自己的梦想，并为之不断努力，相信一定会拥有一个属于自己的光辉舞台。

给未来一个承诺

人活着是为了什么？并不是为了穿衣吃饭。穿衣吃饭是为了生活，而生活本身还有崇高的目的。

——王力

塞涅卡有句名言说：“如果一个人活着不知道他要驶向哪个码头，那么任何风都不会是顺风。有人活着没有任何目标，他们在世间行走，就像河中的一棵小草，他们不是行走，而是随波逐流。”没有目标的人生就像没有方向的航船，只能在海上漫无目的地漂泊。为了掌握自己的人生，我们需要为自己设立一个明确的目标，为自己的未来一个承诺。根据未来的承诺，找到努力的方向，再立即采取行动，不断努力提高自己的能力，促进自己的成长，就能获得满意的人生。

有梦的人生才是精彩的人生，有追求的人才是参透了生命真意的人。没有明确目标的生活，就像是在黑漆漆的夜里走路，看不到方向，看不到路标。对未来有了承诺，我们的生活就有了方向，有了路标。不管是顺境、逆境还是十字路口，我们都知道该如何继续。

李小龙在成名之前，写过这样一张字条："我的明确目标是，成为全美国最高薪酬的超级东方巨星。从 1970 年开始，我将会赢得世界性声誉。到 1980 年，我将会拥有 1500 万美元的财富，那时候我和我的家人将过上幸福的生活。"在这个目标的指引下，李小龙一步步实现了自己的承诺。

有一次，在高尔夫球场，罗曼·V.皮尔在草地边缘把球打进了杂草区。有一个青年刚好在那里清扫落叶，就和他一块儿找球，那时，那青年很犹豫地说："皮尔先生，我想找个时间向你请教。"

"什么时候呢？"我问道。

"哦！什么时候都可以。"他似乎颇为意外。

"像你这样说，你是永远没有机会的。这样吧，30 分钟后在第 18 洞见面谈吧！"皮尔说道。30 分钟后他们在树荫下坐下，皮尔先问他的名字，然后说："现在告诉我，你有什么事要同我商量？"

"我也说不上来，只是想做一些事情。"

"能够具体地说出你想做的事情吗？"皮尔问。

"我自己也不太清楚。我很想做和现在不同的事，但是不知道做什么才好。"他显得很困惑。

"那么，你准备什么时候实现那个还不能确定的目标呢？"皮尔又问。

青年对这个问题似乎既困惑又激动，他说：“我不知道。我的意思是有一天，有一天想做某件事情。”

“原来如此，你想做某些事，但不知道做什么好，也不确定要在什么时候去做，更不知道自己最擅长或喜欢的事是什么。”

听皮尔这样说，他有些不情愿地点头说：“我真是个没有用的人。”

“哪里。你只不过是没有把自己的想法加以整理，或缺乏整体构想而已。你人很聪明，性格又好，又有上进心。有上进心才会促使你想做些什么。我很喜欢你，也信任你。”

皮尔建议他花两星期的时间考虑自己的将来，并明确决定自己的目标，不妨用最简单的文字将它写下来。然后估计何时能顺利实现，得出结论后就写在卡片上，再来找自己。

两个星期以后，那个青年显得有些迫不及待，至少精神上看来像完全变了一个人似的在皮尔面前出现。

这次他带来明确而完整的构想，已经掌握了自己的目标，那就是要成为他现在工作的高尔夫球场经理。现任经理 5 年后退休，所以他把达到目标的日期订在 5 年后。

他在这 5 年的时间里确实学会了担任经理必备的学识和领导能力。经理的职务一旦空缺，没有一个人是他的竞争对手。

又过了几年，他的地位依然十分重要，成了公司不可缺少的人物。他根据自己任职的高尔夫球场的人事变动决定未来的目标。

现在他过得十分幸福，非常满意自己的人生。

目标是航标灯，目标是指南针，目标是碧空的太阳，目标是夜间的星斗。若一个人心中没有一个明确的目标，就会虚耗精力与生命，就如一个没有方向盘的超级跑车，即使拥有最强有力的引擎，最终仍是废铁一堆，发挥不了任何作用。

未来的目标与方向主导了我们一生的命运与成就，它是驱使人生不断向前迈进的原动力。有了目标的指引，我们才知道自己该选择什么样的生活，才知道自己该如何努力；有了目标的指引，我们才不会得过且过，庸庸碌碌地度过每一天；有了目标的指引，我们的内心才会丰富，精神才会强大。

确立了目标，对未来作出了承诺，就要用全力去兑现它。许下承诺简单，兑现承诺却无比艰难。

如果承诺都能轻而易举地兑现，承诺也就不会这般让人看重。因为艰难，所以可贵。经历过千辛万苦而实现的承诺，将是最美、最重的承诺。

目标的坚定是性格中最必要的力量源泉之一，也是成功的利器之一。没有它，天才也会在矛盾无定的迷径中，徒劳无功。

给未来的人生设立一个目标，给未来一个希望的承诺，我们将会在光芒的指引下，拥有美好的前程。

每个人的生活都应该有个目标

青年呵！你们临开始活动之前，应该定定方向。譬如航海远行的人，必先定一个目的地，中途的指针，只是指着这个方向走，才能有到达目的地的一天。若是方向不定，随风飘转，恐永无达到的日子。

——李大钊

托马斯·爱迪生说："如果我们只做那些我们能力范围内的事，我们将陷入平庸。"有一个高于现实的人生目标，对每个人来说都至关重要，一个人如果没有目标，他的人生必将流于平庸。

所有成功的出发点，都是设定一个明确的目标。拥有大目标的人，成就的是大事业；没有目标的人，生活仅仅是过日子。亚里士多德很尖刻地区分了两种人，一种是“吃饭是为了活着”，另一种是“活着是为了吃饭”。有远大目标的人，绝不会因无所事事而无聊，因为目标能够激励人不断进取，能引导人不断激发自己的潜能。这样，人生也就更充实，而不至于为了吃饭而活着。

所以，我们说，每个人都应该有目标，人因为有了目标才能够成就卓越，而且，目标也可以让一个人的生活充满自信和激情。给人生一个明确的目标，就像在路途中认出了北斗星一样，可以在迷路的时候，指引我们走上正确的道路。

其实，我们每个人都希望发现并实现自己的人生目标，如果你能把你的人生目标清楚地表达出来，这样就能帮助你随时集中精力，发挥出你人生进取的最高的效率。

只是，一定要记住，我们在表达人生目标时，一定要以实际能力和个人的信念作为基础。因为这有助于你把自己的目标定得具体，且具有现实可行性。目标必须是具体的可以实现的，这一点很重要。如果计划不具体，无法衡量是否可以实现，那会降低你的积极性。因为向目标迈进是动力的源泉，如果无法知道自己的目标前进了多少，就会让人失去继续前行的动力。

一位孤独的年轻人正靠着一棵树晒太阳。他衣衫褴褛，眼光呆滞，不时有气无力地打着哈欠。

一位老人恰巧经过这里，好奇地问：“年轻人，如此好的阳光，你不去做你该做的事，却在这里晒太阳，岂不辜负了大好时光？”

“唉！”年轻人叹了一口气说，“在这个世界上，我只有一个躯体，除此之外，一无所有。我又何必去费心费力地做一些事情呢？每天晒晒我的躯体，就是我做的所有事了。”

“你没有家？”

“没有。有家庭多累啊，还要承担很多责任，不如没有。”年轻人说。

“你没有你所爱的人？”

“没有，与其爱过之后便是恨，不如不去爱。”

“没有朋友？”

“没有。反正得到了还会失去，不如没有朋友。”

“你不想去赚钱？”

“不想。反正挣了钱也会花掉，何必劳心费神动躯体？”

“噢，”老人沉思了一会儿说，“看来我得赶快帮你找根绳子。”

“你找绳子？干吗？”年轻人好奇地问。

“帮你自缢！”

“自缢？你想让我死？”年轻人惊诧了。

“对！人有生就有死，与其生了还会死去，不如不出生的好。你不觉得你的存在很多余吗，自缢而死，不是正合你的逻辑吗？”

没有目标的人生是可悲的，就像故事中的年轻人一样，他的人生是荒芜而没有任何意义的，只是虚度光阴而已。

人生目标需要设计，它不是为了让我们得到什么东西，而是为了引导我们去实施行动。心中有了目标，就可以从一个成功走向另一个成功，把上一个成功作为下一个成功的跳板，让下一次弹跳能够更高、更远。

俄国大文豪托尔斯泰有这样一句名言：“人要有生活的目标，一辈子的目标，一个阶段的目标，一年的目标，一个月的目标，一个星期的目标，一天的目标，一小时的目标，一分钟的目标，还得为大目标牺牲小目标。”每个人都想达到最佳的目标，都希望成功，都想找到打开成功这扇门的那一把钥匙。

在美国的路易斯安纳有个黑人少年名叫约翰·富勒，他的父亲是当地黑人佃户，家中有 7 个孩子。富勒从 5 岁就开始工作，9 岁时就会赶骡

子。这些一点也不稀奇，因为佃农的孩子大多在年幼时就必须工作，他们对于贫穷十分认命。幸运的是，富勒有一位了不起的母亲，她始终相信一家人应该过着快乐且衣食无忧的生活。她经常和儿子谈到自己的梦想。

“我们不应该这么穷，”她时常这么说，“不要说贫穷是上天的旨意。我们很穷，但不能怪任何人。那是因为你们的爸爸从来不想追求富裕的生活，家中每一个人都胸无大志。”

没有一个人不想追求财富。这句话深植于富勒的心中，改变了他的一生。他一心想要摆脱贫穷的窘境，开始追求财富。他认为推销东西是最快的致富捷径，于是选择挨家挨户推销肥皂。

12 年后，他得知供货的公司即将被拍卖，底价是 15 万美元。谈判的结果是，他用积蓄的 2.5 万美元作为定金，答应在 10 天内筹足余款 12.5 万美元。合约中还规定，若逾期未补齐余款，将没收定金。

富勒的工作态度认真，极受客户肯定。现在他需要帮忙，他向朋友、信托公司及投资集团筹钱，到了第十个晚上，他筹到了 11.5 万美元，还差 1 万美元。

“我已经想尽所有的办法，”他回忆当时的情形，“时间不早了，房里一片漆黑，我跪下来祈祷，请求上帝指引，谁能在时限内借我 1 万美元。我决定开车沿着第六十一街走下去，看到第一家亮着灯的商店，我进去请求帮助，我请求上帝给我一线曙光。”

当时是深夜 11 点，富勒沿着芝加哥第六十一街走下去，过了几个路口，终于看到一家承包商的办公室里还有灯光。富勒走了进去。那位承包商正埋头办公，由于熬夜加班，已经疲惫不堪。富勒和他略有交情，便鼓起勇气，“你想不想赚 1000 美元？”富勒直截了当地问。

那位承包商看着富勒，“想，”他说，“当然想。”

“借我 1 万美元，我会外加 1000 美元红利还给你。”富勒告诉那位承包商还有哪些人借钱给他，并且详细说明整个投资计划。

最后，富勒拿着 1 万美元的支票，迈出承包商的办公室。其后，他不但从接手的公司获得可观的利润，还陆续收购了 7 家公司，其中包括 4 家化妆品公司、1 家制袜公司、1 家标签公司及 1 家报社。

电视台的记者赶来采访，请他谈谈成功的秘诀，他用多年前母亲的话回答：“我们很穷，但不能怪上任何人。那是因为爸爸从来都不想追求富裕的生活，家中每一个人都胸无大志。你有权选择你要追求什么，只要你有梦想和目标，上天就会帮你。”

凡是伟大的人物从来不承认生活是不可改造的。富勒的起点比一般人更低，但他并没有抱怨和不满，相反，即使在最绝望的处境中，他也没有放弃最后的希望。贫穷当然不能怪任何人，那完全是由于你自己胸无大志和不思进取。只要拥有目标，并且敢做敢拼，上天自然会帮你，奋斗就是这样，永无止境，重要的不是结果，而是在这个过程中所体会到的快乐。

人生目标绝非一蹴而就，它是一个不断积累的过程。目标必须实在，而且不要太遥不可及，应该是在达得到的范围内，千万不要错认自己应该或能够在一天里建造一座罗马城。

目标量化，是梦想与空想的分水岭。而一个个量化的具体目标，就是人生成功旅程上的里程碑、停靠站。每一个站点都是一次评估、一次安慰、一次鼓励。

人的内心构想是人生的蓝图，对人的现在和未来都有重要的影响，也使得我们的未来变得一片光明。

想着成功，成功就会在内心形成，在雄心勃勃的推动力之下，每个人都可以控制环境，创造人生。所以，生活中每个人都有追求、有目标，生活才有意义和价值。

第二章

生活不是单纯用来享受的

人生的美丽在于奋斗的过程

人生最可乐的就是活动所生的感觉，就是奋斗成功而得的快慰。

——朱光潜

历史就像是一位顽强奋斗而永远年轻的勇士，催逝了往者，孕育了新军。安于享受之人如过往云烟飘然而逝，唯有奋斗者，才是浩瀚星河中永不陨落的灿烂星辰。人生的意义在于奋斗，就像一条在大海中航行的船，尽管会遇到许多的风浪，但只要坚定信念，坚持目标，乘风破浪，总会到达光明的彼岸。

流星之所以美丽在于燃烧的过程，人生之所以美丽在于奋斗的过程。成功的路上是没有止境的，一个人无论取得了怎样的成绩，这些成绩的取得，都是过往经验和知识的积累。如果在取得一定成绩的同时停止学习的脚步，就无法吸收更多给养，也无法为接下来的成功提供潜在的动力。

林语堂先生在 40 岁生日的时候写下这样的诗句：“一点童心犹未灭，

半丝白鬓尚且无。”他把自己比喻成一个烂漫孩童，天真地看着这个奇异多姿的世界。他觉得自己还有许多东西需要去学习，去掌握，鼓励自己探索更多的未知，他甚至会因为别人具备自己没有的才能而苦恼。其实，那时的林语堂先生已经具有相当的地位和名望，他大可因为自己的名望而出书、讲学，但林语堂先生没有这样做，一颗求知的心支撑着他一直前行。

智者在学习到更多的知识后会更加觉察到自己的“无知”，这种“无知”即是一种大智慧，林语堂先生就是如此。

有这样一个故事：

有一天，池沼向在自己身边奔流而过的河流问道：“你整天川流不息，一定累得要命吧！你一会儿背着沉重的大船，一会儿负着长长的水筏，在我眼前奔流而过。小船更不用说了，它们多得没有个穷尽。你什么时候才能抛弃这种无聊的生活呢？像我这样安逸的生活，你找得到吗？我是一个幸福的闲人，舒舒服服、悠悠闲闲地荡漾在柔和的泥岸之间，好比高贵的太太们窝在沙发的靠枕里一样。大船小船也罢，漂来的木头也罢，我这儿可没有这些无谓的纷扰，甚至小船有多重我都不知道，至多偶尔有几片落叶飘浮在我的胸膛上，那是微风把它们送来和我一起休息的。一切风暴有树林挡住，一切烦恼我也沾染不上，我的命运是再好不过的了。周围的尘世不断地忙忙碌碌，我却躺在哲学的梦里养神休息。”

“哲学家，你既然懂得道理，可别忘了这条法则，”河流回答，“水只有流动才能保持新鲜，我成了伟大壮阔的河流就是因为我不躺在那儿做梦，而是按照这个法则川流不息。结果呢，我的源源不绝的水，又多又清的水，年复一年地给人们带来了幸福，因而赢得了光荣的名誉，或许我还要世世代代地川流不息下去。那时候，你的名字就不会有人知道了。”

多年以后，河流的话果然应验了，壮丽的河仍旧川流不息，池沼却一年浅似一年。池沼的表面浮着一层黏液，芦苇生出来了，而且生长得很

快，池沼终于干涸了。

水只有在流动中才能够保持新鲜，而水不断承载他人也得到了无上的荣誉。池沼只看到今日，而川流大河看到的是永久，二者的境界之不同不言而喻。

由此，人只有在不断进取的状态下才能够永葆生命的活力，如果始终活在自己的一亩心田当中，便如同蜉蝣，朝夕即死，志向何谈？

成功无止境，奋斗无绝期。成功的人生，应当像河流，在汩汩流淌的过程中，不断汲取他处的营养，丰富自己，充实自己。林语堂先生在事业已取得很大成绩的时候仍不断学习，我们这些还在为梦想奋斗的人们，是不是更应像他那样孜孜不倦地追求呢？

孔子曾说："若圣与仁，则吾岂敢。抑为之不厌，诲人不倦，则可谓云尔已矣！"他的意思是圣者的境界与仁者的境界，以他的修养不敢担当。不过他虽不是圣人，不是仁者，但他一辈子在这条路上摸索，而且没有厌倦过；至于学问方面，他永远奋斗努力，没有满足或厌烦的时候；他教人家，同样没有感觉到厌倦的时候，只要有人肯来学，他总是不遗余力地教诲。只有这两点，孔子自言可以做到。

南怀瑾先生在《论语别裁》里说"为之不厌，诲人不倦"，孔子的作为实在不容易实现。自己求学，永远没有满足、没有厌倦，从不自以为是，任何事业都"为之不厌"；有人来请教，知无不言，言无不尽，不会说同一个问题有人问了三次之后，第四次还来问时就觉得讨厌；不会有厌恶此人，乃至不愿再教而放弃他的心理。孔子不厌不倦的境界，高明至极。但是人们早早地就让自己驻足，不再奋斗，所得的将是生命的枯竭。

追求成功的人生，就要不断奋斗，需要志向支撑，那就是你的志向，不管学习还是工作，如此坚持下去，必定能够迎来美好的人生。人生路上，风雨常有，泪的意义，就在于奋斗的激动时刻洒下闪耀而抵过群星光

芒的辰光。

“宝剑锋从磨砺出，梅花香自苦寒来”，人生美丽在于奋斗的过程。奋斗的岁月波澜壮阔，奋斗的生命多姿多彩，也只有奋斗的人生最灿烂、最耀眼，生命之树经历了风雨和奋斗，才能更显风采。

不满是向上的车轮

不满是向上的车轮，能够载着不自满的人前进。

——鲁迅

一个想要成功的人是不能够安于现状的，只有对现状不满，才能激发人向上的动力，进而改变现状，创造更美好的未来。从这种意义上说，不满是人进步的源泉。一个人，当他一旦满足于自己目前获得的成就，便失去了继续前进的动力，不再追求更高的目标。而在这个竞争日趋激烈的社会，不前进便意味着后退，就可能被无情地淘汰。一旦你停止前进，便会被别人所赶超。

在人类航海史上，哥伦布靠着超强的信念和勇气，书写下光辉的一页。在他每一天的航海日记上都会出现这样一句话：“我们继续前行！”是的，人生就是一个不断攀登不断超越的一种过程。

漫漫的人生路途中，也许会阴云密布，令你感到茫然无措，但是只要从始至终都坚定自己的信念，就会迎来阳光灿烂、鸟语花香的美景。只有不断地超越自己，才能成功。

把事情做到极致，就是永不满足，将事情做到无限接近性价比最高的那个点。对每一个人来说，只要将一件事情做到极致，就会有成功的惊喜在不远处等着。

美国富兰克林人寿保险公司前总经理贝克曾经这样告诫他的员工：“我劝你们要永不满足。这个不满足的含义是指上进心的不满足。这个不满足在世界的历史中已经导致了很多真正的进步和改革。我希望你们绝不要满足。我希望你们永远迫切地感到不仅需要改进和提高你们自己，而且需要改进和提高你们周围的世界。”

这样的告诫对于我们每一个人来说，都是必要的。不思进取的人不但不能够发展，说不定还会在日益激烈的社会竞争中被淘汰。只有那些能够不断学习，适应形势需要的人才能够在这个社会中长久地生存。一个和自己较劲的人，就拥有了不懈的动力，凭借这样的动力，才能够不断提升自己，全力以赴将任何事情做到最好，也为改变自己的命运提供了更多的机会。

纳迪亚·科马内奇是第二个在奥运会上赢得满分的体操选手，她在1976年蒙特利尔奥运会上完美的表现，令全世界为之侧目。

有一次在接受记者采访时，当纳迪亚·科马内奇被问到她为何会有如此完美的表现时，说：“我总是告诉自己‘我能够做得更好’，不断鞭策自己更上一层楼。要拿下奥运金牌，你不能过正常人的生活，要比其他人更努力才行。对我而言，做个正常人意味着会过得很无聊，一点儿意思也没有。我有自创的人生哲学：‘别指望一帆风顺的生命历程，而应该期盼成为坚强的人。’”

这就是她为自己所设定的标准。

一般人认为还可以接受的标准，对于像纳迪亚·科马内奇这样渴望成功的人而言，却是无法接受的低标准，他们会努力达到更高的标准。

多数人遭受失败的原因在于他们不能正确地判断自己的能力，低估了自己的价值。只有不平凡的个性才能成就不平凡的人生。韦尔奇说：

“要么做行业第一，要么做行业第二，达不到就不要去做。”人的追求在哪儿，他的人生也就在哪儿，追求永无止境，你的成就也就永无止境，一旦在心里为自己预设一个追求的高度，你的人生就会局限在一个小圈子里，难以再有突破。

胸中有了大目标，泰山压顶不弯腰。小草有根才能发芽，人只有不满足于现状，只有志向高远，才能取得大的成就。成功者之所以能够取得成功，在很大程度上取决于他们永不满足，积极进取的生活态度。

吃得苦中苦，方为人上人

能受苦方为志士，肯吃亏不是痴人。

——闵嗣鹤

明朝冯梦龙《警世通言》写道：“不受苦中苦，难为人上人。”正是俗语所说的“吃得苦中苦，方为人上人”之意，意思是，只有吃得了千辛万苦，才能成为优秀出众的人。生活中，每个人都希望自己的人生能够一帆风顺，可实际中大部分人要经历各种磨难。

所谓“千锤百炼终成金”，人们只有经历过苦难，才会变得更加成熟，更加懂得珍惜。在苦难中成长，才能使我们变得坚强。

世上但凡有成就的人，没有一个人是没有经历过苦难的。曹雪芹若非家道中落，必然难以写出旷世奇作《红楼梦》；鲁迅先生若非饱尝世态炎凉、人间冷暖，必然也不会成为文学斗士，正是苦难激发了他的创作激情。

生命学家认为，困难和苦难是生命体不致退化的重要因素。一个生命体在没有任何困难和苦难的环境下生存，无论是身体机能，还是心志都会退化，时间久了，就会失去应对困难和苦难的能力，最终会走上灭亡的道路。所以，苦难其实是上苍赐予我们的最好的礼物，我们不应该拒绝，而应该欣然接受。

当我们在苦难中穿梭的时候，必然有切肤之痛，但是当我们渡过苦难之后，就具备了应对苦难的能力。经历苦难，正是一个不断超越自我的过程。只有在苦难面前，不放弃，我们才能在战胜苦难的同时，超越自我，使自己得到升华。所以，我们不仅不能抱怨苦难，还要感谢苦难。

所以，我们说:“吃得苦中苦，方为人上人。”但是，这里所说的“人上人”并不是一般功利的想法。而是说，他可以在生活上比一般人较为豁达开通，眼光远大，做起事来可以得心应手。如果我们从小就安安稳稳无风无浪地像花朵一样生活在暖房里，我们所见的天日就只有那一点点，所能适应的温度也就只有那一点点，人生将失去很多乐趣。

挪威著名文学家克努特·哈姆逊，出身十分贫寒，9 岁时，由于家庭生活贫困，父母无力抚养，只好把他送给叔叔抚养。但叔叔没有结婚，收入也不高，而且还有一个坏毛病——粗鲁、蛮横。

克努特每天都要干一些繁重的体力活，常常累得浑身酸疼。即使这样，克努特还是动不动就受到叔叔的责骂和惩罚。他的童年根本就没有欢乐。可是，虽然他的童年过得非常悲惨，但他从来都没有对生活失去希望，总是很乐观地对待每一天。

一天，克努特得到了一个让他感到非常高兴的消息——叔叔同意让他去学校上学了，为此，他高兴得好几天都没有睡好觉。

来到校园以后，他每天都认认真真地听课、学习。可是，由于叔叔没有钱给他买新衣服，所以他穿的衣服总是破破烂烂的，其他的小孩也就都不喜欢跟他一起玩。很多时候，克努特都是孤零零地待在旁边，看着其他的小伙伴一起玩耍。

中午吃饭的时候，其他的同学吃着从家里带来的香喷喷的饭菜，有说有笑，可怜的克努特根本就没有饭可吃，因此，他只好一个人坐在图书室里，捧着书如饥似渴地读着，任凭肚子饿得咕咕叫。

在图书馆里，书籍让他插上了想象的翅膀，使他忘掉了饥饿与烦恼。在书的海洋中，他感受到了生活的快乐，也体验到了人生的悲凉。在阅读了大量的书籍以后，他渐渐产生了创作的冲动。

有一天，他得到了一个不幸的消息，他最心爱的朋友——一只可爱的小鹿病死了。为此，他怀着极度悲伤的心情写下了自己的第一篇作品《葬词》。

尽管书籍中的世界丰富多彩，但是现实生活远不如书中描绘得那么美好，贫穷带给他的痛苦实在太大了。读了没多长时间的书，克努特就不得不为自己的生计而奔波了，他不得不离开无限眷恋的学校，孤身一人到挪威的南部去流浪。在那段艰苦的日子里，他做过商店的店员，也做过工厂的学徒、工人。在做学徒工的时候，他因为被误认为是小偷而被师傅赶了出来。最后，他在一个港口做了挑煤工。

贫穷的生活环境，并没有让克努特屈服，他总是非常乐观地告诉自己，美好的生活就在不远处等着自己。所以，为了能够更好地学习知识，他每天都把书带在身边，在劳动的间隙，随时打开阅读。正是因为这样，最后，他凭借自己不懈的努力，终于有了《饥饿》《土地的滋长》等举世闻名的佳作的成功诞生。

生活中，每个人都会遇到挫折，遭受苦难，甚至有时一些挫折的现状难以突破，一些苦难难以摆脱。面对这些困境，有的人便会不战而败，捶胸顿足，怨天尤人。这样的人永远也无法走出困难。真正能成大事者，总会满怀希望，同时表现出他们对人生积极乐观的态度。他们能以这种积极乐观的态度在困境中主动寻找幸福，获得成功。即使是道路坎坷，荆棘绕身，他们也会乐观地奔向前方，直到幸福出现的那一刻。

其实，人生是这样一个过程，最初的我们是包裹着厚厚的外衣的，我们并不了解生活，也不知道怎样生活，苦难会让我们把包裹着自己的外衣一件件脱掉，使我们更加深刻地认知生活，只有这样，才能锻炼我们，才能使我们具有应对生活的能力。苦难很有力，它比任何说教都更有力量，它能让我们真实地历练书本上描述的场面。世上的任何事情都是只有经历了才能有更加深刻的认知。苦难让我们看清的就是真实的生活。

要知道，蝴蝶能够翩翩起舞，是因为她经历了化茧成蝶的痛苦。成功的道路是布满荆棘的，需要我们用大无畏的精神去面对，然而，如果我们没有经历过苦难的洗礼，那么必然没有勇气去面对成功道路上的种种困难。苦难对于人生来说是一剂良药，它能使我们更加坚强。

人生中有无数大大小小的苦难在等着我们，我们可以选择逃避，也可以选择勇敢地面对。选择逃避吗？我们将永远不能明白人生的真相，更不可能沿着苦难的人生走下去并取得成功。选择勇敢地面对，我们才能在苦难中了解人生，才能更好地走以后的人生之路。只要我们能够度过黎明前的黑暗，必能迎来人生中的第一缕曙光。

孟子说："天将降大任于斯人也，必先苦其心志，劳其筋骨，饿其体肤，空乏其身，行拂乱其所为。"苦难会让我们伤痛，会让我们迷茫，同样也可以让我们坚强，只有在苦难的打磨之下，我们才会愈加坚强。我们本来就像是一把没有开锋的刀，而苦难就像是磨刀石，刀蹭上磨刀石会痛苦，却能够在痛苦中更加锋利。苦难是黎明前的黑暗，只有挺过了最黑暗的时间，我们才能够看到黎明的曙光。

弱者等待机会，强者创造机会

理想的工作一定是自己创造的。

——俞敏洪

在人类的历史中，再没有一件事比那些人们在困境中达到成功的故事更为神奇的，这些故事讲述了人们怎样在黑暗中摸索，最终达到光明的境地；怎样久困于痛苦与贫困之中，不断摸爬滚打与奋斗，克服艰难险阻，取得最后胜利。它们讲述了那些人如何在普通的岗位上化平凡为伟大，以及那些仅具有一般天赋的人如何靠着坚强的意志，经过不断的努力而最终成就大业的故事。

没有人能安享一帆风顺的人生，总是会在生活中遇到各式各样的挫折。谁曾想过，即使是少年得志、一生严谨积极的胡适也曾有过堕落的生活。不过，强者与弱者的不同就在于，弱者会被迷茫的人生所淹没，强者却不会在堕落的生活中沉沦，他们会清醒振作，走上新的生活道路。

西点军校前校长佛雷德·W. 斯莱登说："在人生的战场上，幸运总是光临到能够努力奋斗并抢占待机的人身上。"凡是在世界上作出一番大事业的人，往往不是那些幸运之神的宠儿，反而是那些"没有机会"的苦孩子。

胡适在《四十自述》中回忆，1909 年，各地学生运动陆续失败，中国新公学也与中国公学合并了。他和几个朋友意气消沉，离开了学校，在外租了房子，靠索债、借债、典质衣物为生。

那是胡适生命的沉沦期。跟着那帮"浪漫的朋友"，不到两个月，什么打牌、吃花酒，胡适都学会了。他的生活一片混沌，学问没进步，只写了几首《酒醒》《纪梦》之类的诗。后来，王云五介绍胡适去华童公学教国文，不过胡适放荡的生活依然没有结束。

一天夜里，朋友们又约胡适去喝酒，酒后还一起打牌。回去的路上，拉车的见胡适大醉，就把他推下车去，拿走了他的马褂和帽子。

胡适东倒西歪地在路上走，遇到一位巡捕。他向巡捕问路，随即撒起酒疯，巡捕只好吹哨子，叫来了一部空马车，由两个马夫帮忙捉住他送到了巡捕房。

第二天早晨胡适醒时，发现身上没盖被子，只盖着一件潮湿的袭衣，急忙起来，看到铁栏和巡捕，才知道自己进了巡捕房。

胡适被送去审讯，因为是华童公学的老师，法官给留了面子，只罚款五元。

这件事给胡适触动很大，他第一次对自己几个月的放荡生活进行了反省，最终决定打起精神从头开始。

他与那些不上进的朋友断了交往，闭门读书，考上了庚款留美官费生，开始了海外求学之路。

胡适与不好的朋友结交，学坏堕落，是为可耻；然而他很快就迷途知返，并奋而向更高的目标努力，却让人敬佩。这个故事让我们看到了一个真实的、与普通人一样懦弱的胡适，也让我们看到了一个拼搏向上、不向堕落的生活妥协的胡适。

“没有机会”永远是那些失败者的托词。当我们尝试着步入失败者的群体中对他们加以访问时，他们中的大多数人会告诉你：他们之所以失败，是因为不能得到像别人一样的机会，没有人帮助他们，没有人提拔他们。总之，他们是毫无机会了。但有骨气的人却从不会为他们的平庸与失败寻找托词。他们从不怨天尤人。他们只知道尽自己所能迈步向前。他们更不会等待别人的援助，不等待机会，而是自己制造机会。

遇到挫折并不可怕，谁还不会遇到不如意的事情呢？强者与弱者的区别就是，弱者妥协于生活，而强者挑战生活。人生会经历许许多多的拐点，这些拐点你把握不好是挫折，把握好了就是转折。

道本连自己的名字都不会写，却在大阪的一所中学当了几十年的校工。尽管工资不多，但他已经很满足生活中的一切。

就在他快要退休时，新上任的校长以他“连字都不认识，却在校园工作，太不可思议了”为由，将他辞退了。

道本恋恋不舍地离开了校园。像往常一样，他去为自己的晚餐买半磅香肠，但快到食品店时，他想起食品店已经关门多日了。而不巧的是，附近街区竟然没有第二家卖香肠的。忽然，一个念头在他脑海里闪过：“为什么我不开一家专卖香肠的小店呢？虽然我失去了工作，但是我可以创造机会，重新拥有自己的事业。”于是，他很快拿出自己仅有的一点积蓄开了一家食品店，专门卖起香肠来。

因为道本灵活多变的经营，十年后，他成了一家熟食加工公司的总裁，他的香肠连锁店遍及了大阪的大街小巷，并且是产、供、销“一条龙”服务，颇有名气的道本香肠制作技术学校也应运而生，而这一切全凭借他当年一个偶然的念头，凭借他没有机会也要创造机会的勇气和智慧。

一天，当年辞退他的校长得知这位著名的董事长识字不多时，便十分敬佩地称赞他：“道本先生，您没有受过正规的学校教育，却拥有如此成功的事业，实在是太不可思议了。”

道本诚恳地回答：“真感谢您当初辞退了我，让我摔了跟头，从那之后我才认识到自己还能干更多的事情，可以为自己创造更好的机会和人生。否则，我现在肯定还是一位靠一点退休金过日子的校工。”

有人说：“如果别人没有给你奇迹，你就去成为奇迹。”正是因为道本在人生的转折点没有低沉下去，而是给自己创造了机会，才赢得了日后成功的事业。试想一下，如果当时道本被辞退后，萎靡不振，就此沦落，觉得人生从此没有机会了，那么，等待他的将是什么我们不可知，至少不会是成功的事业。

事实上，没有几个人是含着金汤勺出生的，更多的成功者首先要做的事情是从困境中崛起，是创造机会而不是一味等待。困境可以锻炼一个人的品格，也可以激发一个人向上发展的勇气和潜力。在困境中，当被逼得退无可退，无路可走时，人们往往会想出办法来自救，无形之中反而促成了人生的辉煌。

有这么多人能抓住机会成功，还有更多的人没有抓住机会而啜饮人生的苦酒。我们不要在渺茫的人生中沉沦，要时刻记得奋发向上的决心。

苦海无涯，要想出头，就得奋力挣扎。世上没有渡人的舟，若是在这一片苦难的茫然中呆坐，等不来救助，只能等到灭顶的沉没。

自强才能自立

自强是每个人都有的能力。

——俞敏洪

《周易》从效法自然的立场出发，提出“天行健，君子以自强不息”；《诗经》上也说“自求多福”；孔子赞赏“刚毅”的性格，他自己就是一个“发愤忘食，乐以忘忧”的人；孟子则从反面强调：“自弃者，不可与有为也。”因此，我们说，无论是国家，还是个人，唯有自强，才能自立。

自强不息的精神深深熔铸在中华民族的生命力、创造力和凝聚力之中，并成为中华文明得以绵延千载、生生不息的精神动力，也是人生应有的昂扬向上的精神状态。艰苦的环境有助于磨炼一个人的品格，激励一个人的斗志，增强一个人的能力。

生活中的一切，工作中的一切，都只能靠你自己，因为你自身就是你自己的生存环境之一，你才是自己真正的主人。

美国《生活周刊》不久前评出的过去1000年中100位最有影响力的人物中，爱迪生名列第一。

爱迪生出身低微，他没有学历，一生只上过3个月的小学，老师因为总被他古怪的问题问得瞠目结舌，竟然当着他母亲的面说他是个傻瓜，将来不会有什么出息。母亲一气之下让他退学，由她亲自教育。

这时，爱迪生的天资得以充分地展露。在母亲的指导下，他阅读了大量的书籍，并在家中自己建了一个小实验室。为筹借实验室的必要开支，他只得外出打工，当报童卖报纸，最后用积攒的钱在火车的行李车厢建了个小实验室，继续做化学实验研究。有一天，化学药品起火，几乎把这个车厢烧掉。暴怒的行李员把爱迪生的实验设备全部扔下车去，还打了他几记耳光，爱迪生因此致聋。

爱迪生虽未受过良好的学校教育，但凭个人奋斗和非凡才智获得巨大成功。他以坚韧不拔的毅力、罕有的热情和精力从千万次的失败中站了起来，克服了数不清的困难，成为发明家和企业家。仅1869~1901年，他就取得了1328项发明专利。在他的一生中，平均每15天就有一项新发明，他因此而被誉为“发明大王”。

人世沉浮如电光石火，盛衰起伏，变幻难测。只要你自强不息，就能改变别人对你的看法，就能开拓出一片属于自己的天地。

“天道酬勤，厚德载物”，伟大的成功和辛勤的劳动成正比，而增厚美德以容载万物应成为我们崇高不变的追求，自强不息，是一切成功的源泉！

徐悲鸿先生是我国杰出的画家。19 世纪 20 年代，徐悲鸿先生曾在北大画法研究会任导师，其正直爱国、不卑不亢的品格深深影响了几代北大人，为北大人留下了极宝贵的精神财富。下面是徐悲鸿先生年轻时的一段求学经历。

1919~1927 年，徐悲鸿先生在欧洲一些国家留学。当时的中国，军阀混战，贫穷落后，在世界上没有地位，在外国的中国留学生常受到一些人的歧视。

有一次，许多留学生在一起聚会，一个浑身散发着酒气的外国学生站起来，恶毒地说："中国人又蠢又笨，只配当亡国奴，就是把他们送到天堂里去深造，也成不了才！"

坐在一旁的徐悲鸿被激怒了，他走到这个洋学生面前，大声说："先生，你不是说中国人不行吗？那么，我代表我的祖国，你代表你的国家，我们比一比，等学习结束时，看看到底谁是人才，谁是蠢材！"

从此，徐悲鸿学习得更勤奋了。他到巴黎各大博物馆去临摹世界名画的时候，常常是带上一块面包一壶水，一去就是一整天，不到闭馆的时间不出来。法国画家达仰非常喜欢徐悲鸿，他从这个中国青年身上，看到了中国人民的坚强毅力。他主动邀请徐悲鸿到家做客，在他画室里画画，并亲自为徐悲鸿指导。

有志者事竟成，徐悲鸿进入巴黎国立高等美术学校后，在几次竞赛和考试中获得了第一名。1924 年，他的油画在巴黎展出时，轰动了巴黎美术界。这时，那个在大家面前大骂中国人无能的洋学生，不得不承认自己不是中国人的对手。

徐悲鸿说过："人不可有傲气，但不可无傲骨。"有了傲气的人，往往会自命不凡，认为自己能干，比别人高出一筹，从而目中无人。这就是他今后失败的先兆。但是做到了没有“傲气”，还应当有“傲骨”。什么是傲骨呢？就是应当有志气，有自信心，有顽强不屈的性格。

其实，人生的道路总是坎坷不平的，失败和挫折随时会降临，冷眼、讽刺也会随之而来。对待这些挫折和困境，不要把原因归于“自己天赋不足”，而应当挺起自己的铮铮傲骨，不自卑、不气馁、不懊丧，用行动证明自己的价值，捍卫自己的尊严。

“只有满怀自信的人，才能在任何地方都怀有自信沉浸在生活中，并实现自己的意志”。面对人生困境，不能消磨意志，丧失信心。哪怕千难万难，也要勇敢面对。自强自立，才能提升人格境界，最大限度地发挥自己的潜能和价值，大有所为，创造出精彩的人生。

第三章 逆境是人生修炼的最高学府

逆境是人生最好的课堂

未曾失意的人不懂人生。

——周国平

古往今来，凡立大志、成大功者，往往都饱经磨难，备尝艰辛。逆境成就了“天将降大任者”，所以有人说：“逆境是一所学校，真理在里面总是变得强有力。”生活中，我们每个人都会遇到逆境，以为逆境是人生不可承受的打击的人，若不能挺过这一关，可能会因此而颓废下去；而以为逆境只不过是人生的一个小坎儿的人，就会想尽一切办法去找到一条可迈过去的路。这种人，才能成大事。

当人们把沙子放进蚌的壳内时，蚌觉得非常不舒服，但是又无力把沙子吐出去，所以蚌面临两个选择，一是以敌视的态度憎恶这粒沙子，让自己的日子很不好过，另一个是想办法把这粒沙子同化，使它跟自己和平共处。于是蚌开始把它的精力营养分一部分去把沙子包起来。当沙子裹上蚌的外衣时，蚌就觉得它是自己的一部分，不再是异物了。沙子裹上的蚌成分越多，蚌越把它当作自己的一部分，就越能心平气和地和沙子相处。

尼采曾说："那些能将我杀死的事物，会使我变得更有力。"如果我们不想在逆境中沉沦，那么我们便应直面逆境，奋起抗争，只要我们能以坚忍不拔的意志奋力拼搏，就一定能冲出逆境。与命运抗争几个回合后，便臣服于逆境、挫折，你将输掉你的人生。因此，无论处在什么样的境遇，请不要放弃希望和信念，因为那是我们内心潜在的无穷力量。

如果明白发生在自己身上的每件事，都是上苍设计好的，我们就会永远立于不败之地。的确，要想让自己心甘情愿地面对人生的种种痛苦，并竭尽全力去克服它，就必须先改变对待痛苦的态度。

一旦我们领悟到了，我们所遭遇的每一件事，都是有助于我们心灵成长的精心设计，都是用来指导我们的生命旅程的，我们注定会成为赢家。

一群少年非常喜欢捕鱼，他们常常结伴在一泓深潭边钓鱼。但是，每次忙活大半天，都只能钓到一些小鱼。可他们却看到集市上的一位中年渔夫天天卖大鱼，于是很好奇地问："你这些大鱼是从哪里来的？"

中年人说："当然是从河里得来的！"

少年好奇地问："我们也是经常在河边钓鱼，为什么半天钓的鱼加起来还没有你的一条鱼重呢。"

渔夫神秘地说道："那是，我有门道！不是每个人都想弄到大鱼就能够弄到大鱼的！"

少年们央求中年人说："那你教教我们吧！我们只是喜欢捕鱼，保证不会在这集市上卖鱼来抢你的生意！我只是想感受一下捕到大鱼的感觉。"在少年们的再三请求下，渔夫终于答应等集市散了，到河边为少年们传授秘诀。

集市散了，渔夫收拾好自己的鱼篓，带着少年们来到了河边。

“你一般都在哪里捕鱼？”中年人问。

少年们指一指河面比较平静的那一段，说：“当然是那里了，水流比较缓，鱼肯定比较多！”

渔夫哈哈大笑，说：“你知道我在哪里捕鱼？”渔夫指向潭上边不远的河段里，那是一个水流湍急的河段，雪白的浪花哗哗地翻卷着。

少年们都觉得这渔夫很可笑，在浪大又那么湍急的河段里，怎么会捕到鱼呢？那些鱼肯定会选择水流比较缓和的地方栖息！”

渔夫笑笑说：“潭里风平浪静，所以那些经不起大风大浪的小鱼就自由自在地游荡在潭里，潭水里那些微薄的氧气就足够它们呼吸了。而这些大鱼就不行了，它们需要水里有更多的氧气，没办法，它们只有拼命游到有浪花的地方。浪越大，水里的氧气就越多，大鱼也越多。”渔夫又得意地说：“许多人都以为风大浪大的地方是不适合鱼生存的，所以他们捕鱼就选择风平浪静的深潭，但他们恰恰想错了，一条没风没浪的小河里是不会有大鱼的，而大风大浪恰恰是鱼长大长肥的唯一条件。大风大浪看似是鱼儿们的苦难，但这些苦难却是鱼儿们的天然给氧器啊！”

水流平静的河流是不会有大鱼的，只有风大浪急的河流，才一样能够出大鱼。这就像一个人不经历苦难，永远成不了气候，只有经历一定的挫折和失败，才能够真正让一个人取得成功。所以每个人需要做的，就是要正视逆境，把每一次遭遇都当成是心灵成长的精彩设计。

李嘉诚说过：“艰难的生活，是我人生的最好锻炼。”因为正视了逆境对自己的作用，所以，他获得了巨大的成功。这就是比尔·盖茨选择把自己财产的大部分捐出去的原因，因为他知道，如果不让孩子吃一定的苦，那就是另一种变相的对孩子的不负责。

喜欢登山的人都有这种感受：景色平常的地方容易攀登，自然就有很多人；而险峻壮美的顶峰，因为路途艰险、危险丛生，攀登者就寥寥无几了。其实，人生也和登山一样，有那么多人前赴后继地奔向热门的地方，却不知这不过是趋之若鹜的路子罢了。有困难的路虽然曲折，甚至艰险，但也正因为有了一步步的克服我才能高唱战歌去面对困难。

美国学者马尔腾博士说："困难是我们的恩人，有了困难，才能拦住与淘汰去一切不如我们的竞争者，而使我们得到胜利。"逆境是人生最好的课堂，它会让你逐渐由幼稚走向成熟，在不断的拼搏中获得成功。正视逆境，也就是正视我们自己的人生。如果用积极的心态去面对人生的逆境，逆境将是一笔不菲的财富。所以，在逆境中，我们不必灰心丧气，因为它可能就是我们成功的契机。

"哀莫大于心死"，世间最可怕的衰老是心态的衰老。在困境来临的时候，不被困境吓倒，而是保持积极的心态，困难就会被你击倒。没有什么可以挡得住你前进的脚步，擦亮你的眼睛，就会看到生活的希望，一切还皆有可能。面对困难时，调整心态，不要让消极的思想影响了生命的进程。积极地走好现在的每一步，我们的人生才会精彩。

人生需要苦难的洗礼

进步是有味的，但进步也是痛苦的。

——林语堂

高尔基说过："苦难是人生最好的大学。"孟子也说过："天将降大任于斯人也，必先苦其心志，劳其筋骨，饿其体肤，空乏其身，行拂乱其所为，所以动心忍性，增益其所不能。"然而，有些人却不愿正视苦难。遇到苦难的时候，要么是怨天尤人，要么抱怨自己生而不幸。其实，之所以会抱怨苦难，是因为他们还不明白苦难是我们寻找观察世界的方式，痛苦是人的一种本质体验。

人生苦难重重，这是世界上最伟大的真理之一。它的伟大，在于我们一旦真正理解并接受它，就再也不会对人生的苦难耿耿于怀，就能实现人生的超越。的确，苦难是人生的常态，它往往伴随着我们的一生。

幼儿时，苦难是我们学习走路时的点点滴滴；少年时，苦难是我们磨炼意志时的磕磕绊绊；青年时，苦难是我们打拼未来，实现梦想的曲曲折折；中年时，苦难是我们深陷困惑泥沼中的孜孜以求……

大文豪巴尔扎克曾说："世界上的事情永远不是绝对的，结果完全因人而异。苦难对于天才是一块垫脚石，对于能干的人是一笔财富，对于弱者是一个万丈深渊。"虽然苦难有时会把我们一生的追求和信念一瞬间撕得粉碎，也可能对我们穷追不舍，一点点地蚕食着我们生命中的绿色。但是，苦难却能使人受到磨炼和考验，变得坚强起来。无论我们经历过多少苦难，走过多少坎坷，我们都不会一无所有，我们总会得到一些东西，它们能扩大我们对生活的认识范围和认识的深度，使自己更加成熟，使内心更加坚强，是我们生命里最为宝贵的财产。

中国台湾散文家林清玄写过这样一个故事：

上帝有一天心血来潮，来到他所创造的土地上散步。

一位农夫说："仁慈的上帝，这50年来，我没有一天停止过祈祷，祈祷年年不要有大风雨，不要有冰雹，不要有干旱，不要有虫害，可是不论我怎么祈祷，总不能样样如愿。"

上帝回答："我创造世界，也创造了风雨、干旱、蝗虫与鸟雀，我创造了不能如你所愿的世界。"

农夫突然跪下来吻着上帝的脚："全能的主呀，您可不可以明年允诺我的请求，只要一年的时间，不要大风雨，不要烈日干旱，不要有虫害？"

上帝说:“好吧，明年不管别人如何，一定如你所愿。”

第二年，果然如农夫的所愿，他的田地结出许多的麦穗，农夫兴奋不已。可等收割的时候，奇特的事情发生了，农夫的麦穗里竟是瘪瘪的，没有什么籽粒。

农夫含着眼泪跪下来，向上帝问道:“仁慈的主，这是怎么一回事？您是不是搞错了什么？”

上帝说:“我没有搞错什么，因为你的麦子避开了所有的考验，麦子变得十分无能。对于一粒麦子，一些风雨、烈日是必要的，甚至蝗虫也是必要的，因为它们可以唤醒麦子内在的灵魂。”

人的灵魂也和麦子的灵魂一样，如果没有任何苦难考验，人也只能是一个空壳而已。每一个人，从出生以后，就开始面对各种考验，并开始收获各种考验所带来的宝贵的人生特质。如果拒绝来自现实的新一轮考验，时时幻想温煦的常态，那么他从一开始就输给了生活。

人生的通道往往是穿越卑微，平凡者可以凭借考验，抓住机会，最先觉醒，最先锤炼，最先成熟，然后运用智慧的能力使自己变得伟大。

那些普通的麦子尚能昭示不普通的生物延续哲学，一个人若能经受苦难的考验，经历某些可贵的坚持，就可以孕育一些珍贵的人生积淀。因此，只要我们敢于正视人生是苦难的这一事实，并且以一种积极乐观的态度面对它，就不会再被它困扰，反而会将它看成是人生的瑰宝。

人生难免要经历种种苦难，没有苦难的人生也很难有辉煌的成就。正如孟子所说的“生于忧患，死于安乐”的道理一样。世界上大多数的伟人都经历过不少苦难。自古英雄多磨难，不拒绝生命的雕琢，才能有所作为。伟人之所以伟大，是因为他们拥有强者的心态，战胜了苦难，从苦难中走了出来。

帕格尼尼是世界超级小提琴家，他 4 岁时，一场麻疹和强直性昏厥症，差点使他进入棺材。他7岁时患上了严重的肺炎。46岁牙床突然长满脓疮，拔掉了几乎所有的牙齿。又染上可怕的眼疾，几乎失明。50岁后，关节炎、肠道炎、喉结核等多种疾病吞噬着他的肌体。后来声带也坏了，靠儿子按口型翻译他的思想。他仅仅活了57岁，就口吐鲜血而亡。

他的一生几乎都在苦难中度过，但是他12岁就举办首次音乐会，并一举成功，轰动舆论界。

之后，他的琴声遍及法、意、奥、德、英、捷等国。他的演奏使帕尔玛首席提琴家罗拉惊异得从病榻上跳下来，木然而立，无颜收他为徒。

他用独特的指法、弓法和充满魔力的旋律征服了整个欧洲和世界，几乎欧洲所有文学艺术大师，如大仲马、巴尔扎克、司汤达等都听过他演奏并为之激动不已。音乐评论家勃拉兹称他为“操琴弓的魔术师”，歌德评价他“在琴弦上展现了火一样的灵魂”，李斯特大喊：“天啊，在这四根琴弦中包含着多少苦难、痛苦和受到残害的生灵啊！”

帕格尼尼虽然经历了很多苦难，但是他的成就至今无人能敌。由此可见，强者是苦难学校的毕业生。人们在苦难中学会坚强和忍耐，性格可以变得平和而达观，进而形成一种强者心态。

在苦难这所学校毕业出来的强者都具有同样的特点，他们隐忍着自己的伤痛，而对他人充满着仁慈与关爱，拥有阳光般的强者心态，甚至对曾经伤害过自己的人也给予宽容和理解。人性中那些轻狂浮躁、狡黠虚伪、庸俗势利等天性，离他们越来越远。因为他们知道，人生无常，命运无常，我们费尽心机得到的浮华终将是过眼烟云，是你的跑也跑不掉，不是你的强留也留不住。珍惜自己所拥有的，保持一颗强者心态，走好脚下的每一步，才是根本。

苦难，作为人生的消极面，人人唯恐躲之不及。然而它在人生中的意义并不是完全消极的。苦难常常能够唤醒我们的灵魂。在通常情况下，我们的灵魂是沉睡着的，一旦我们感到幸福或遭到苦难时，它便醒来了。如果说幸福是灵魂的叹息和歌唱，那么苦难便是灵魂的呻吟和抗议，在两者中凸现的都是对生命意义的强烈体验。如果把幸福当作支付的生命体验，那么苦难便是对它的积累。

多数时候，我们总是在为生活忙忙碌碌，无暇顾及生命的本质与内在的心灵。苦难能打断我们所习惯的生活，使我们忙碌的身子停了下来，同时也提供了一个机会，迫使我们与外界事物拉开一个距离，只要我们善于利用这个机会，肯于思考，就会对人生获得一种新眼光。

苦难连接着生活与命运，是孕育灵魂和生命的土壤，苦难中蕴含着人生的珍宝。缺乏苦难的人生，便失去了光彩。人生需要苦难的洗礼，它可以让我们对生命的体验不浮于表面，而是触到了本质，体验到更深邃的人生境界。

别抱怨挫折，是它让你留下了脚印

人生不过如此。

——林语堂

奥斯特洛夫斯基说：“人的生命似洪水在奔腾，不遇着岛屿和暗礁，难以激起美丽的浪花。”只有在风雨中走过的人们，才能在泥泞中留下自己的印迹，才能证明自己的价值。任何一种本领的获得都要经由艰苦的磨炼。对于真正坚强的人来说，任何困难和逆境都会让他获得拼搏的力量。

清代金兰生在《格言联璧》中写道：“经一番挫折，长一番见识；容一番横逆，增一番气度。”很多时候，痛苦并非坏事。困难与折磨对于坚强的人来说，是一把锤子，打掉的应该是脆弱的铁屑，锻成的则是锋利的钢刀。由此可见，那些挫折和横逆的折磨对人生不但不是消极的，还是一种促进你成长的积极因素。唯有经历各种各样的折磨，才能拓展生命的厚度。

没有人一生都是完美的，人的一生总是会遇到各种各样的挫折。其实，遇到挫折并不可怕，可怕的是我们不能以正确的心态来看待它。人生路上未知的因素太多，重要的是我们以怎样的心态来对待它。一种好的心态可以让一个人走向成功，在你的不经意之间。在经历挫折的时候，很多人都习惯于抱怨。他们责怪命运，责怪机遇，责怪成长中遇到的过多的苦难。可是，他们不知道，没有任何一条通往荣耀的道路是宽阔、平坦的。相反，只有充满泥泞的道路，才能遍布或深或浅的脚印，印证努力过的痕迹。

鉴真 14 岁时被收为沙弥，在大云寺修行，做了大云寺内僧人都不愿做的行脚僧。刚开始的时候，鉴真感觉做行脚僧非常辛苦，经常不能按时起床出去化缘。

有一天，已经日上三竿了，鉴真和尚仍未起床，住持觉得纳闷，便到鉴真和尚的寝室里巡视。当住持推开房门，只见床边堆了一堆破破烂烂的草鞋，住持叫醒鉴真："今天你不出外化缘吗？床边堆的这些破草鞋是用来做什么的？"

鉴真打了个哈欠说："这些是别人一年都穿不破的草鞋，如今我剃度一年多，却穿破了这么多鞋，今天我想为庙里节省一些鞋。"

住持听了之后，笑了笑对鉴真说："昨夜外头下了一场雨，你快起来，陪我到寺前走走吧！"

昨夜的一场雨，使寺前的黄土坡变得泥泞不堪。

忽然，住持拍了拍鉴真的肩膀说："你是要当个只会撞钟的和尚，还是想成为能发扬佛法普度众生的名僧？”

鉴真说：“当然是发扬佛法的名僧啊！”

住持捻须一笑，接着说：“你昨天有没有走过这条路？”

鉴真说：“当然有！”

住持又问：“那么你现在找得到自己的脚印吗？”

鉴真不解地说：“昨天这里原本是平坦、坚硬的道路，今天变得如此泥泞，小僧如何能找到自己的脚印？”

住持没有再说话，迈步走进了泥泞里。走了十几步后，住持停下脚步说：“今天我在这路上走了一趟，能找到我的脚印吗？”

鉴真答道：“那当然能了。”

住持微笑着说：“是的，只有泥泞路才能留下足印啊！只要经过艰苦的跋涉，终有一天会留下痕迹的，一如此刻，我们行走在这片泥地上，不管走得多远，足印都会深深地留在泥地里，印证我们的存在。”

鉴真顿时恍然大悟：“泥泞留痕。”

只有泥泞的道路，方能留下深深的脚印。坦途固然很好，可是这样一路走来会平淡无奇，只有通过坎坷之路取得的成功，才能让人回味无穷。不历经风雨，难以见彩虹。面对苦难的人生，我们不要怨天尤人，只有踏踏实实地在坎坷的道路上前行，留下一个个坚实的脚印，才能证明我们生命的价值。

古今中外有许多人都在磨难的泥泞路上留下了自己的脚印。这些立大志、成大事者，都备受磨难，备尝艰辛而最终为上天所成全，得建丰功伟业。人们无法选择命运的事先安排，却可以选择自己想走的道路。如果我们选择艰苦的道路，我们的脚印就会印在上面，被人们记住。

在生活中，我们看到很多明星们总是前呼后拥、华衣锦食、风光无限，却没有细想他们是在怎样艰苦的环境中锻炼出来的。

蜚声世界的美国人沃尔特·迪士尼，年轻的时候是一位画家，贫困潦倒，无人赏识。几经求职，他终于找到一份工作，替教堂作画。

当时，他借用了一间废弃的车库作为临时办公室，可事情并没有如他期望的那样，命运没有出现一丝转机。微薄的报酬入不敷出，他的生活一如既往地窘迫。

有一段时间，他陷入了空虚与无望的黑暗中。他夜夜失眠，手中的画笔也断然搁下了，没了灵感，没了生机。

更令他心烦的是，每次熄灯后，一只老鼠就吱吱地叫个不停。他想打开灯赶走那只讨厌的家伙，但疲倦的身心让他干什么都没劲，所以他只好听之任之了。反正是失眠，他就听老鼠的叫声，他甚至能听到它在自己床边的跳跃声。他习惯了在这个无人知道的午夜有一只老鼠与自己相伴。

后来不止在夜里，白天小老鼠偶尔也会大摇大摆地从他的脚下走过，得意忘形地在不远处做着各种动作，表演着精彩的杂技。小老鼠使他的工作室有了生机。它成了他的朋友，他则成了它的观众，彼此相依为命。

不久，年轻的画家离开了堪萨斯城，被介绍到好莱坞去制作一部以动物为主的卡通片。这是他好不容易才得到的机遇，虽然前途是光明的，道路却是坎坷的，他的作品被一一否决，他再度陷入了举步维艰的地步。

那是一个与平常一样漫漫的长夜，他突然听到“吱吱”的叫声，那是老鼠的叫声。这一刻，灵光一现，他拉开灯，支起画架，画出了一只老鼠的轮廓。

美国最著名的动物卡通形象之一——米老鼠就这样诞生了。

迪士尼经历了许多挫折之后，终于在不屈不挠的坚持下获得了成功。遇到困难不退缩、勇往直前的人才能成功。

贝多芬曾说：“卓越的人的一大优点是在不利和艰难的遭遇里百折不挠。”当我们决心要做一件事时，我们就应该有耐心坚持下去，而不是急功近利。一旦遇到困难就选择退缩的人往往遇到的困难会更多，因为困难是肯定会存在的，逃避永远不会让困难消失。而在克服困难的过程中，不管成功与否，我们学到的也是为下一步的成功打下坚实的基础。

如果我总是抱怨，任由灰色蒙蔽了自己的眼睛，任由风尘遮住了心灵，那么我们将永远失去对生活的希望。世界的颜色由我们自己决定，所以，智慧之人，请擦亮自己的眼睛，放下抱怨，静对风雨。只有这样，我们才能在人生路上写下我们的辉煌，留下属于我们的印记。

用另一种眼光看待不幸

每个人在他生活中都经历过不幸和痛苦。有些人在苦难中只想到自己，他就悲观、消极，发出绝望的哀号；有些人在苦难中还想到别人，想到集体，想到祖先和子孙，想到祖国和全人类，他就得到乐观和自信。

——冼星海

人的一生，总免不了磕磕碰碰，遇到不快而生气，或遇到天灾人祸而痛不欲生等。每当这个时候，我们是怎样去处理的呢？面对不幸，我们要做的不是被动地承受，而是要坦然地寻求自己解决不幸的方法，在一番努力之后，我们会发现困扰我们的有时是多么微不足道。最重要的是我们已经学会了解决这不幸的方法和普遍意义上的良好心态，没有什么会比这更令人喜悦的了。

有一位哲人曾说：“我们的痛苦不是问题的本身带来的，而是我们对这些问题的看法而产生的。”这话很有哲理，它引导我们要学会解脱，学会换一种眼光来看待痛苦与不幸。有时候，白眼、冷遇、嘲讽会让弱者低头走开，但对强者而言，这是另一种幸运和动力。

有这样一个故事：

佛印正坐在船上与苏轼把酒话禅，突然听到有人说：“有人落水了！”

佛印马上跳入水中，把人救上岸来。被救的原来是一位少妇。

佛印问：“你年纪轻轻，为什么寻短见呢？”

“我刚结婚三年，丈夫就抛弃了我，孩子也死了，你说我活着还有什么意思？”

佛印又问：“三年前你是怎么过的？”

少妇的眼睛一亮：“那时我无忧无虑、自由自在。”

“那时你有丈夫和孩子吗？”

“当然没有。”

“那你不过是被命运送回到了三年前。现在你又可以无忧无虑、自由自在了。”

少妇揉揉眼睛，恍如一梦。她想了想，向佛印道过谢便走了。以后，这位少妇再也没有寻过短见。

万物皆变，变则通，这是世界演化的不变法则。其实，缘起缘灭，得到失去，好或不好，都是生命的常态，然而这一切都将过去。所以莫把这个过程看得太重要，以心灵的常态对待生命，并在这种常态中稳扎稳打，步步向前就可以了。

换个角度看待自己，是一种突破、一种解脱、一种超越、一种高层次的淡泊宁静，从而获得自由自在的乐趣；换一种立场待人事，人事无不通畅；换一个角度看世界，世界无限宽大。一样的人生，异样的心态。如果能跳出来看自己，才能以乐观、豁达的心态来关照自己，认识自己。

有位老妈妈生养两个女儿，大女儿嫁给了一个卖伞的生意人，二女儿在染坊工作。这使这位母亲天天忧愁。

天晴了，她担心大女儿的伞卖不出去；天阴了，她又忧伤二女儿染坊里的衣服晾不干。她这样晴天也忧愁阴天也忧愁，不多久就白了头。

一天，一位远方亲友来看她，惊讶她的衰老，问其缘由，不觉好笑，那亲友说："阴天你大女儿的伞好卖，你高兴才是，晴天你二女儿染坊生意好也该高兴才是。这样你每天都有快乐的事，天天是好日，你干吗不捡高兴专拾忧愁呢？"老妈妈换个角度想："言之有理！"从此，她笑口常开，幸福每一天。

在很多时候，我们所有的苦难与烦恼，都是依靠过去的生活经验所做出的错误判断，这时，我们不妨跳出来，换个角度看自己，你就不会为战场失败、商场失手、情场失意而颓唐；也不会为名利加身、赞誉四起而得意忘形。

当人生的理想和追求不能实现时，不妨换个角度来看待人生。换个角度，便会产生另一种哲学，拥有另一种处事态度，我们存活于世间，需要一种睿智，也需要一种豁达。

1832 年，美国的一位青年失业了，这显然使他很伤心，但他下决心要当政治家，当州议员。但不幸的是，他在竞选中失败了。在一年里遭受两次打击，这对他来说无疑是痛苦的。

接着，他着手自己开办企业，可一年不到，这家企业又倒闭了。在以后的 17 年间，他不得不为偿还企业倒闭时所欠的债务而到处奔波，历尽磨难。

1835 年，他订婚了。但离结婚还差几个月的时候，未婚妻不幸去世。这对他精神上的打击实在太大了，他心力交瘁，数月卧床不起。

1836 年，他得了神经衰弱症。

1838 年，他觉得身体状况良好，于是决定竞选州议会议长，可他失败了。1843 年，他又参加竞选美国国会议员，但这次仍然没有成功。

他虽然一次次地尝试，却是一次次地遭受不幸：企业倒闭、未婚妻去世、竞选败北。但这个人无比地执着，他把所有的不幸都当成是对他的磨炼，他相信一个人经历的失败和不幸越多，这个人就越坚韧和成熟。于是，他又一次参加竞选国会议员，最后终于当选了。

从这个人的人生经历来看，他无疑是非常不幸的，但他知道应该以怎样的眼光看待不幸，所以他一直没有放弃自己的追求，一直在做自己生活的主宰。终于在 1860 年，他当选为美国总统。

这个人就是亚伯拉罕·林肯。他是一个意志坚韧的人，他面对困难没有退却、没有逃跑，他坚持着、奋斗着、不愿放弃，所以他最终从一个又一个的坎坷中走出来，成为美国历史上最伟大的总统之一。

一个人遇到一次不幸，坚强地挺下去并不难，难的是能够以一颗坚韧的心抗争每一处逆境。

人生就像一场旅行，不必在乎目的地，应该在乎的是旅途中的风景，以及看风景的心情。有位哲人说："转一个角度看世界，世界便无限宽大；换一种立场看人生，人生便无所牵绊。"其实，能时常换个角度看待人生，这本身就是一种突破、一种解脱、一种超越、一种高层次的淡泊宁静。

勇敢地走出生命的低谷

人生的旅途，前途很远，也很暗。然而不要怕，不怕的人的面前才有路。

——鲁迅

山有峰巅，也有低谷；水有平缓，也有漩涡。人生之路也是一样，扑朔迷离，充满坎坷。英国诗人桑德伯格曾说："生活就像洋葱，你一层一层地剥开，总有一层会让你流泪。”人生的低谷是每个人必经的一场场风雨，是每个人必走的一段段路程。低谷似荆棘，似良药，固然伤人、苦口，但能使人痛定思痛，头脑清醒，祛病除邪。

有人说：“低谷自有低谷的风景。”低谷是一种美妙的人生品味，它教会了我们我希望、忍耐和奋斗。低谷的风景忧郁而美丽，低谷可以使我们变得对生活更执着，更沉着，更热烈，更可以使我们成功后回味无穷。

其实，人生的低谷更像是一面镜子，能够教会我们审视人生、重新认识自己。人往往看不清自己，总是在处于逆境的时候才肯回过头来看看自己到底错在哪里，只有通过实践的验证才知道自己是怎么回事。当我们走了一段弯路，才会在实践的基础上深刻反省自己，为自己今后的道路制定一个比较切合实际的目标。

人生的低谷是锻炼意志的摇篮，而意志的锻炼则需要艰苦的环境。艰苦的环境能锻炼人的体魄，人生的低谷则能锻炼人的意志和素养。当我们走出低谷时，我们会变得更加成熟、坚强和理性。以前的经历则是以后的经验，只有经历了实实在在的痛，以后的人生道路上我们才能谨言慎行，正确把握自己。置身于人生的低谷有时会让我们大彻大悟，让我们在人生的低谷中学会品味人生。

如果一个人在 46 岁的时候，在一次意外事故中被烧得不成人形；4 年后的一次坠机事故中使腰中部以下全部瘫痪，他会怎么办？

接下来，你能想象他变成百万富翁、受人爱戴的公共演说家、春风得意的新郎官及成功的企业家吗？你能想象他会去泛舟、玩跳伞、在政坛争得一席之地吗？这一切，米歇尔全做到了。

在经历了两次可怕的意外事故后，米歇尔的脸因植皮而变成一块彩色板，手指没有了，双腿细小无法行动，他只能瘫痪在轮椅上。第一次意外事故把他身上六成五以上的皮肤都烧坏了，为此他动了 16 次手术。手术后，他无法拿起叉子，无法拨电话，也无法一个人上厕所，但曾是海军陆战队员的米歇尔从不认为自己被打败了。他说："我完全可以掌控自己的人生之船，那是我的浮沉，我可以选择把目前的状况看成倒退或是一个新起点。"6个月之后，他又能开飞机了！

米歇尔为自己在科罗拉多州买了一幢维多利亚式的房子，另外也买了房地产、一架飞机及一家酒吧，后来他和两个朋友合资开了一家公司，专门生产以木材为燃料的炉子，这家公司后来变成佛蒙特州第二大私人公司。

第一次意外发生后4年，米歇尔所开的飞机在起飞时又摔回跑道，把他胸部的12块脊椎骨全压得粉碎，他永远瘫痪了。

米歇尔仍不屈不挠，努力使自己达到最大限度的自主。后来，他被选为科罗拉多州孤峰顶镇的镇长，保护小镇的环境，使之不因矿产的开采而遭受破坏。

米歇尔后来还竞选国会议员，他用一句"不只是另一张小白脸"作为口号，将自己难看的脸转化成一项有利的资产。

后来，行动不便的米歇尔开始泛舟。他坠入爱河且完成终身大事，他还拿到了公共行政硕士，并持续他的飞行活动、环保运动及公共演说。米歇尔坦然面对自己失意的态度使他赢得了人们的尊敬。

米歇尔说："我瘫痪之前可以做1万件事，现在我只能做9000件，我可以把注意力放在我无法再做的1000件事上，或是把目光放在我还能做的9000件事上。告诉大家，我的人生曾遭受过两次重大的挫折，而我不能把挫折当成放弃努力的借口。或许你们可以用一个新的角度，看待一些一直让你们裹足不前的经历。你们可以退一步，想开一点，然后，你们就有机会说：'或许那也没什么大不了的！'"

"人有悲欢离合，月有阴晴圆缺。"其实，生活中的低谷就像是行走在马路上遇到红灯一样，我们不妨以一种平和的心态坦然面对，不妨利用这段时间休息、放松一下，为绿灯时更好地行走打下基础。

人生处于低谷时我们不得不承受、包容来自各方面的压力，我们只有默默地承受这一切，然后告诉自己，一切都将重新开始。从低谷走到平地远比从平地攀上高山容易，只要有坚定的信念，我们就可以战胜一切暂时的不幸。有时候，我们以为很难越过的门槛，当事情过去以后，就会发现，这在你人生路上是多么不显眼的一件事情，根本不用害怕。所以，在以后的人生中，我们就应该学会扬起自信的风帆，直面眼前不平坦的路途，向着成功的彼岸前行。

拜伦告诉我们:“无论头上是怎样的天空，我准备承受任何风暴。”在漫长的人生旅途中，我们总会碰到暗无天日的境遇，就像我们无可避免地要剥到那层让我们流泪的洋葱一样，我们不能控制逆境的出现，但是我们却能够和它抗争。所以，一个人若想实现自己的梦想，就要有胆识有胆量，要勇敢地面对生命的低谷，做一个生活的攀登者，只有这样，才能攀上人生的顶峰，欣赏到无限的风景。

第四章

沉住气才能成大器

有人说："板凳甘坐十年冷，文章不说一句空。"今天我跟年轻人讲，我说今天这样子，下海出国我不反对，每个人有每个人的想法。可是问题是，我们的世界文化、中国文化能够传下去，还是靠几个人甘心坐冷板凳的。赶热潮那人多得很，坐冷板凳的人就少得很。

——季羡林

沉淀下去，才能浮上来

《庄子》开篇的《逍遥游》中有一段话这样写道："北冥有鱼，其名为鲲。鲲之大，不知其几千里也；化而为鸟，其名为鹏。鹏之背，不知其几千里也；怒而飞，其翼若垂天之云。"庄子说深海里头有条鱼，突然一变，变成天上会飞的大鹏鸟。

庄子是想告诉我们这样一个道理：人生的某个时刻，或是一个人年轻之时，或是修道还没有成功的时候，或是倒霉得没有办法的时候，必须

“沉”在深水里头，动都不要动。只有修到相当的程度，摇身一变，便能升华高飞了。相反，一个人若不懂得沉潜蓄势，那么他的人生很难有真正的成就。

《三国演义》中曹操与刘备青梅煮酒，遥指天边龙挂，曾云：“龙能大能小，能升能隐；大则兴云吐雾，小则隐介藏形；升则飞腾于宇宙之间，隐则潜伏于波涛之内。方今春深，龙乘时变化，犹人得志而纵横四海。龙之为物，可比世之英雄。”其实，这其中便蕴涵着鲲鹏沉潜高飞之道。

一位年轻的画家，在他刚出道时，三年没有卖出去一幅画，这让他很苦恼。于是，他去请教一位世界闻名的老画家，他想知道为什么自己整整三年连一幅画都卖不出去。

位老画家微微一笑，问他：“每画一幅画，你大概用多长时间？”

他说：“一般是一两天吧，最多不过三天。”

老画家于是回答：“年轻人，那你换种方式试试吧，你用三年的时间去画一幅画，我保证你的画一两天就可以卖出去，最多不会超过三天。”

故事中的青年的经历不免让人惋惜，可是现实中，很多时候我们都是在重复着和青年一样的错误。其实，做人处世，沉潜的日子相当于长长的助跑线，能够让我们飞得更高更远。人生需要慢慢积淀，当时机成熟，风力充足，有了一定的能力才智作为本钱，定能一飞冲天。一个人想要最终获得一个圆满、成功、幸福的人生，一定需要一个成功势能积累的过程。成功绝不是一蹴而就的，只有静下心来日积月累地积蓄力量，才能够“绳锯木断，滴水穿石”，从最低处获得成功。

“只有真正沉下去，才能真正浮上来”这里的“沉”是指“沉心”，即少一些轻浮躁动，多一些沉稳用心，“浮”是指自我价值的实现。放眼古今中外，有很多沉潜蓄势、厚积薄发的故事；很多人在经历了一次又一次的挫折之后，披荆斩棘，终于闯出了自己的一片天地。

如果我们在困境中也能沉下气来，不被困难吓倒；在喧嚣中也能沉下心来，不被浮华迷惑，专心致志积聚力量，并抓住恰当的机会反弹向上，毫无疑问，我们就能成功登陆。反之，总是随波浮沉，或者怨天尤人，注定就会被命运的风浪玩弄于股掌之间，直至精疲力竭。甘于沉下去，才可浮出来，企鹅的沉潜原则，也适用于人的生存。

做人要使自己立于不败之地，就要根据外界形势的变化，灵活地保存实力，关键时刻再出手以赢得胜利。当我们面前困难重重，出头之日遥不可及时，何不学学朱元璋，暂时沉潜绝非沉沦，而是自强。作为一名尚未成功的蛰伏者，必须沉住气，耐心地做好你现在要做的事，脚踏实地前进。终有一天，成功会降临到你头上。沉住气并不是让自己始终处于低势，而是一种积累，一种沉淀；是等待时机，不断地积蓄力量。只有这样，一个人才有可能蓄势待发，有所作为。

争一时，不如争一世

一时的怒气，往往使人的行为失于偏急。

——老舍

俗话说："笑到最后的人，才是笑得最好的人。"在生活中，有些人面对别人的挑拨和责难时，往往选择退避，但这并不是因为懦弱，而是为了能够集中全部精力实现心中更远大的目标。人生有得意时就有失意时，不把目光放在眼前的一池一地上，这样我们才能看得更远。在不利的形势下，面对强大的敌对势力，要能委屈自己，把握大局，才是真正的智慧。

正所谓“争一时，不如争一世”，也许我们面前总会有人得意扬扬，颐指气使，但是这根本不重要。重要的是，我们要在将来取得更大的成就，胜过对方。真正聪明的人，在人际交往中会考虑得更加长远，有更远大的眼光、更宽阔的胸怀，他们懂得一时的让步，是为了赢取一世的成功，这正是大多数成功者所具备的要素。

一个人成熟的标志就在于他是否为了实现长远的目标，选择暂时的忍让和包容，保持平和、冷静的心态。一时之争，只能让局面更加恶化，而能够控制自己的言行、理智沉着的人，才能在运筹帷幄之中，决胜于千里之外。

一代文豪林语堂年轻时曾在大学任教。他为人幽默，学贯中西，深受学生们的爱戴。然而一向谦和低调的他，却怎么也没想到竟成了一个同事的眼中钉。这个同事对林语堂不仅没有什么好感，而且对其受教方式也大加弊病。原来，此人的思想非常守旧：你林语堂既然身为大学教授，就应该满脸严肃，一本正经地为学生们讲授知识，而不能一边开着玩笑，逗得人哈哈大笑，一边传道授业，太不正经了！后来，他把这种成见几乎流露给每一个教职员工，这让林语堂心里很不是滋味。

不仅如此，每当两个人在校园里偶遇时，对方都会把头高昂起来，一脸不屑地从林语堂的身边走过去。然而，尽管对方做得很过分，林语堂也从未去和他争辩什么，而是踏踏实实地工作，尽全力讲好每一堂课。

朋友们都很为林语堂打抱不平，嚷嚷着要去帮他讨一个说法，林玉堂却摆了摆手，说：“我来这是为了教出更多、更出色的学生报效国家，而不是和人吵架斗嘴的。现在去争辩有什么用？是非成败日后自见分晓。”

几年后，林语堂幽默而又蕴含智慧的教学方式得到了全校师生的认可和欢迎，而他所教出来的学生大都出类拔萃，而且思想进步，充满朝气。这让当初那个看不上林语堂的同事也不得不承认，林语堂的教学水平的确非常出色，并且自叹不如，后悔当初不该那样冒失地诋毁人家。

林语堂看似不争，其实他只是没有逞一时口舌之快，而是有着长远的打算，争的是千秋大业，为国家培育充满无限朝气的栋梁。

很多时候，我们不应该做一时的义气之争，而应该把视线放远些，胸怀大局，为了长久的成功做暂时的忍让。

智者和愚者最大的区别就在于当遇到突如其来的羞辱时，愚者会不计后果地暴跳而起，和对方针锋相对，逞一时之勇；而智者则会权衡利弊，为不影响大局而选择避其锋芒，韬光养晦。当面对他人的不屑甚至讥讽，一般人经常会血气上涌，不顾一切地和对方大吵大闹。可是，这样一来，不仅会将自己的精力白白浪费在毫无意义的事情上，还会让彼此之间的关系更加恶化，给自己添堵。

多年前，当年轻的马克·扎克伯格刚刚创办 Facebook 这个社交服务网站时，一家大型网络公司也恰好涉足这个领域。同行是冤家，对方仗着自己财大气粗，技术力量雄厚，根本就不把他放在眼里。

一次，马克·扎克伯格参加了一个 IT 人士的聚会。在聚会上，竞争对手的老总也应邀而来，并且被主持人请到了前面做即兴演讲。

在和来宾们互动的过程中，有人问那位老总："你对 IT 新秀马克·扎克伯格的网站怎么看？"

对方讽刺道："你是指那个连胡子都没长全的愣头青吗？他的网站在我眼里更像是一个大孩子玩的游戏，无论从资金还是从人员技术装备上，都不可能有什么成就。"这番毫不客气的发言立刻让现场陷入了尴尬的气氛之中，大家纷纷把目光投向了马克·扎克伯格，生怕这个年轻人被激怒之后，冲上去和对方争执起来。可是，让所有人大跌眼镜的是，马克·扎克伯格不仅没有生气，而且还微笑着举起酒杯向大家致意，优雅地将杯中的红酒缓缓喝了下去。通过这一举动，大家都被这个年轻人与众不同的气度和涵养所折服。

后来，尽管那个竞争对手也曾多次出言攻击，可是马克·扎克伯格从来不争辩什么，而是继续埋头经营自己的事业。

商场以实力论英雄，过了几年，马克·扎克伯格以极其惊人的速度建立起全美乃至全世界最受欢迎的社交网络服务网站之后，人们才吃惊地发现这个一直安安静静的小伙子早已经把竞争对手远远地抛在了身后，成了全球最年轻的亿万富豪之一，并被冠以“盖茨第二”的美誉。这时候，人们才恍然大悟：马克·扎克伯格争的根本就不是一时的口舌之快，而是一世的辉煌成就！

马克·扎克伯格的“不争一时而争千秋”，正是大智慧的表现。所以说，一个人成熟的标志并不在于他要时刻占人上风，而在于他是否能够为了实现更长远的目标而选择暂时的忍让、保持平和的心态，继而运筹帷幄之中，决胜千里之外。

人的一生中，总少不了得与失的交换。如果我们患得患失、斤斤计较，那么就可能因局部而毁大局。一池一地看似很大，但在国家面前来说，却不值得一提。人生也一样，不要总把个人的得失看得那么重要，如果只专注于眼前，那么必定失去长远。不争一时长短，给自己制造一个好的环境，全心投入长远利益，那么眼前失掉的，以后都会得到加倍的补偿。

生活中，只懂得斤斤计较的人，从表面上看也许争到了各种机会，但实际上他可能已经完全陷于已有的机会中，而失去选择的主动权。得到了一块地，反而失去了更多的地。相反，有远见的人则始终把这种主动权操在自己手中，尽管失去了一些眼前的机会，却是为了达到某一个更高的目标，是出于另一种原因的考虑，这无疑是一种更为明智的选择。

凡事不可急于求成

同是读书人，读同类的书，只讲数量，十八岁的不会比八十岁的读得多。这不成问题，所以刚上大学不必为不如老教授读书多而着急。应当问的是：自己究竟超过了那位八十岁的老人在十八岁的情况没有？若是超过了或大致相等，就可放心；若是还不如，那就该着急了。

——金克木

成就事业必先能忍受孤独、潜心静气，自古皆然。稳重是成大器不可或缺的必要条件，而浮躁则是走向失败的陷阱。但在现实生活中，不少人学习投机钻营的“成功哲学”，不扎扎实实努力，而是急功近利，投机取巧，这种态度势必会使工作大打折扣，久而久之，也必定会影响在事业上的进一步发展，所谓“机关算尽太聪明”，到头来，终是“聪明反被聪明误”。“千里之行，始于足下。”要促成事物的质变，必须首先做好量变的积累工作。如果不愿做脚踏实地、埋头苦干的努力，而是急于求成、拔苗助长，或者急功近利、企求“侥幸”，是不可能取得成功的。

拔苗助长的故事，大家耳熟能详。庄稼的生长是有其客观规律的，人无力强行改变这些规律，但是那个宋国人不懂得这个道理，急功近利，急于求成，一心只想让庄稼按自己的意愿长高，结果得不偿失，让自己所有的辛苦都付之东流。其实，万事万物都有其自身发展规律，我们做的所有事情也有客观的规矩或限制，做事必须循序渐进，而不能急于求成。正如一位哲人所说“违背客观规律的速成就是在绕远道”，只有尊重事物发展规律并付出踏实的努力才能获得最终的成功。

现代社会中的每个人都在为自己的梦想而奋斗，这个过程是长期且枯燥的，需要一步一步地坚实踏出，没有所谓的捷径。虽然在实现梦想的过程中，会面临很多的诱惑，出现很多所谓的捷径，但是这些并不能让你去实现梦想，只能让你距离自己的梦想越来越远。真正实现梦想的过程是一个不断沉淀、不断积累，然后厚积薄发的过程。这个过程，容不下三心二意，容不下朝秦暮楚，只有敢于“独上高楼，望尽天涯路”甘于寂寞的心，沉浸在自己的梦想实现过程中，并为之有“衣带渐宽终不悔，为伊消得人憔悴”的努力，才能够收获“那人却在灯火阑珊处”的美景。

日本近代有两位一流的剑客，一位是宫本武藏，另一位是他的徒弟柳生又寿郎。当年柳生又寿郎拜宫本武藏学艺时，一见面就问道：“师父，我努力学习的话，需要多少年才能成为一名剑客？”

“一生。”武藏答道。“不能等那么久，”柳生又寿郎解释说，“只要您肯教我，我愿意下任何苦功去达到目的。如果我当您的忠诚仆人，需多久？”

“哦，那样也许要10年。”宫本武藏缓和地答道。

“家父年事渐高，我不久就得服侍他了，”柳生又寿郎不甘心地继续说道，“如果我更加努力地学习，需多久？”

“嗯，也许30年。”宫本武藏答道。

“这怎么说啊？”柳生又寿郎问道，“你先说10年，现在又说30年。我不惜任何苦功，要在最短的时间内精通此艺！”

“嗯，”宫本武藏说道，“那样的话，你得跟我70年才行，像你这样急功近利的人多半是欲速不达。”

“师父教训的是，”柳生又寿郎说道，“我愿意一直跟着您学习剑术，接受您的任何训练，直到得到您的认可为止，不管多少年。”

宫本武藏收柳生又寿郎为弟子后，不但不教他剑术，而且不许他谈论剑术，连剑也不准他碰一下，只是叫他每天做饭、洗碗、铺床、打扫庭院和照顾花园。

3年的时光就这样过去了，柳生又寿郎每天都只是做些打杂的苦役，每当他想起自己的前途，内心不免有些茫然。

有一天，柳生又寿郎在干活儿的时候，宫本武藏悄悄地跑到他身后，以木剑给了他重重的一击。第二天，正当柳生又寿郎忙着煮饭的时候，宫本藏再度出其不意地袭击了他。无论什么地点，一天24小时，柳生又寿郎都有可能受到师父那把大木剑出其不意的袭击。

自此以后，无论日夜，柳生又寿郎都随时随地预防突如其来的袭击。到后来，就算在睡梦中，他都能听到师父举起木剑的声音。最后，柳生又寿郎总算悟出了剑道的真谛并得到了师父的认可，成为日本一流的剑客。

练剑如此，我们生活中要做的许多事情同样如此。成长有规律，欲速则不达，遇事除了要用心用力去做，还应顺其自然，才能够成功。做事情不可以急功近利，越是急功近利，离成功就越远。要成就一件事情，就必须尊重其内在规律，随时而行，因为欲速则不达；要想让自己健康快乐，就尽可能地尊重身体和心灵的客观规律，不要让身心过于疲惫，否则身心负担过重，结果只能是慢性自杀。

世间万物自有其自然规律、内在节奏，过快和太慢都会使事物失去本来的面目。饭吃得太快，就品不到味道；路走得太快，就欣赏不到路边的风景。

一分耕耘一分收获。我们的人生经历也是从知之不多到知之较多，从知之较多到知之甚多的一个积累过程。既然事物的发展都是从量变开始的，为了推动事物的发展，我们做事情必须具有脚踏实地的精神。

人生中的每一步对于成功实现目标来说都很重要，任何事情的发展都需要一个逐步提升的阶段性过程，任何宏伟目标的实现都需要一个逐步积累的时期。一味地求急图快，结果只能是越急事情越办不好，这和人们常说的“心急吃不了热豆腐”是同一个道理。万事万物都有一定的发展规律，越是着急，就越是会把事情弄得一团糟。当过于急躁而寻求突破的时候，你往往就容易迷失了方向，跌跌撞撞，最后一事无成。

庄子说：“虚静恬淡，寂寞无为者，天地之平，而道德之至也。”持重守静乃是抑制轻率躁动的根本。浮躁太甚，会扰乱我们的心境，蒙蔽我们的理智，所谓“言轻则招扰，行轻则招辜，貌轻则招辱，好轻则招淫”，轻忽浮躁是为人之忌。

要想成就一番功业，还是该戒骄戒躁，脚踏实地，扎扎实实地积累与突破，这样才能在人生路上走得稳，并且走得远。

临危不惧，以不变应万变

多少年来，我的座右铭一直是：纵浪大化中，不喜亦不惧。应尽便须尽，无复多虑。到了现在，自己已经九十多岁了。离人生的尽头，不会太远了。我在这时候，根据座右铭的精神，处之泰然，随遇而安。我认为，这是唯一正确的态度。

——季羡林

宋人罗大经《鹤林玉露·临事之智》中云：“大凡临事无大小，皆贵乎智。智者何？随机应变，足以弭患济事者是也。”从一定意义上说，智者就在于临危不惧，随机应变，借以弭患济事。然而，智者不是天生的。因而学习应变之术，掌握应变之道，就显得尤为重要。

成功的秘诀就在于懂得怎样控制痛苦与快乐这股力量，而不为这股力量所反制。如果你能做到这点，就能掌握住自己的人生，反之，你的人生就无法掌握。这就需要我们“猝然临之而不惊，无故加之而不怒”，面对困境表现从容，面对顺境表现得超然，不论得失成败，不论荣辱盛衰，不论喜怒哀乐，面对危机都能沉着冷静，以不变应万变，把事情做得更好。

“危机”之所以称为危机，是因为他会对我们正在进行的事情产生负面的影响，我们要做的就是尽量降低这种负面影响。所以，当危机降临的时候，我们必须保持冷静，否则在危机的进攻之下，我们原本正在进行的事情就会陷入一片混乱，不待危机发生作用，已经是一败涂地了。无论危机来得有多么突然、多么强烈，只要我们能够心境平和，谨守自己，那么它就不能对我们造成任何伤害。

19 世纪中叶，美国实业家菲尔德率领他的船员和工程师们，用海底电缆把“欧美两个大陆联结起来”。菲尔德因此被誉为“两个世界的统一者”，一举成为美国最光荣、最受尊敬的英雄。

但因技术故障，刚接通的电缆传送信号中断，顷刻之间，人们的赞词颂语骤然变成愤怒的狂涛，纷纷指责菲尔德是“骗子”。面对如此悬殊的宠辱反差，菲尔德泰然自若，一如既往地坚持自己的事业。

经过 6 年努力，海底的电缆最终成功地架起了欧美大陆的信息之桥。面对重大的波折，菲尔德始终不为所动，表现出一种雍容的气度。

大凡成功者，全身上下总会透露出一份坚毅的自信，即使是在最狼狈的时候，即使衣衫褴褛、形容憔悴，成功者也会临危不惧，保持一颗平和的心态。因为他们始终坚信，自己的人生一定会非常精彩。生命的玄机是找到自己的位置，绽放属于自己的光彩。要达成人生的愿望，就要像菲尔德一样，沉住气，静下心来，以平和雍容的态度面对一切。

人生的道路上，充满了艰难险阻，面对风浪，我们不能随之摇摆不定，而应该坚守自己的本心，临危不惧，以不变应万变。只有这样，我们才能气定神闲地渡过危机，越过艰险，给自己的人生画上一个完满的句号。

石苞，字仲容，东汉末至西晋时期官员，三国时曹魏和西晋重要将领，官至西晋司徒。石苞为人沉稳，战功赫赫，深得晋武帝司马炎的信任。

当时，天下还未统一，长江以南还是由吴国统治，晋武帝便派石苞带兵镇守边防，对抗吴国。

木秀于林，风必摧之。石苞深受赏识，为人正直，因此朝中有一部分人暗中嫉恨他。有一位官员叫王琛，当时在淮北一带做监军，他听到一首歌谣说："皇宫的大马变成驴，被大石压着不能出。"他认为这"马"意指司马炎，"石头"代表石苞。于是，他就密奏司马炎，说石苞意图谋反。

与此同时，迷信风水的司马炎也听一个法师预测说："东南方将有大将造反。"石苞刚好就在东南方位，晋武帝便开始怀疑石苞了。

正在石苞遭受司马炎猜忌的时候，荆州官员送来了吴国准备派大军进攻晋朝的报告。同时石苞也得到了探子的密报，立即着手战斗准备。司马炎听说石苞加固城墙准备战斗的信息后，不由得更加怀疑石苞的用意。正在这个时候，又一件事情发生了。当时石苞的儿子石乔也在朝中任职。有一天司马炎召见他，可石乔因事耽搁，没有及时入宫觐见。这彻底引起了司马炎的怀疑，于是他秘密派兵，准备讨伐石苞。在出兵之前，司马炎发布了一个罢免石苞官职的文告，认为石苞没有得到准确消息就封锁交通，修筑工事，严重扰乱了百姓的正常生活。

消息传到石苞这里，石苞并不慌乱，他冷静地想："自己一向光明磊落，忠诚为国，并未做什么违法乱纪的事情，怎么会被朝廷派兵征讨呢？这里面肯定有误会。"于是，他命令官兵放下武器，打开城门，他自己只身来到都亭住下来，等候司马炎的处理。

晋武帝司马炎听说了这些情况以后，顿时清醒过来，意识到自己差点误解了石苞，对石苞的怀疑一下子打消了。

后来，石苞被押送回朝廷以后，不但受到了司马炎的盛情款待，还愈加得到司马炎的重用和信任。

石苞之举真有大将风范。在意外的危难面前，石苞冷静地对待、低调地处理，没有因此而心惊胆战，慌了手脚，也没有因此而气愤不平做出冲动的事情。最重要的是：在“福至”的时候，石苞并没有狂妄、目中无人，而赢得了民心和皇帝的信任；在“祸来”的时候，石苞并没有慌乱，而是冷静地分析过后，选择了最佳的方式打消了皇帝的疑虑。

浮躁之人无法发挥思考的力量，当然也无法有效地克服困难，解决问题。当我们在面对生活中种种的挑战之时，一定要保持冷静沉稳的心理状态，学会勇敢地面对，并且在关键时刻显示自己的胆略、勇气和镇静的气度。临危不惧是一个人成熟的标志，以不变应万变是一个人有智慧的表现。一个人只有排除杂念，专心致志，将智慧、灵感全部集中调动起来，才能有所创造、有所成就。

锲而不舍，金石可镂

做一件事，无论大小，倘无恒心，是很不好的。

——鲁迅

荀子在《劝学》中说：“不积跬步，无以至千里；不积小流，无以成江海。”这告诉我们每个人：不积累微小的脚步，就不会走到千里之远；

无边的江河，也都是由一个个小溪小河汇聚而成。如果事情不从一点一滴中做起，那就不可能有所成就。苏轼有言：“古之立大事者，不唯有超世之才，亦必有坚忍不拔之志。”很多人之所以脱颖而出，就是因为他们有超人的耐心和毅力，所以水滴石穿，终成正果。

很多人在树立目标之初，也能坚定不移地向着目标迈进，但是不久之后，他们或者遇到了无法避免的挫折，或者遇到了令自己无法抵御的诱惑，于是在不知不觉中转移了注意力。此时，他们生命的航道开始偏离原来的目标，而且越走越远。莎士比亚说：“不应当急于求成，应当去熟悉自己的研究对象，锲而不舍，时间会成全一切。凡事开始最难，然而更难的是何以善终。”我们与大千世界相比，或许微不足道，不为人知。但是我们能够耐心地增长自己的学识和能力，当我们成熟的那一刻、一展所能的那一刻，将会有惊人的成就。

古代有个叫养由基的人精于射箭，能百步穿杨。有一个人很仰慕养由基的射术，决心要拜养由基为师。经几次三番的请求，养由基终于同意了。

收他为徒后，养由基交给他一根绣花针，要他放在离眼睛几尺远的地方，集中注意力看针眼。

看了两三天，这个学生有点疑惑，问养由基：“我是来学射箭的，什么时候教我学射术呀？”

养由基说：“这就是在学射术，你继续看吧。”

没几天的工夫，这个学生便有些烦了。他心想：“我是来学射术的，看针眼能看出什么来呢？这个老师不会是敷衍我吧？”

养由基教他练臂力的办法，让他一天到晚在掌上平端一块石头，伸直手臂。这样做很苦，那个徒弟又想不通了。他想，我只学他的射术，他让我端这石头做什么？于是他很不服气，不愿再练。

养由基看他不行，就由他去了。

后来，这个人又跟别的老师学艺，最终没有学到一门技术。

如果这个人多一点耐心和毅力，愿意从基础一点一点学起，他一定会有所收获的。俗话说："欲速则不达。"做人做事还需忍耐，步步为营。凡是成大事者，都力戒"浮躁"二字。只有踏踏实实行动才可开创成功的人生局面。柏拉图说过："成功的唯一秘诀，就是坚持到最后一分钟。"在很多时候，许多看似强大的人却脆弱得不堪一击，而那些似乎注定要失败的人反而创造了奇迹。这差别的关键就在于，成功者能够坚持目标，埋头去做，不言放弃，一直到最后一分钟。

要想实现梦想必须要行动，而行动必须要有恒心。只有既有行动又有恒心的人，才能成就伟业，才能完成目标。半途而废，浅尝辄止，你的成功永远只能是梦。这个世界上，有一种人，寂寂无声，却恒心不变，只是默默辛劳地努力着，坚持到底，从不轻言放弃。耐性与恒心是实现梦想的过程中不可缺少的条件。

恒心与追求结合之后，便形成了百折不挠的巨大力量。事业如此，德业亦如是。每个人的成长都是一个漫长而坚毅的过程。

汤姆是一位来自美国俄亥俄州的拳击冠军，他曾经有这样一段经历。

18 岁那年，汤姆的身高只有 159 厘米。那一年，他参加了一场非常激烈的比赛，他的对手是一位身材魁梧的黑人拳击选手，身高 179 厘米，最擅长的是左勾拳，而且是连续三年蝉联俄亥俄州的拳击冠军。当时在人们看来，这位非常有实力的黑人选手必然会毫无悬念地赢得这场比赛。但是谁也没有想到，汤姆竟然赢了这场看似实力对比悬殊的比赛，获得了冠军。

其实，比赛一开始，情形的确与人们预想的丝毫不差，年轻的汤姆在高大的黑人选手面前毫无还手之力，被打得浑身是血。在中场休息的时候，汤姆跟自己的教练吉比说："这场比赛对我来说，无疑是鸡蛋碰石头，我想退出比赛。"可是，吉比教练不赞成他这样做。吉比教练说："不，汤姆，你能行。什么都不要想，只要你能够坚持到最后，你就一定会是胜利者。"

在接下来的比赛中，汤姆还是任由对方有力的拳头打落在自己身上，发出空洞的响声。汤姆感觉到，他的灵魂似乎已经脱离了自己的身体。然而，汤姆仍然牢牢记住吉米教练的话："只要能够坚持到最后！"

很快，那位黑人对手在不停地进攻下消耗了太多体力，而汤姆的顽强坚持也使黑人对手产生了畏惧心理，此时汤姆抓住机会，开始真正地反击。凭借着坚强的意志，汤姆一拳又一拳地击向对手，汗水和血水模糊了汤姆的双眼，他只有一个念头："一定要坚持到最后！"

终于，裁判举起了汤姆的手，吉比教练也跑过来抱着他又唱又跳。此时，汤姆才发现，自己胜利了，对手已倒在了赛场上。

在这场比赛中，汤姆看上去不具备成功的天资、机智和才能，但是他凭借着惊人的毅力，顽强坚持，终于使自己的愿望变成了现实。人们眼中的天才之所以卓越非凡，并非天资超人一等，而是付出了持续不断的努力。只要锲而不舍拥有恒心，任何人都能从平凡变成超凡。在成功的道路上，你没有耐心去等待成功的到来，那么，你只好用一生的耐心去面对失败。

走向成功的人要有"铁杵磨成针"的耐性，已经成功者更要坚持，只有坚持才能取得更辉煌的成就。拳击运动员为了赢得比赛都受过长时期的严酷训练，不少职业拳击家都赚过几十万美金的报酬，而他们中大多数人的目标也被局限在此。当他们取得战场上血泪的辉煌之后，就过上了糜烂的生活，而终于陷于贫困之中。法国作家拉罗什夫科曾说："取得成就时坚持不懈，要比遭到失败时顽强不屈更重要。"

生活中，每一个渴求成功的人都应该做到：无论在何种情况下，都不要轻言放弃，一定要沉住气，坚持到最后一分钟。毅力是世界上最强大的力量，拥有毅力的人，无疑是伟大的，它会让人具备无穷的智慧和克服困难的能力，使人拥有一股百折不挠的强大力量，最终找到通向成功的道路。

第四篇 选择比努力更重要

第一章

学会舍得，才能获得

人生就是一场权衡和取舍

与其守成法，毋宁尚自然；与其求划一，毋宁展个性。

——蔡元培

人生的高度是一份知足的恬然，生命的高度，是能取能舍，当取则取，当舍则舍，善取善舍的那份安然。《圣经》中有这样一句话：“人降临世界的时候，手是合拢的，似乎在说：‘世界是我的。’他离开世界时手是张开的，仿佛在说：‘瞧啊，我什么都没有带走。’”是的，其实人生就是一连串取舍的过程，有取就有舍，有舍才有得。

人生其实就是由无数的取舍构成的，今天选择了舍得，明天才会有得到的可能性。我们所做的就是在取舍之间做出正确的选择，不同的取舍成就的是不同的人生。很多时候，人们向往去取得，并且认为多多益善。然而，“取”的前提必定是先“舍”，只有“舍”，才能“得”。成功的人之所以成功，是因为他们知道该做什么，不该做什么；什么应该去坚持，而什么又该去舍弃。

王昭君，中国历史上一位伟大的女性，千百年来一直被后人所赞颂着。但是，王昭君的命运并非是上天注定的，而是她自己走出来的，或者更准确地说是她自己选择的。

王昭君出生在湖北省的一个山村。她自幼天生丽质，聪慧异常，琴棋书画，无所不精，“娥眉绝世不可寻，能使花羞在上林”。公元前36年，汉元帝昭示天下遍选秀女。集智慧与美貌于一体的王昭君自然成为南郡首选。虽然她和她的父亲都不愿意自己进宫，但是圣命难违，王昭君只得进京。

进京后的王昭君自恃貌美，不肯贿赂画师毛延寿，毛延寿便在她的画像上点上丧夫落泪痣，因此无缘面圣，过着大多数宫女的落寞生活。这段故事在正史中并无记载，应是后人杜撰。虽然此故事为后人杜撰，但是王昭君无缘面圣却是事实。按照王昭君的美貌和智慧，如果想得到皇上的召见应该并非难事，但是三年中，王昭君却宁愿过着孤独、冷清的生活却不肯想方设法得到皇上的召见，应是王昭君自己选择的结果。她宁愿一个人孤独终老，也不愿去和后宫的佳丽三千争宠夺爱。

如果没有后来的事情，王昭君可能就和中国历史上千千万万的宫女一样消失在历史长河中。公元前33年，呼韩邪单于向汉元帝提出了和亲的建议。汉元帝因不忍汉室公主远嫁塞外，便决定在后宫的宫女中挑选一宫女前往塞外和亲。

当这个消息传到后宫后，所有的宫女一个个躲得远远的，生怕轮到自己。因为她们不愿去遥远的塞外，不愿去一个完全陌生的地方。

在汉元帝非常为难之际，王昭君主动请命，自愿去塞外和亲。就是这一个决定改变了王昭君的一生。

王昭君不同于其他的宫女，聪慧的她知道，如果自己留在汉宫，结局就是一辈子被拘禁在这后宫里，永远没有自由。而去塞外和亲，自己就是令人尊敬的皇妃，就可以重新获得自由。在人生的重要关头，王昭君做出了塞外和亲的选择。

王昭君到塞外后，一生致力于汉朝和匈奴的和平事业，边塞的烽烟熄灭了50年。她不仅得到了幸福，还得到了汉族和匈奴老百姓的尊敬。千百年来，王昭君一直被人们歌颂着、赞扬着。

王昭君之所以能流传千古，载入史册，正是因为她在人生的重要关头做出了正确的选择。她舍弃了后宫的安逸生活，选择了塞外的未知生活。她是有所失，但是她得到的更多。

其实，人生就是一场权衡和取舍，不同的取舍造就不同的人生。美国总统林肯曾经说过："那些所谓成功了的人，就在于他懂得做出正确的选择。"如果你想有所作为，就一定要懂得有舍才有得，有失有得才是真正的人生。

生活中，我们在进行取舍的时候，一定不要过于关注眼前的利益，而要从长远考虑。暂时的"舍"未必真的是"舍"，暂时的"得"也未必就是"得"。比尔·盖茨考上了千万人梦想中的哈佛大学，但是为了充分发挥自己的能力，他选择了退学，自己创业。比尔·盖茨舍掉了无数人梦寐以求的大学生活，才成就了后来的微软与世界首富。

怀着一颗平常的心态去看待"舍"与"得"，认识到"舍"与"得"是人生的一个常态。"舍"也不必心灰意冷，"得"也不必骄傲自满。怀着平常的心去看待"舍"与"得"，并不是要你无所作为，随遇而安。当面临"舍"与"得"的选择的时候，一定要认真、全面地分析"舍"与"得"的利弊，从长远出发，从大局出发，做出正确的选择，因为不同的选择给你带来的就是不同的人生。

有舍有得，不舍不得

献身于科学研究就没有权利再像普通人那样生活，必然会失掉常人所能享受到的不少乐趣，但也会得到常人享受不到的乐趣。

——王选

“鱼，我所欲也，熊掌，亦我所欲也；二者不可得兼，舍鱼而取熊掌者也。生，我所欲也；义，亦我所欲也。二者不可得兼，舍生而取义者也”。它告诉我们，生活就是一场场选择鱼与熊掌的过程，如果你选择了鱼，就得舍掉熊掌；如果你选择了熊掌，就得舍掉鱼。

要想体味“采菊东篱下，悠然见南山”的境界，就得放下名利场的诱惑；要想领略“停车坐爱枫林晚，霜叶红于二月花”的美景，就得放下手中的工作；要想拥有“长风破浪会有时，直挂云帆济沧海”的豪情，就得放下对安逸生活的留恋；要想得到“身无彩凤双飞翼，心有灵犀一点通”的默契，你就得放下三千弱水的吸引力。

当年蔡元培先生毅然辞去国民政府教育部长的职务，担任国立北京大学校长。蔡元培先生舍掉的是高官厚禄，得到的却是中国教育界的一座丰碑。

因此，明白了有舍才有得的道理，就要勇敢地舍得。许多人不是不明白这个道理，只是对已经拥有的东西很难放下。

成功人士之所以成功就在于，他们能狠下心来舍掉“鱼”来换取熊掌。

18 世纪，美国的西迁运动和淘金热潮正在如火如荼地展开。两个墨西哥人沿密西西比河淘金，到了一个河口分了手，因为一个人认为阿肯色河可以掏到更多的金子，一个人认为去俄亥俄河发财的机会更大。

10 年后，选择俄亥俄河的人果然发了财，在那儿他不仅找到了大量的金沙，而且建了码头，修了公路，还使他落脚的地方成了一个大集镇。因为他为这个集镇所作出的贡献，他理所当然地被大家选为镇长。

但是，当初选择进入阿肯色河的人却毫无音讯，大家猜测他可能没淘到金子重新返回墨西哥了，还有人猜测他可能已经遇难。直到 50 年后，一个重 2.7 公斤的自然金块在匹兹堡引起轰动，人们才知道他的一些情况。

当时，匹兹堡《新闻周刊》的一位记者曾对这块金子进行跟踪，他写道："这颗全美最大的金块来源于阿肯色，是一位年轻人在他屋后的鱼塘里见捡到的，从他祖父留下的日记看，这块金子是他的祖父扔进去的。"

由此人们知道，当年去阿肯色州的人同样淘到了金子，而且还淘到了如此大块的金子，并且在那里扎了根，安家落户。可是在那个疯狂追求淘金的年代，他为什么选择把金子扔到河里呢？许多人都百思不得其解，于是那位记者便亲自翻看了那篇日记。

日记是这样的："昨天，我在溪水里又发现了一块金子，比去年淘到的那块更大，进城卖掉它吗？那样就会有成百上千的人拥向这儿，我和妻子亲手用一根根圆木搭建的棚屋，挥洒汗水开垦的菜园和屋后的池塘，还有傍晚的火堆，忠诚的猎狗，美味的炖肉山雀，树木，天空，草原，大自然赠给我们的珍贵的静逸和自由都将不复存在。我宁愿看到它被扔进鱼塘时荡起的水花，也不愿眼睁睁地望着这一切从我眼前消失。"

一句经典的谚语这样写道："紧握东西的双手，你就什么也拿不了：当你想要获得更多更好的东西时，你就要先把自己手中的东西扔掉。"阿肯色州的牛仔扔掉了一定会得到的富贵生活，得到了一个恬静而幸福的人生。

但是，并非每个人都能做到像那个牛仔一样舍得。那些不舍得放下的人，将什么也得不到。

梅花放下了温暖的季节，才能得到笑傲霜雪的艳丽；大地放下了绚丽斑斓的黄昏，才会迎来旭日东升的曙光；船舶放下了安全的港湾，才能在深海中收获满船鱼虾；天空放下了阳光灿烂，才能成就美丽的七彩之桥。

人生也是一样，有舍才有得，懂得放下一些东西，才能拥有一些另外的东西。

心存取舍，则有邪见与妄行。

成就大事的人之所以能成功，是因为他们明白该做什么，不该做什么。

上天是公平的，他在让你失去之前，已经想好了安慰你的方法。所以，有时候，不论我们失去了什么都不要伤心失望，因为失去的同时我们也正在获得。

其实，我们的人生就像一个杯子，想要杯子装满酒，你就得把杯子里的水全部倒掉。人生苦短，要想获得更多，就要懂得用舍弃来换取。

要知道，那些什么都不舍得的人，是不可能有什么大收获的。其最终结果是对自己生命的丢弃，让自己的一生庸庸碌碌，毫无所得。相反，懂得有所舍、有所得的人，才能拥有更广阔的人生。

失之东隅，收之桑榆

放弃意味着重生。

——俞敏洪

“塞翁失马，焉知非福。”意思是说，任何事情都有好与坏、福与祸，坏事可以引出好结果，好事也可以引出坏结果。对于个人来说，我们整个人生就是一个不断得而复失的过程，只有丢失了，才能够给得到腾出位置。换一个角度看得失，我们就会豁然开朗，看淡得失。

其实，很多时候，失去并不是一件坏事，得到也不一定是件好事。人生是际遇，也是尝试，很多事都不是可以用好与坏来衡量的。

东汉刘秀即位为光武帝后，派大将冯异率军西征，镇压赤眉军。大军在回溪被赤眉军打得大败，冯异只与很少几个部下逃回营寨。逃回营寨后，他并没有因此认输，而是开始招回逃散的士兵，重整旗鼓。

决战时刻到了，冯异派壮士混入赤眉军，然后内外夹攻，终于打败了赤眉军，俘虏了好多将领。

事后，刘秀下诏慰劳冯异，说他虽然先在回溪失利了，但最后又在渑池获胜了，可以说是“失之东隅，收之桑榆”。

东隅是指东方日出处，指早晨；桑榆，西方日落处，日落时太阳余晖照在桑榆树梢上，指傍晚。后来人们常用此语比喻在某一面有所失败，但在另一面会有所成就。这也就是我们常说的“东方不亮西方亮，阴了南方有北方”，道理是相通的。

得失之心需要锤炼，能破局者，定然当有博大的胸怀，不为一城一池一时一地之得失所动，而乱了全局的分寸；唯有最后结局的胜利，才是破局者所坚定追求的目标。其实，不仅仅在古代，在现代社会中也有许多“失之东隅，收之桑榆”的故事。

巴菲特说他 19 岁时被哈佛商学院拒绝录取，是他一生中一次关键的经历。现在他想起来，觉得哈佛不适合他。

当时，当时他在芝加哥面试之后，被拒绝录取。

巴菲特认为，尽管被梦寐以求的学校拒绝令人沮丧，却为他打开了另一扇门，使他遇到了改变自己一生的良师益友。

在寻找其他大学的过程中，巴菲特了解到格雷厄姆和多德这两位他所钦佩的投资专家当时正在哥伦比亚大学的商学院教书，他匆忙向哥伦比亚大学寄出了一份时间上有些晚的申请。巴菲特运气很好，多德教授回复并接受了他的申请。没读成哈佛对年轻的巴菲特来说肯定是一次很大的失败，但也正是因为这次失败，他却因此遇到了影响他一生的人，并因此成为世界上最成功的投资家之一。

失去是一种痛苦，同时也是一种幸福，因为失去的同时你也在得到别的。失败只是证明你在某一方面暂时有些许缺憾而已，并不是说你的整个人生因此而失败了。有时候一次失败反而会给你的人生带来别样的风景。

其实，人生没有永远的得，也没有永远的失，得在失中，失在得里。人生的美好就在于你失去了很多，同时又得到了很多。一件事情终止处恰是另一件事情的开始，人生就在这样开始—结束—开始中延续下去。

国王有七个女儿，这七位美丽的公主是国王的骄傲。她们那一头乌黑亮丽的长发远近皆知。所以国王送给她们每人 100 个漂亮的发夹。

有一天早上，大公主醒来，一如往常地用发夹整理她的秀发，却发现少了一个发夹，于是她偷偷地到了二公主的房里拿走了一个发夹。二公主发现少了一个发夹，便到三公主房里拿走一个发夹；三公主发现少了一个发夹，也偷偷地拿走四公主的一个发夹；四公主如法炮制拿走了五公主的发夹；五公主一样拿走六公主的发夹；六公主只好拿走七公主的发夹。于是，七公主的发夹只剩下 99 个。

隔天，邻国英俊的王子忽然来到皇宫，他对国王说："昨天我养的百灵鸟叼回了一个发夹，我想这一定是属于公主们的，而这也真是一种奇妙的缘分。不晓得是哪位公主掉了发夹呢？"

公主们听到了这件事，都在心里想说："是我掉的，是我掉的。"可是她们头上明明完整地戴着一百个发夹，所以都懊恼得很，却说不出。只有七公主走出来说："我掉了一个发夹。"话才说完，一头漂亮的长发因为少了一个发夹，全部披散了下来，王子不由得看呆了。故事的结局，当然是王子与公主从此一起过着幸福快乐的日子。

不是每一次失败带来的都是不幸与痛苦，一百个发夹，就像是七个公主完美圆满的人生，七公主少了一个发夹，因此大家都以为她的人生是失败的；但正因为有了这份失败，未来才有了无限的转机、无限的可能性，从这个角度看，这是一件非常值得高兴的事。

英国的伟大诗人弥尔顿，最杰出的诗作是在双眼失明之后完成的；德国的伟大音乐家贝多芬，最杰出的乐章是在他的听力丧失以后创作的；德国最著名的作家之一歌德，他的成名作《少年维特之烦恼》是在两次失恋之后写成的。

任何人的人生都不可能一帆风顺，万里无云。每个人都会遇到失败和挫折，关键是如何应对这些失败和挫折。如果一味地悲伤或怨天尤人，只能让我们的心情更加郁闷，而不能解决任何问题。当遇到挫折和失败时，我们应该以一种平和的心态来看它，我们要积极地在别的地方重新努力，重新寻找机会。只要你不放弃自己，你一定会发现上天已经为我们开启了另一扇更明亮的窗。

有所为，有所不为

人一生中可以完成的事情是有限的，只有专注才能让自己变得优秀。所以说“有所不为，才能有所为”。

——李彦宏

孟子说：“人有不为也，而后可以有为。”意思是告诫我们，人要审时度势，决定取舍，选择重要的事情去做，而不做或暂时不做某些事情。每个人的精力都是有限的，只有放弃一些事情不做，才能在别的一些事情上做出成绩。任何成功的获得都不可能简简单单、一蹴而就，所以，一个人要想做出一定的成就，就要做到有所为，有所不为。

李彦宏曾说：“在人生选择道路上，每个人都时时刻刻面临着一些选择，我是一个非常专注的人，一旦认定方向就不会改变，直到把它做好，我相信搜索将对网络世界和我们的生活产生巨大影响。我的理想是‘为人类提供更便捷的信息获取方’，至今未变。”李彦宏在起家的时候，做的就是搜索引擎，十多年过去了，他做的仍然是搜索引擎。他说“搜索是我的本行，也是百度的专长之所在。做自己最擅长的事是我的人生格言”。

的确，只有做自己最擅长的事，自己才能成功。如果你总是拿着自己的缺点和别人的优点比，你永远都是失败者，你只有拿着自己最擅长的事和别人比才有胜算的可能。但是要做自己擅长的事情，就必须要舍掉那些自己不擅长的事情。我们不是超人，只有一心一意地从事自己最擅长的事情，才能把那件事情做好、做精。

李安是中国著名的导演，2006 年他凭借电影《断背山》荣获第 78 届奥斯卡金像奖最佳导演奖。李安之所以能在电影界取得高的成就，最主要的原因是因为他对于电影行业的执着。

李安自小就对电影感兴趣，高一时李安插班，父亲拿了一张测兴趣的表让他填，和我们的文理分科类似，上面几百个科目，李安没一个喜欢的。父亲问："你喜欢做什么？" 李安说："我想做电影导演。" 所有人都笑，没人以为这是可能的事。

大学填报志愿的时候，他填的是戏剧学院，可是两年他都落榜了。但是，他仍然不放弃，他就是想念戏剧。在第三年的时候，他终于考上了台湾大学艺术学院。大学毕业后，他又去美国留学接着读戏剧专业。

硕士毕业后，李安却没能找到一份跟电影有关的工作。为此他在家整整待了 6 年，这 6 年里他每天在家里大量阅读、大量看片、埋头写剧本。因为他没有工作，所有的支出都靠他的妻子一个人，家里的经济情况非常糟糕。他的二儿子出生的时候，他的卡里只有 43 美元。为了帮助妻子分担，他在家做菜、做饭、带孩子，变成了一个家庭主男。

日后回忆起这段难熬的生活，李安至今仍然十分痛苦："我想我如果有日本丈夫的气节的话，早该切腹自杀了。"

物质贫乏、精神痛苦，别的同学都无法忍受这样的日子，纷纷转了行。可是他没有，记者曾经问他，难道从来就没想过改行吗？他说："不能，改变不了，改变不了可能是心理上不愿意改。因为我知道，我做电影是很有天分的，我自己晓得，不做电影什么东西也不是。所以如果我要选择的话，我当然是做电影，如果我不去做电影，真的是改行，那样我一辈子都会后悔。其实就那么简单，我就耗耗耗，等等等。"

就这样，李安在拍第一部电影之前，在家整整待了 6 年。6 年的等待与煎熬换来了他的一鸣惊人。他的第一部电影《推手》获了优秀剧作奖，台湾金马奖八个奖项的提名，亚太影展最佳影片奖。

从此之后，李安就再也没有停止过拍摄电影，终于成为一名世界著名的导演。

有所不为，才能有所为。李安在家赋闲多年，在经济方面毫无作为。但是他的不为，却是为了自己的电影梦，多年的时间，他阅读了大量的书籍、看了大量的电影。李安和我们每个人的精力是一样的，他也没有分身术。如果在这漫长的6年里，他选择了挣钱养家糊口，那就不会有现在的李安了。两者只能选其一，他为了在电影上有所作为，不得不舍掉那些可以挣钱的工作，不得不舍掉他的自尊心，在家做一个家庭主男。

“三百六十行，行行出状元。”如今的社会，职业恐怕不只三百六十行。即使世界上有这么多的职业，但是对我们个人来说，我们只能从事一项。人的精力是有限的，我们只能在众多的行业中，选择一项“为之”，而其他的“不为”，只有这样我们才能在为的那一项里取得成功。有所不为，为的是有所为。

有所为，有所不为，也要求我们要清楚自己在哪些领域可以有所为，知道自己的目标和长处，只有对自己有了清晰的了解，才能做出下一步的决定。而且，我们必须要果断做出决定，放弃那些自己不擅长的、不喜欢的工作与生活，坚持目标，不达目的，誓不罢休。

没有什么人可以随随便便成功，也没有什么事情可以简简单单就能做成。想要在一个专业领域里取得被别人认可的成绩，需要不懈努力和长久坚持。有所为就得有所不为，有所不为是为了有所为。为或者不为，都必须由你自己来决定，只要无愧于自己的心、无愧于自己的梦想就可以了。

患得患失，难得生命的圆满

假使做事要面面俱到，那就什么事都不能做了。

——鲁迅

《渔樵闲话》中说："为利图名如燕雀营巢，争长争短如虎狼竞食。"意思是，人常常被得失所左右，一时的成败得失、争短论长，常常让人陷入欲望的陷阱。得失的欲望对于每一个人都是情感宣泄和精神的需求，是消解生活乐趣的方式。得可以是荣耀，失可以是尺度，只要正确对待二者，"欲"也就不是罪过了。古来智者皆可看淡得失，愚者才去斤斤计较。

古希腊伊索说："许多人想得到更多的东西，结果却把原来所拥有的也丢失了。"的确，人生的沮丧很多都是因为得不到的东西，我们每天都在奔波劳碌，每天都在幻想填平心里的欲望，但是那些欲望却像是反方向的沟壑，你越是想填平，它就向下凹得越深。

有句话说得好："不要说你得到的太少，不要说你失去的太多，多的还会化成少，少的还会化成多。"欲求在此时就成了大负担。然而，许多人仍看不透这其中的本质，仍然在得与失的计较里烦恼不堪。

人生是一场舍得的过程，但是做出了舍与得的决定只是第一步。我们能否坚持自己所作出的决定，是否能舍掉应该舍掉的，是否能获得我们想要获得的，关键是要看我们的行动。如果我们在行动的时候患得患失，那么即使我们做出了正确的决定，也不会取得好的结果。要知道，患得患失的人，会被自己紧紧束缚，不能后退，也无法前行，这样的人生是可悲的。

经过痛苦的挣扎做出舍与得的决定后，就要坚持自己的决定。不管路途多坎坷，过程多曲折，你都要坚持下去。如果你在向目标迈进的过程中，因为艰难而患得患失，轻易更改自己的决定和目标，你将永远都不可能获得成功。成功本来就是一件非常艰难的事情，不仅仅需要正确的目标，更需要毅力和勇气。

刘伟，无臂钢琴师，中国达人秀第一季总冠军，2012 年感动中国人物。

第一次梦想的破灭：

刘伟出生于 1987 年，上小学的时候，正是中国足球职业化的肇始，成为职业球员是他的第一个理想。这个理想的起步看上去十分漂亮。上小学三年级的时候，10 岁的他已经是绿茵俱乐部二线队的队长，司职中场。

一切美好都在 10 岁的一天终止，他已无法完整地回忆那天到底发生了什么。他只是听别人说的：刘伟家附近有一个简陋的配电室，墙是用土砌的，很矮，一翻就能进去，里面的电线裸露在外。

3 个孩子玩捉迷藏，刘伟往墙上爬的时候，触到了高压线。当他醒来的时候，他已经躺在了医院的病床上。脱离生命危险之后，10 岁的他被告知永远失去了双臂。

在医院做康复的那段时间，他遇到了一位同样失去双手的病人。“他能自己吃饭、刷牙、写字，而且事业上也非常成功，他教了我很多。”这个人叫刘京生，北京市残联副主席。失去双手半年后，他就学会了用脚刷牙、吃饭、写字。

治疗康复时间是漫长的。两年的时间里，他没有再进学校。在用了一个暑假的时间补习后，他又回到原来的班里。到了期末考试，他仍然是全班前三名。“从那个时候起，我开始努力学习了。任何事情我只要想学，都能学得很快，做得比别人好。”没有双臂的刘伟开始面对别人的议论。

第二次梦想的破灭：

没有了双臂，足球的梦想破灭。他开始了第二个梦想之旅。他在12岁时开始学游泳，进入了北京市残疾人游泳队。仅仅两年之后，他就在全国残疾人游泳锦标赛上获得了两金一银。这已是2002年的事情了，北京已经获得了举办奥运会的资格。刘伟对母亲许下承诺：在2008年的残奥会上拿一枚金牌回来。

命运似乎对刘伟特别残酷，就在他为奥运会努力做准备时，高强度的体能消耗导致了免疫力的下降，患上了过敏性紫癜。医生告诉过他母亲，高压电对于刘伟身体细胞有过严重的伤害，不排除以后患上红斑狼疮或白血病的可能，他必须放弃训练，否则将危及生命。“只能放弃，不能为了比赛，命都不要了吧？”

涅槃后的重生：

上天对刘伟如此残酷，但是刘伟并没有因此而放弃对生活的希望。足球和游泳之梦都被无情的摧毁以后，他有自己的第三个梦想——音乐。为了音乐，他放弃了上大学。家人起初也是反对的，但是这一切都不能阻挡他追求音乐的脚步。

他首先想到的是去一家私立音乐学院学习音乐，校长给他们的回应是：“刘伟进我们学校学音乐只能是影响校容。”刘伟对校长的回应是：“谢谢你这么歧视我，我会让你看看我是怎么做的。”

用脚弹琴是艰难的，这需要勇气和想象力，许多人用手弹都需要很多年才有起色，何况是脚。刘伟每天练琴时间超过7小时。“我是三点一线的生活：练琴、学音乐、回家。我家在五道口，练琴的地方在沙河，学音乐的地方在四中，那时真是精神和体力的双重考验。”

学了3年钢琴的他，便达到了用手弹钢琴的7级专业水平。

23岁他登上了维也纳金色大厅舞台，让世界见证了中国男孩的奇迹。

而在他22岁那年，便挑战吉尼斯世界纪录，一分钟打出了231个字母，成为世界上用脚打字最快的人。

这就是刘伟的人生经历，当他失去他的翅膀时，当他的足球梦想破灭时，他并没有任何抱怨，他立即确定了他新的梦想——游泳。他确定了目标，就一心朝着奥运冠军的路出发，他从来没想过自己没有手臂怎么游，他从来没想过全国冠军、奥运冠军是一件多么难的事情。他想的唯一的事就是如何训练，如何最快地达到自己的目标。

当上天残酷地摧毁他的第二个梦想之后，他为自己定了一个更高难度的目标：钢琴。身体健全的人都未必能弹好钢琴，可是他却要弹钢琴。当他决定了以后，他就没再退缩过，即使父母反对，即使专业人士嘲笑他。他只想着一件事，如何用脚弹好钢琴。他没有时间想他的目标是可能还是不可能，因为他说："我的人生中只有两条路，要么赶紧死，要么精彩地活着。"

人生只有短短的几十年，如果我们每做一件事情都瞻前顾后、患得患失，那我们什么也得不到。如果刘伟在游泳之前、弹钢琴之前都仔细地思考一下做这件事情有多大的困难，成功的概率有多大，那现在的刘伟恐怕只是一个抱怨命运不公的残疾人而已。一个残疾人，在经历过那么多身体和精神上的打击之后，仍然能那么果断地舍弃不适合自己的东西，仍然能那么果断地坚持为自己的梦想而努力。那我们还有什么可考虑，还有什么可顾虑。

如果已经做出了决定，那就勇敢地朝着自己的目标努力。胆量决定成败，坚持成就人生。这个世界上，没有一种成功是一蹴而就的。

漫长的人生路上，要想取得成功，就必然要经历无数次的失败和挫折，经历无数次的磨难与考验。我们没有时间去患得患失，瞻前顾后，我们唯一能做的就是想方设法克服这些苦难，经历这些考验。只要坚持下去，我们终会听见梦想开花的声音，我们的生活也会绽放出耀眼的光彩。

第二章

适合自己的就是最好的

不同的选择造就不一样的结果

我要成为宇宙的孩子、世纪的孩子，挥霍我自己的青春，然后放弃爱情的王位，去做铁石心肠的船长。

——海子

比尔·盖茨在谈到他的成功经验时说：“我的成功在于我的选择。如果说有什么秘密的话，那么还是两个字——选择。”其实人的一生就是一个选择的过程，只有自己的出身不能选择。其他的一切命运都是自己选择的结果。

选择，简单点来说，就是给自己定位，为自己寻找努力的目标和方向。上天给了我们千万条路，但是我们同一时间只能选择一条路来走。如果我们选择了走一条轻松的路，就不要想着功成名就；如果我们选择像雄鹰一样在高空飞翔，就不要羡慕安逸的生活；如果我们选择了去看沙漠的壮观，就不要留恋大海的清凉。

上天对于每个人都是公平的，都给予了每个人选择的机会。面对着同样的十字路，不同的人选择了不同的方向，也必将到达不同的终点。

一位著名的音乐家，在经过一个银行门口时，看见一个黑人在拉琴，便走过去同他打起了招呼，聊起了天。他朋友非常诧异地问:“你认识这个人吗？”

这个音乐家告诉他，他曾经和这位黑人琴手一起拉过琴。他的朋友更诧异了，于是这位音乐家就讲起了他和这位黑人朋友的故事。

这位音乐家刚到美国的时候，由于生活清贫，为了维持生活和学习，决定在街头拉小提琴赚钱。在街头拉琴要想赚钱也是件不容易的事情，因为在街头拉琴的人太多了，只有那些繁华的地段，才有可能赚到钱。

这位音乐家在拉琴的时候，遇到了一位黑人琴手，两人便一起拉琴。后来两人找到了一个非常繁华的地段：一家银行的门前。那里的人流量非常大，所以他和这位黑人朋友每天都有不错的收入。

过了一段时间之后，他发现自己赚的钱已经够缴音乐学院的学费了，于是他毅然选择了去音乐学院继续学习。从此他和这位黑人朋友就分开了。

这位音乐家进入音乐学院以后，刻苦学习，把所有的时间和精力都花在了提高琴艺上。因为上学，所以他没有太多的时间去赚钱，因此在他上学的这一段时间，他的生活非常艰难。但是即使这样，他也没有选择重新回到街头拉琴。

现在距离当时已经10年了，现在的他已经成为一名世界级的音乐家，而现在他的黑人朋友仍然在这黄金地段拉琴。他的黑人朋友发现他以后，特别高兴地问:“好多年没见你了，你现在在哪里拉琴呢？”他告诉了这位黑人朋友一个著名的音乐厅的名字，黑人朋友接着问道:“那家音乐厅的地段怎么样呀，在那儿拉琴赚钱吗？”音乐家的朋友想告诉这位黑人朋友，他现在已经是世界级的音乐家了，是在音乐厅办音乐会，而不是在门口拉琴。但是，这位音乐家制止了他的朋友，笑着对黑人说："还好，生意还不错。"

10 年前，两人的生活是一样的。但是 10 年后，一个人成了世界级音乐家，生活发生了天翻地覆的变化；另一个人却依然过着街头拉琴的生活。而两人不同的生活则是因为两人在 10 年前做出了不同的选择。一位选择用赚来的钱来改变自己的命运，而另一位选择了继续过安稳的生活。

每个人一生中不管是学习、生活、工作还是感情，都会遇到许许多多的十字路口。一个个的十字路口，就决定了人一生的命运。有的人选择了随大流，跟着大家走；有的人选择了跟随着自己的心走，走上了一条人烟稀少的道路。走人多的那条路，走起来肯定不会太难，因为前方有人为你开路；走起来也不会太过寂寞，因为有很多人陪着你一起走；但是走上这条路你也很难做出成就，因为在你前方的人很多，和你同时走的人也很多。走人烟稀少的那条路，走起来应该会很难，因为你需要自己披荆斩棘地开路；走起来应该会非常寂寞，因为你几乎找不到同路的人；但是，经过身体和心理的双重考验，你迎来的却是独属于你的光荣与成就，因为这条路只有你走而且走出来了。

选择不同的路，可以造就不同的人生。而同一条路，选择不同的人生态度，也可以造就不同的人生。面对同样的苦难，有人选择坚强面对，有人选择怨天尤人；面对同样的困难，有人选择迎难而上，有人选择轻言放弃；面对同样的工作，有人选择尽职尽责，有人选择敷衍对待。选择积极、乐观、勇敢的生活态度，人生也会变得丰富多彩；选择消极、悲观、懦弱的生活态度，人生只会是一片黑暗。

选择看起来只是一念之差，似乎无足轻重，然而选择后的结果却是沉重的。因为在一念之间，就可以化生出"生与死""善与恶""爱与恨"。因此，我们要慎重对待生活中的每一个选择，好好地把握每一次选择。不

同的选择决定不同的人生，不同的人生决定不同的命运，最终的选择权就在我们自己手中掌握。

正确的选择胜于盲目的努力

我很赞赏北大博士生的一句话："'在大学、研究生期间，不要致力于满口袋，而要致力于满脑袋。'满脑袋的人最终也会满口袋，我是相信这点的。"

——王选

人生是一个不断选择的过程，做出了正确的选择，就等于有了灯塔的指引；而做出了错误的选择，可能要花费数倍的努力。做出正确的选择，就可以减少许多不必要的时间和精力，而做出错误的选择就要走许多冤枉路。做出正确的选择，可以最大限度地发挥自己的能力和价值。而做出错误的选择，即使费再大的力气也不可能得到自己想要的。

春秋战国的时候，有一个人赶着马车往北走。

魏国的季梁就问他："要去哪里？"

车夫说："要去楚国。"

因为楚国是在南方，所以季梁就问他说："既然你要到楚国，为什么要往北走呢？"

车夫说："因为我的马车好。"

季梁说："即使你的马车再好，但这不是去楚国的路啊！"

车夫又说："我的路费也很多。"

季梁回答："即使你的路费再多，但这不是去楚国的路啊！"

车夫又说："我的车技也很好。"

季梁告诉他："这几个条件越好，那么离楚国就越远了。"

这就是南辕北辙的故事，如果方向都选错了，又如何能到达终点呢？在大海上都有灯塔，因为如果没有灯塔的指引，轮船就失去了方向。我们的人生其实就像在大海上航行，有了灯塔的指引，我们就能以最快的速度到达终点。如果没有灯塔的指引，我们可能要在海上漂流很久才能到达目的地，也有可能在海上迷失了方向，永远无法到达目的地。

生活中很多人没有成功并不是努力不够，而是做出了错误的选择。

象、狮子、骆驼决定一起进沙漠寻找其生存的空间。在进入沙漠前，天使告诉它们说，进入沙漠后，只要一直向北走，就能找到水和食物。进入沙漠以后，它们却发现沙漠比它们想象的大多了，也复杂多了。最为要命的是，它们不久就失去了方向。它们不知道哪个方向是北。

它们三个在不知道方向的情况下，做出了不同的选择。

大象是最强壮的，因此它认为即使失去方向也没什么恐怖的。因为它认为只要它朝着一个方向走下去，凭着它的强壮，肯定会找到水和食物。于是，它选定了它认为是北的方向，然后就不停地前进。可是走了三天以后，大象却惊呆了，因为它发现它又回到了原来出发的地方。

三天的时间和力气就这样白费了，大象气得要死。但是食物和水还得找，它想："我还是很强壮，换一个方向，这一次我一定能找到。"这一次它告诉自己不要转弯，要向正前方走。三天过后，它发现，它竟然又重复了上一次的错误。大象简直要发疯了，它不知道为什么会这样。

此时，它又饿又渴，它决定休息后，再度出发。它就这样一次次地出发，一次次地返回。不久，大象就精疲力竭而死。

狮子是跑得最快的，它想凭他的速度，穿越整个沙漠都不成问题，肯定能找到水和食物。它选了一个自以为是北的方向，飞一样地向前跑去。可是，它跑了几天后却惊讶地发现，它越向前，草木越稀少，最后，它已经看不到任何的绿色植物了。它害怕了，决定原路返回。

可是，当它原路返回的时候，又一次迷失了方向。它越是向前，越是不毛之地。它左突右奔，但是都没找到目的地，最后它绝望而死。

骆驼没有大象强壮，也没有狮子跑得快。骆驼一直走得很慢，它想，要找到水和食物，必须首先确定方向。只要找到了北斗星，就不会迷路，这样用不了三天，一定会找到水和食物的。

于是，它白天不急于赶路，而是休息。晚上，天空中挂满了亮晶晶的星星，骆驼很容易地找到了那颗耀眼的北斗星。每天夜里，骆驼向北斗星的方向慢慢地行走。白天，当它看不清北斗星的时候，它就停下来休息。

三个夜晚过去了。

一天早上，骆驼猛然发现，它已经来到了水草丰美的绿洲旁。从此，骆驼就在这里安了家，过上了丰衣足食的生活。

骆驼、狮子花费的时间和努力不知要比骆驼多多少，但最终只有骆驼找着了绿洲。那是因为，骆驼和狮子在一开始就做出了一个错误的选择。而骆驼做出了正确的选择，那就是先找到北斗星。

正确的选择是做任何事情的前提，有了正确的选择，才会有正确的目标和方向。有了正确的选择，才会让自己的优势得到充分的发挥。有了正确的选择，才有可能取得事半功倍的效果。如果做出了错误的选择，任凭你有多么意气风发，任凭你是多么足智多谋，任凭你花费了多大的心血，都不会到达你想去的终点，甚至会离你的终点越来越远。你的梦想、你的才华、你的聪明才智将会全部付之东水。

人生就像是一场奥运比赛，每个人可以报名参见一项比赛。但是如果你的特长是游泳，而你却报名参加了跑步比赛。那么任凭你怎么努力，怎么跑都不可能在跑步比赛中获得冠军。而如果你参加的是游泳比赛，你可能经过一定的努力就能获得冠军。得到冠军需要努力的训练，但是前提是要选择适合自己的比赛。

每个人都有自己的特长和优势，要根据自己的特长和优势做出正确的选择。如果你擅长写作，就不要埋头苦算了；如果你爱好音乐，就不要在美术上做无谓的努力；如果你擅长运动，就不要把自己锁在高楼大厦里。

人的精力是有限的，应当把有限的精力放在最适合、最值得做的事情上，而不是花费在没有任何希望的事情上。错误的选择只会耽误你的聪明才智、延误你的青春年华。磨刀不误砍柴工，在努力之前，应先花费一定的时间进行调查和研究，以便于自己做出最正确的选择。

你的人生就是你的选择

人生的目标在于发展自己的生命，可是也有为发展必须牺牲生命的时候。

——李大钊

林肯说："所谓聪明的人，就在于他知道什么是选择。"其实，人生就是一个选择的过程，当鸟儿选择在两翼上系上黄金，就意味着它放弃展翅高飞；选择云天搏击，就意味着放弃身外的负累。所以，智者说："两弊相衡取其轻，两利相权取其重。"关键就在于我们看重什么，选择什么。

选择不同的态度就会经历不同的人生风景。选择只在一念之间，似乎无足轻重，然而却是很沉重的话题。因为在一念之间，就可以化生出"生与死""善与恶"和"爱与恨"——在两种不同的选择之间，往往只是"一念之差"，然而在一念之差之下，所得的结果却是截然不同的，甚至是产生天壤之别的差距。

一天，在一座监狱门前，站着三个人。他们将一起在这里度过三年的时光。监狱长允许他们三个人一人提一个要求。

那个美国人爱抽雪茄，要了三箱雪茄。

那个法国人非常浪漫，要了一个美女为伴。

而那位犹太人却提出，他要一部能够和外界沟通的电话。

三年很快就过去了。

第一个冲出来的是美国人，嘴巴和鼻孔里都塞满了雪茄，一边跑，一边大声地嚷嚷："给我火，给我火！"原来他进来的时候忘了跟监狱长要火了。

接着，那个法国人也和他的美人出来了。他左手抱着一个小孩，右手和那位美女共同牵着一个小孩。美女挺着个大肚子，还怀着一个小孩。

最后出来的是那位犹太人，他快步走到监狱长面前，紧紧地握住监狱长的手说："太感谢您了！在这里我学到了更多的、更新的经商理念。这三年来，我能够时刻与外界保持联系，生意不但没有受到损失，反而增长了两倍。"

这位犹太人挺了挺胸膛，说道："为了表示感谢，我送你一辆奔驰！"

决定一个人生活的最关键的要素不是上帝的安排，而是自己的选择。每个人的一生都会面临种种选择，因为谁都明白鱼与熊掌不可兼得。在做出自己的决定前一定要慎重，以免一失足成千古恨。

很多时候，只要我们敢于选择向命运抗争，就一定能够摆脱缺陷带来的困扰，拥有属于自己的精彩人生。

人生在世，最重要的是做好自己的选择，踏实过好每一天，做自己要做的和应该做的事，这样的人生才不会被虚度。虽然我们不能让自己的人生尽善尽美，虽然我们的人生中还有些许的遗憾，但是努力过，这就够了。

40 岁的浩明经营着一家大型的 IT 企业，为了扩大公司的业务，他不得不经常出差，由于无暇照顾家庭，初恋结婚、感情深厚的爱人与他渐行渐远，只有18岁的儿子刚刚考上大学，让他稍许安慰。然而在一次单位例行的体检当中，医师告诉他，他患了绝症，最多只能再活三年时间。他蒙了。

从惊恐中回过神来后，他开始审视自己的生活。这么多年来，他忙工作，以为自己在背负家庭的责任，养育孩子，为家人创造更好的经济条件，可是，他忽略了感情，忽略了家人的感受。

妻子生产的时候，他在出差；儿子到底上的哪所小学、中学，他都不知道；他早出晚归，与妻儿的见面次数越来越少；儿子高考的时候，他还是在外出差，从小到大，儿子的衣服、文具都是妻子给买的他对儿子一点都不熟悉。

望着医院给出的诊断书，浩明忽然迷茫了。他不知道，自己奋斗了快半辈子，到底意义何在。

浩明给自己放一个长长的假期。他开始为儿子整理行装，为妻子买花，和他们一起购物、逛商场、买菜、逛公园、旅游……

两年多后，他发现，自己的生活那么充实快乐。没有工作，他的生活并没有因此垮掉；没有出差，他的公司也并没有倒闭。

因为懂得了人生的真正含义，浩明重新选择了他的人生，他抛弃了刚开始的忧虑，变得积极乐观，心态也变得越来越平和，许多以前斤斤计较的事，现在都能一笑置之。更幸运的是，三年后当他准备住院治疗的时候，医生发现，他的病居然好了。

人生的许多关键性选择都是在不经意间完成的，不见得多么惊天动地的决定却是一个人人生观的反映。世界著名的科学家霍金在回答记者的提问时曾经这样说："我的手指还能活动；我的大脑还能思维；我有终生追求的理想；我有爱我和我爱着的亲人与朋友；对了，我还有一颗感恩的心……"

当花选择当花的时候，它就要面对凋落的归宿；当鱼选择海的时候，它

注定要以海为家。选择什么，就意味着要承受什么，不论枯燥和艰辛，每个人都责无旁贷，义无反顾，只要能继续前行，生命就能展示其精彩的华章。

一个人只要没有被剥夺所有的能力，那么他就依然有能力掌握自己的人生，去选择自己想要的人生。

智者有言：“并不是付出就能有回报，关键在于你选择了什么。选择什么，你就会得到什么，但是如果你什么都想选择，那么什么都不会选择你。”人生就像一条曲线，起点和终点是无法选择的，而起点和终点之间充满着无数个选择的机会。为了拥有自己想要的人生、获得生活的幸福，我们必须拥有智慧的判断，学会选择，才能驾驭自己的人生。

适合自己的就是最好的

我们一辈子努力的过程就是使自己变得更加完美的过程，我们的一切美德都来自于克服自身缺点的奋斗。

——俞敏洪

人生在世，要做的事千种万种，很多人总想要那个最好的结果。以为只有最好的，才能证明自己是最优秀的。

其实事实并非如此。

很多成功的人之所以成功，并不是因为他取得了最好的结果，恰恰是因为他得到了最适合自己的。

德国哲学家莱布尼茨说：“世界上没有两片相同的叶子。”那么，世界上更没有两个相同的人生，谁都无法将自己的人生轨迹与他人重叠，上帝造人自有他的妥善之处，关键看你如何领悟上帝的用意，想要拥有独特的人生就必须找到适合自己的位置。

常言道：因地制宜而量体裁衣。其实这都在告诉我们一个简单而明了的哲理，那就是只有适合自己的，才是最好的。

倘若你是一个很高大的人，却非要去选择一件小衣，岂不让人感觉有些可笑？如果你是平凡之人，为何非要故作所谓的高雅而体现虚假的品位？适合自己的，就是最好的！那是一种自然而协调之中体现的一种真实美。

他弃医从文，向全世界证明笔比手术刀更尖锐，他用手中的笔揭露了黑暗社会吃人的本质，刺激了中国人民的麻木神经。他是适合文学的，几欲呐喊，几欲彷徨，连野草都变得永生！于是，他成为一代文学大师，成为历史最值得铭记的人。一句“横眉冷对千夫指，俯首甘为孺子牛”更是让人震撼。

鲁迅选择了适合自己的位置，他的人生因此独特。

不同的人注定有不同的思想，不同的思想注定支配不一样的言行，而不一样的言行也就构筑着不同人生的风景。

适合的标准不在形式而在于是否让自己感觉充实快乐而有意义。

一种生活只要适合自己，只要有自己喜欢的内容，就是最好的生活，何必踏破铁鞋去寻找那些遥不可及的目标呢？

人们常说：“只买对的，不买贵的！”我们做人做事也应如此。只有做适合我们的事，走适合我们的路，我们才能找到乐趣，找到成功。

有些人可能会问什么才是最好的呢？其实，这世界上根本就没有“最好”，只要合适，你就找到了最好的。生活中很多人一直在追逐某种东西，却从不考虑自己追求的是不是适合自己的。最适合的，才是最合乎生命节奏的，只有这样的生命组合才是最完美的、没有遗憾的。

世界多姿多彩，每个人都有属于自己的位置，有自己的生活方式，有自己的幸福。适合他的，不一定适合自己，适合自己的，也不一定适合他。

所以我们说，适合自己的才是最好的，选择适合自己的位置和方向对任何人来说都至关重要。

生活就是一块调色板，选择了自己喜欢的色彩，那么其色就更加美丽；人生就似一碗汤，选择了适合自己的味道，才会感觉有滋有味。

命运掌握在自己手中

当你是地平线上一棵草的时候，不要指望别人会在远处看到你，即使他们从你身边走过甚至从你身上踩过，也没有办法，因为你只是一棵草；而如果你变成了一棵树，即使在很远的地方，别人也会看到你，并且欣赏你，因为你是一棵树！

——俞敏洪

挪威著名戏剧家易卜生对于人所作出的一个断言："在这个世界上最坚强的人是孤独地、只靠自己站着的人。"穿越世纪的风尘，这句话依然掷地有声，因为它揭示了一个亘古不变的真理："你的命运只藏在你自己的胸里，你可以主宰一切。"的确，一个人的命运是由人自己造成的，正如莎士比亚所说："人们可以支配自己的命运，若我们受制于人，那错处不在我们的命运，而在我们自己。"

然而，在人生的风浪中，却总是有那么多人将自己的人生之舟交给"借口"。于是，他们四处碰壁，被外力挟持着行进，等到人生的最后一刻，感慨一句"我的命运总在与我作对"，"来也匆匆，去也匆匆"，这就是用借口来为自己编织理由的人的一生，他们走过这个世界，却没有留下任何痕迹。

亨利曾经说过：“我是命运的主人，我主宰我的心灵。”做人应该做自己的主人，应该主宰自己的命运，而不能把自己交付给别人。一个不想改变自己命运的人是可悲的；一个不能靠自己的能力改变命运的人是不幸的。很多人之所以不能成就大事，关键就在于无法激发挑战命运的信心与勇气。

每个人的命运都掌握在自己手里，而不是命中注定的。这个世界，命运是由我们的行为而定，是由我们的品行而定。人生不可能重来，每个人只有一次生命，生命的轨迹也不是用橡皮擦就能擦去的，所以认真地过当下的生活，不骄不躁地向着自己的目标前行，那么，有一天，我们会不经意间转过身来，发现自己就是那个走得最远的人。人生是一条没有尽头的路，不要留恋逝去的梦，把命运掌握在自己手中，艰难前行的人生途中，就会充满希望和成功。

一个人的成功要经过无数的考验，而一个经受不住考验的人是绝对不会干出一番大事的。然而，生活中许多人却不能主宰自己，有的人把自己交付给了金钱，成为金钱的奴隶；有的人为了权力，成了权力的俘虏；有的人经不住生活中各种挫折与困难的考验，把自己交给了上帝；有的人经历一次失败后便迷失了自己，向命运低头，从此一蹶不振。

一个诗人听说一个年轻人想跳桥自杀，而他手里拿着的是诗人的诗集《命运扼住了我的喉咙》。诗人听说后，拿了另一本诗集，赶紧冲到桥上。

诗人来到桥上，走到年轻人面前。年轻人见有人上前，便做出欲跳的姿态说道：“你不要过来！你不用劝我，我是不会下来的，命运对我太不公平了。”

诗人冷冷地说：“我不是来劝你的，我是来取回我那本诗集的。”年轻人很疑惑。

诗人接着说：“我要将这本诗集撕碎，不再让它毒害别人的思想，我可以用我手中的这本诗集和你手中的那本交换。”

年轻人犹豫了一会儿，答应了诗人的请求。年轻人接过诗人手上的那本诗集，有点吃惊，因为诗人手上的那本诗集的名字和原来那本如此的相似，但又是如此的不同——《我扼住了命运的喉咙》。

诗人接过年轻人手中的那本诗集，对着它凝望了一会儿，便将它撕得粉碎，撕完后，诗人又说道：“当我四肢健全时，我曾多次站在你那里，但当我经历了那场车祸变成残疾后，我便再也没站在那儿过。”

诗人说完，用深切的目光望着年轻人。年轻人迎着诗人的目光沉思了一会儿，终于从桥上下来了。

迷失于命运的人生，就会被命运控制；掌握自己命运的人，就能用双手创造奇迹。很多时候，我们和上面这个年轻人一样，总是被身边的人和事牵绊着、主宰着，把自己的人生交给命运去处理，而忘了自己其实是自己人生的主人，我们的命运和心灵应该由自己做主。

“命运就是上天发给你的一手牌，而打牌的权利在自己。不在于得到一手好牌，关键是怎样打好坏牌。”如果我们一时无法改变环境，但我们可以改变自己的心态，只要我们不断努力充实自己、提高自己、超越自己，厚积薄发，最终会有破土而出的一天。人生的运势握在自己的手心，创造人生，才能把握命运。

李彦宏在他的博客中写道：“命运是一个人一生所走完的路，是一个人用一辈子所完成的作业。有的人认为，命运是天注定的，是不可改变的。但在我看来，命运不过是人生的方向盘，驶往哪个方向它掌握在每个人自己的手中。”命运的转轮始终都在转动，我们的幸运就在做出勇敢选择的那一刻。

一位哲人说:“人生就是一连串的抉择,每个人的前途与命运,完全掌握在自己手中,只要努力,终会有成。”一个人的命运若被别人设定,并且照着别人的设定去做的人,他的生命注定只能平淡无奇、碌碌无为。只有对自己的生命充满激情和幻想的人,才会不断地超越自己,达到一个又一个高峰,人生也因此而绚丽多彩,跌宕多姿。

第三章

人生不必太执着

没有什么东西是放不下的

我们对于人生可以抱着比较轻快随便的态度：我们不是这个尘世的永久房客，而是过路的旅客。

——林语堂

有这样一首小诗："不舍弃鲜花的绚丽，就得不到果实的香甜；不舍弃黑夜的温馨，就得不到朝日的明艳。"自然界是这样，人生也是这样。在漫漫旅途中，有舍弃"绚丽"和"温馨"的烦恼，也有获得"香甜"和"明艳"的喜悦。人生就是在放下和获得的交替中得到升华，从而到达高层次的大境界。

很多时候，我们愤懑、抑郁、抱憾、怨恨，原因只是三个字：放不下。放不下远离的人，放不下曾经的事，放不下失去的物；放不下一段时光，放不下一段回忆；放不下成败，放不下荣辱，放不下不属于自己的一切。有一副对联写道："得失得失何必患得患失，舍得舍得不妨不舍不得。”其实，人生的过程就是一个不断放弃，又不断得到的过程。关键是要学会放弃，因为放弃，也是人生的一种选择。

一个苦者找到一个和尚倾诉他的心事。他说：“我放不下一些事，放不下一些人。”

和尚说：“没有什么东西是放不下的。”

他说：“这些事和人我就偏偏放不下。”

和尚让他拿着一个茶杯，然后就往里面倒热水，一直倒到水溢出来。苦者被烫到，马上松开了手。

和尚说：“这个世界上没有什么事是放不下的，痛了，你自然就会放下。”

的确，痛了自然会放下。很多人之所以举步维艰，是因为背负太重，之所以背负太重，是因为他们总以为自己放不下。选择需要智慧，放下亦如是。既然生活已经褪去了曾有的颜色，那么就不要继续沉沦。虽然放下有时很残忍，但这个决定却足够正确。

有位哲人说：“人生有两苦，一是得不到之苦；二是钟情之苦。”所以，人们若能放下这两苦，便可身心轻松。很多时候，如果我们想获得从容、轻松、自由和解脱，就必须学会放下那些没有意义的东西。

可惜，大千世界，充满诱惑；芸芸众生，六根不净。尘世之中，又有多少人能悟出“放下”这种大境界呢？有很多事，既然在劫难逃，那么就需要你去勇敢面对，更多时候，放下也是一种选择，失去也是一种获得。

有一个流浪汉在看不见尽头的路上长途跋涉，他背着一大袋沉重的沙子，一根装满水的粗管子缠在他身上，两只手分别拿着两块大石头，脖子上用一根旧绳子吊着一块大磨盘，脚腕上系着一条生锈的铁链，铁链上拴着大铁球，头上还顶着一个已腐烂发臭的大南瓜。这个流浪汉吃力地走着，每走一步，脚上的铁链就发出哗哗的响声。他呻吟着，抱怨他的命运如此不幸，他抱怨疲倦在不停地折磨着他。

正当他头顶烈日艰难前行时，迎面走过来一位农夫。农夫问：“喂，疲倦的流浪人，为什么你不将手里的石头扔掉呢？”

“我真蠢，”流浪汉明白了，“我以前怎么没想到呢？”他扔掉了石头，觉得轻松了许多。不久，他在路上又遇到一位少年。

少年问他：“告诉我，疲倦的流浪汉，你为什么不把头上的烂南瓜扔了呢？为什么要拖着那么重的铁链子呢？”

流浪汉答道：“我很高兴你能给我指出来。我没意识到我在做什么事。”他解开脚上的铁链子，把头上的烂南瓜扔到路边摔得稀烂，他又觉得轻了许多。但当他继续往前走时，又感到了步履的艰难。

后来，有一位老人从田里走来，见到流浪汉十分惊异：“啊，我的孩子，你扛了一口袋沙子，可一路上有的是沙子；你带了一根大水管，可你瞧，路旁就有一条清澈的小溪，它已伴随着你走了很长一段了。”

听到这些话，流浪汉又解下了大水管，倒掉了里面已经变了味的水，然后把口袋里的沙子倒进一个洞里。突然，他看到了脖子上挂着的磨盘，意识到正是这东西使他不能直起腰来走路。于是他解下磨盘，把它远远地扔进河里。

他卸掉了所有负担，在傍晚凉爽的微风中，寻找住所。此时，他觉得自己的脚步轻松而愉悦，比原来快乐许多。

人生的路上我们每个人都背负着各种各样的行李在艰难前行。这些行李也许是我们的工作，也许是我们的过去，也许是我们的感情。它们构成了我们在这个世界上存在着的理由和价值。但是，过于沉重的行李，就会变成你人生的十字架。

俄国伟大诗人普希金在一首诗中写道：“一切都是暂时，一切都会消逝；让失去的变为可爱的。”学会习惯于失去，往往能从失去中获得。生活中，有很多的无奈。放弃一些，我们才能去把握和珍惜真正属于自己的美好。放弃烦琐，轻便前行；放弃怅惘，轻快歌唱。

1976年，迈克莱恩随英国探险队成功登上珠穆朗玛峰，而在下山的路上，却遇上了狂风大雪，每行一步都极其艰难。最让他们害怕的是，风雪根本就没有停下的迹象。他们的食品已为数不多，如果停下来扎营休息，他们很可能在没有下山之前，就会被饿死；如果继续前行，大部分路标早已被大雪覆盖，而且，每个队员身上所带的增氧设备及行李等物会压得他们喘不过气来，他们不饿死，也会因疲劳而倒下。

在整个探险队陷入迷茫的时候，迈克莱恩率先丢弃所有的随身装备，只留下不多的食品，轻装前行。他这一举动几乎遭到所有队员的反对，迈克莱恩很坚定地告诉他们："我们必须而且只能这样做，这样的雪山天气十天半个月都可能不会好转，再拖延下去，路标也会被全部掩埋。丢掉重物，就不允许我们再有任何幻想和杂念，只要我们坚定信心，徒手而行，就可以提高行走速度，也许这样我们还有生的希望！"

最终队员们采纳了他的意见，一路上相互鼓励，忍受疲劳和寒冷，不分昼夜前行，结果只用了8天时间就到达了安全地带。而恶劣的天气，正像他所预料的那样，那段时间一直未曾好转过。

若干年后，伦敦英国国家军事博物馆的工作人员找到迈克莱恩，请求他赠送任何一件与英国探险队当年登上珠穆朗玛峰有关的物品，不料收到的却是莱恩因冻坏而被截下的10个脚趾和5个右手指尖。

当年的一次正确选择，挽救了所有队员的生命；也是由于这个选择，他们的登山装备无一保存下来，而冻坏的指尖和脚趾却在医院截掉后，留在了身边。

探险队员失去了冻坏的脚趾，才能留下宝贵的生命。其实失去和获得互为依存。失去青春获得成熟和人生经验，失去玩的时间获得辛勤工作的报酬，失去高薪职位却获得渴望过的休闲时刻。失去了某种东西，必然会在其他地方有所获得。要舍得放下，要用平衡的心态对待失去，人生这枚硬币，其反面正是那悖论的另一要旨：我们必须接受“失去”，学会放下。对善于享受简单和快乐的人来说，人生的好心态只在于取舍得当。

成大事者不会计较一时的得失，他们都会不停地思索如何放下，放下些什么。许多事情总是在经历过后才会懂得。今天我们选择了放下，明天才会有收获的惊喜。其实，生活并不需要这么些无所谓的执着，没有什么不能割舍。

人生在世，不如意的事情占十之八九，获得和放下的矛盾时刻困扰着我们。明白了“没有什么东西是放不下的”，并运用于生活，我们就能从无尽的苦难中解脱出来，在人生的道路上进退自如，豁达大度。有放下才有获得。

顺其自然不强求

如果你以为消灭秋天就能消灭哀愁，那么你就得到了双重的失望。

——西川

有一种心情，叫喜怒哀乐；有一种味道，叫酸甜苦辣；有一种心境，叫顺其自然。在生活中，凡事顺其自然，不去强求，是一种简单而又高深的智慧。顺其自然，用岳飞的话说就是：“不可躐等、不可争遽。”过和不及都不是顺其自然，躐等和争遽就是迟缓和冒进，应当按照正常的努力步子走，功到自然成。所以，顺其自然不是无作为，顺水行舟，走到哪算哪，遇到什么接受什么。也不是不积极努力，退出竞争舞台等着天上掉馅饼，而是不做过分的努力，不做非分之想。

为求一份尽善尽美，人们往往绞尽脑汁，殚精竭虑。而每遇关系重大、情形复杂的状况，更是为之寝食难安。其实，就算我们遇上难以跨越的坎儿，与其百般思量，不如顺其自然，反倒能够坦然面对生活中的不如意。如果生活是一杯水，那么痛苦就是掉落杯中的灰尘。没有谁的生活始终充满幸福快乐，总有一些痛苦会折磨我们的心灵。但是，我们可以选择让心静下来，慢慢沉淀那些过往。

古时有两个读书人，争论起为人处世的学问，由于观点不一，争执不下，于是便到寺庙中向一高僧求教。

一个人说："做人应该超脱旷达，清心寡欲。这世上的烦恼莫不是因欲望而生。有欲望，而又未达目的，便产生了烦恼。正如佛家所说：'身在荆棘中，不动则无痛。''寡欲无求'才能虽身在凡尘，心却超然物外，不受诱惑，不生痛苦。清淡为人，踏实做事，不计功名，不争利禄，无得之喜，也无失之忧，无防人之心，更无害人之意。淡泊以明志，宁静而致远。"

另一个人则反驳说："生活多姿多彩，内涵更是纷繁复杂，一个人用一生的精力去经历，尚不能得一二，用全部的感情去体验，尚不能得万一，怎么能再虚掷光阴，拿超脱来躲避人生的酸甜苦辣？且人多有欲望，所谓'清心寡欲'只是心与本性违背罢了。又何苦让心与本性时时刻刻困扰在这种斗争之中？"

老僧听完笑了，开口道："天生万物各具常性，顺其自然莫要强求。"二人听罢，都释然地笑了。

世间万物各具常性，阴阳转化有道，四时轮回有律。人心亦是各有不同，超脱旷达者有之，锐意进取者有之，二者皆无错。

痛苦来自于束缚，让超脱旷达者染指名利，锐意进取者虚度光阴，无不是对人本性的束缚。只有让二者各得其所，生活在自己的框架之内，才会感到不被束缚，痛苦和烦恼也才会消失。

“凡事顺其自然；遇事处之泰然；得意之时淡然；失意之时坦然；艰辛曲折必然；历尽沧桑悟然。”这“六然”的句子凝集了人生的处世智慧，能把这六句话理解透彻、思索明白、贯彻落实到生活中的一点一滴之中，那人生就完美了。

世上从没有被命运抛弃的人，只有被命运捆住手脚的人。任何人的一生都不可能一帆风顺，难免会有坎坷和失意，关键是我们怎样去面对。如果把坎坷看成是一种调味品，你就会感到坎坷的生活也有滋味；如果把失意看作是一笔宝贵的财富，你就会感到失意的人生也有价值。学会笑对生活，顺其自然，才能让生活照亮自己的人生之路。

有一个美国旅行者在苏格兰北部过节。

这个人问一位坐在墙边的老人：“明天天气怎么样？”

老人看也没看天空就回答说：“是我喜欢的天气。”

旅行者又问：“会出太阳吗？”

“我不知道。”他回答道。

“那么，会下雨吗？”

“我不想知道。”

这时旅行者已经完全被搞糊涂了。

“好吧，”他说，“如果是你喜欢的那种天气，那会是什么天气呢？”

老人看着美国人，说：“很久以前我就知道我没法控制天气了，所以不管天气怎样，我都会喜欢。”

没有人能告诉我们生活中将会发生什么，杞人忧天的结果是我们只能将自己困扰，让我们的生活变得混乱不堪。其实，我们倒不如学学那位老人，选择接受明天的天气，不论晴雨。

生活就像天气，我们无法预知明天是怎样的天气，但是我们可以选择无论晴雨，都去喜欢它，接受它。面对生活，能够顺其自然，始终保持一种平静的心去接受明天，即使在困境中依然保持着泰然心境的人，无疑是一个在厄运面前不会绝望的人，这人注定永远不会被生活击垮。

禅院的草地上一片枯黄，小和尚看在眼里，对师父说："师父，快撒点草籽吧！这草地太难看了。"

师父说："不着急，什么时候有空了，我去买一些草籽。至于什么时候都能撒，急什么呢！随时！"

中秋的时候，师父把草籽买回来，交给小和尚，对他说："去吧，把草籽撒在地上。"起风了，小和尚一边撒，草籽一边飘。

"不好，许多草籽都被吹走了！"

师父说："没关系，吹走的多半是空的，撒下去也发不了芽。担什么心呢？随性！"

草籽撒上了，许多麻雀飞来，在地上专挑饱满的草籽吃。小和尚看见了，惊慌地说："不好，草籽都被小鸟吃了！这下完了，明年这片地就没有小草了。"

师父说："没关系，草籽多，小鸟是吃不玩的，你就放心吧，明年这里一定会有小草的！"

夜里下起了大雨，小和尚一直不能入睡，他心里暗暗担心草籽被冲走。第二天早上，他早早跑出了禅房，果然地上的草籽都不见了。于是他马上跑进师父的禅房说："师父，昨晚一场大雨把地上的草籽都冲走了，怎么办呀？"

师父不慌不忙地说："不用着急，草籽被冲到哪里就在哪里发芽。随缘！"

不久，许多青翠的草苗果然破土而出，原来没有撒到的一些角落里居然也长出了许多青翠的小苗。

小和尚高兴地对师父说："师父，太好了，我种的草长出来了！"

师父点点头说："随喜！"

人生，简而言之，就是人的生活，而不是其他物种的生活。这位师父真是位懂得人生乐趣之人。凡事顺其自然，不必刻意强求，反倒能有一番收获。

总有起风的清晨，总有温暖的午后，总有绚烂的黄昏，总有流星的夜晚，人生中的成败得失，全凭把握。纵使历经所有的艰辛苦难，始终要保持一种顺其自然的心境，把握每一个瞬间，面对每一个昨天、今天和明天。

风雨坎坷人生路，不经历风雨不能见彩虹，成功也好，失败也罢，所有的事情都很自然，有失败就会有成功，有完美就会有缺陷。且让一切顺其自然，保持达观的心境面对生活，面对人生记忆里或者正在发生的新鲜的事和物。当岁月在悠悠然然的钟声里消失，一切将幻化成空气中的那份宁静、淡然。所以，人应该顺其自然，满足常乐。

看开点，实际点

人生就算是做梦，也要做一个像样子的梦。

——胡适

俗话说："管事容易管人难，管人容易管心难。"有时候，我们责怪别人不肯听自己的话，其实，最不听话的是我们的心，今天要求这样，明天希望那样，总是患得患失，拿不起、放不下，这就是看不开的结果。西方人说："同一件事，想开了就是天堂，想不开就是地狱。"人的烦恼多半来自自私、贪婪，来自于妒忌、攀比，来自自己对自己的苛求。

荷兰阿姆斯特丹有一座15世纪的教堂遗迹，里面有这样一句让人过

目不忘的题词："事必如此，别无选择。"看透了，看穿了，人的生命就获得了自由和解脱，从斤斤计较的小圈子里走出来，不在小事情上浪费自己，而能务其大者、远者，创造人生的远景宏图。人生旷达了，心智自然也就不会劳累，就不会活得那么拘谨和痛苦。

据说古时有个很有钱的人请到了全天下最有学问的人给儿子当老师，并请他们把几千年来人类的智慧和经验总结成一句话。这句话就是："一切都会过去的。"的确，世事不能尽如人意，只要无愧于心便可以安然、淡然，关键在于我们以怎样的心态看待生活。

白云守端禅师在方会禅师门下参禅，几年来都无法开悟，方会禅师怜念他迟迟找不到入手处。

一天，方会禅师借着机会，在禅寺前的广场上和白云守端禅师闲谈。方会禅师问："你还记得你的师父是怎么开悟的吗？"白云守端回答："我的师父是因为有一天跌了一跤才开悟的，悟道以后，他说了一首偈语：'我有明珠一颗，久被尘劳封锁，今朝尘尽光生，照破山河万朵。'"

方会禅师听完以后，大笑几声，径直而去。留下白云守端愣在当场，心想："难道我说错了吗？为什么老师嘲笑我呢？"

白云守端始终放不下方会禅师的笑声，几日来，饭也无心吃，睡梦中也经常会无端惊醒。他实在忍受不住，就前往请求老师明示。

方会禅师听他诉说了几日来的苦恼，意味深长地说："你看过庙前那些表演猴戏的小丑吗？小丑使出浑身解数，只是为了博取观众一笑。我那天对你一笑，你不但不喜欢，反而不思茶饭，梦寐难安。像你对外境这么认真的人，比一个表演猴把戏的小丑都不如，如何参透无心无相的禅呢？"

正如禅师所说，对外境过于认真，如何能参透无心无相的禅呢？对于普通人来说，只要你不自扰，不要做个庸人，就不会被诸多烦恼所缠绕。生活中，不尽如人意的事情很多，关键在于你怎样看待。有烦恼的人生才是最真实的，同样，认真对待纷扰的人生才是最舒坦的人生。

“境由心造”。一个人是否快乐，不在于他拥有什么，而在于他怎样看待自己的拥有，而非自寻烦恼。可事实上，很多人都看不清、想不开。如果一个人在面对世事变幻的时候，能够始终保持自己的本心，不自寻烦恼，能够想开、看开，就能获得一个快乐圆满的人生。

1945 年 3 月，罗勒·摩尔和其他 87 位军人在贝雅 S·S318 号潜艇上。当时雷达发现有一艘驱逐舰队正往他们的方向开来，于是他们就向其中的一艘驱逐舰发射了三枚鱼雷，但都没有击中。而那艘舰也没有发现他们。但当他们准备攻击另一艘布雷舰的时候，它突然掉头向潜艇开来，可能是一架日本飞机探测到这艘潜入海底 18 米深的潜艇，用无线电告诉这艘布雷舰了。

他们立刻潜到 46 米深的地方，以免被日方探测到，同时也准备应付深水炸弹。他们在所有的船盖上多加了几层栓子。3 分钟之后，6 枚深水炸弹在他们的四周爆炸，他们直往水底——深达 276 米的地方，他们都被吓坏了。

一般情况下，如果潜水艇在不到 152 米的地方受到攻击，深水炸弹在离它 5 米之内爆炸的话，差不多是在劫难逃。

罗勒·摩尔吓得不敢呼吸，他在想:“这回完蛋了。”把电扇和空调系统关闭之后，潜艇的温度升到近 40 度，但摩尔却全身发冷，牙齿咬得咯咯响，身冒冷汗。15 小时之后，攻击停止了，显然那艘布雷舰的炸弹用光以后就离开了。

这 15 小时的攻击，对摩尔来说，就像有 1500 年。他过去所有的生活都一一浮现在眼前，他想到了以前所干的坏事，所有他曾担心过的一些很无聊的小事。

摩尔说:“多年以来，那些令人发愁的事看来都是大事，可是在深水炸弹威胁着要把他送上西天的时候，这些事情又是多么的荒唐、渺小。”就在那时候，他向自己发誓，如果他还有机会见到太阳和星星的话，就永远不会再忧虑。

摩尔在危难之际才发现，从前令自己发愁的大事是那么渺小。不同的心态，对所发生事件的评价是如此的不同，它必然会对处理问题的态度发生影响，也会对今后的人生之路产生影响。以乐观、豁达、体谅的心态看问题，就会看出事物美好的一面；以悲观、狭隘、苛刻的心态去看问题，你会觉得世界一片灰暗。就像两个被关在同一间牢房里的人，透过铁窗看外面的世界，一个看到的是美丽神秘的星空，一个看到的是地上的垃圾和烂泥，这就是心态不同的区别。

生于尘世，每个人都不可避免地要经历苦雨凄风，面对艰难困苦，保持一种什么样的心态，将直接决定你的人生轨迹。如果我们的一颗心总是被灰暗的风尘所覆盖，干涸了心泉、暗淡了目光，失去了生机，丧失了斗志，我们的人生轨迹就会一直被负面情绪的墙堵住。而如果我们能保持一种“想开点、实际点”的心态，即使我们身处逆境、四面楚歌，也一定会等到“山重水复疑无路，柳暗花明又一村”的一天。

换个角度看世界，跳出世界看自己

也许有些人很可恶，有些人很卑鄙。而当我设身为他想象的时候，我才知道：他比我还可怜。所以请原谅所有你见过的人，好人或者坏人。

——海子

有位哲人说：“我们的痛苦不是问题的本身带来的，而是我们对这些问题的看法而产生的。”同样的一件事情，如果我们换个角度去观察和思考，就会有不同的看法。其实，生活本就是如鱼饮水，冷暖自知。很多东西根本无法用一个标准来衡量。所以，我们要换个角度看自己，还要跳出自己看世界。

大文豪苏轼曾说过：“横看成岭侧成峰，远近高低各不同。”的确，任何事物都具有多面性，从不同角度看问题，往往会引发不同的看法。正如诗中所说：两个犯人望向窗外，一个看见满天繁星，一个看见冰冷的泥沼。不同的角度，不同的风景，而决定我们眼前画面的，就是我们的心境。

有一句名言说：“如果我们只会站在自己的角度看问题，那么我们永远不知道别人在想什么。”这个世界上，有很多问题，站在自己的角度去思考可能永远不能了解或解决，而换个角度去思考就会发现你会有一个全新的答案。所以，当我们说话办事时，不妨选择一个好的角度。有一个好的角度，就有了成功的一半；但若选择了一个坏的角度，你就得到了失败的全部。

人生在世，总难免有烦恼和不安，别为你无法控制的事情烦恼，你有能力决定自己对事情的态度。如果你不控制它们，它们就会控制你。发生的已经发生了，无论好坏，你都要勇敢地去面对。

面对诅咒、谩骂，生闷气无济于事，反而会给疲惫的身躯增加新的负担，让自己生活得更累。不妨换个角度看世界，跳出世界看自己，把好心情迎进你的心里来。

对于一个本质相同的问题，用两种不同的问法，会得到截然相反的答案。这就是一个世界的两面性，如果拒绝换位思考，眼前的世界就永远是单一的。如果拒绝换位思考，将会丧失与人们交流的乐趣。任何人都很难说服别人做任何自己想做的事，学会换位思考，我们将获得另一半的世界。

一样的人生，异样的心态，看待事情的角度截然不同。要能跳出来看自己，以乐观、豁达、体谅的心态来观照自己，认识自己；不苛求自己，更重要的是超越自己，突破自己，因为好好生活才有希望。康德曾说："生气，是用别人的错误惩罚自己。"你不妨换个角度审视自己，你就会认识到生活很苦、很累，但也有乐趣和激动，它所呈现给我们的面目，取决于我们的心境，牵涉到我们对生活的态度，对事物的感受。

"至今思项羽，不肯过江东"，一曲霸王别姬让古往今来多少人洒下泪水。在乌江之畔，楚霸王的"无颜见江东父老"令人敬佩，却也令人惋惜。倘若他能从失败中跳出来，正视自己的不足，定能重整旗鼓，东山再起，也不至于落得个身首异处的下场。项羽的悲剧源自他的短浅目光，不懂得变换角度，改造眼前的风景。读诗尚有起承转合，放歌也需宫商角徵羽，不同角度，不同音调，不同情感。多彩人生，绝不止一个角度，少一些固执，便多一些释然；少一分狭隘，便多一分广阔，时常移位，时常变换，换个角度看世界，其实，事情往往会变得很简单。

《乱世佳人》中的斯嘉丽说："太阳每天都是新的。"的确，无论我们面对怎样的遭遇，它都会一如既往地升起来，并且带给世界新的希望与光明。而如果我们的内心布满阴云，就会把心头的阳光遮蔽。驱散心灵的阴云，让阳光穿行，那么黑暗将与你绝缘，你会永远生活在快乐舒心的氛围当中。

换个角度看世界，跳出世界看自己，我们就会从容坦然地面对生活。当痛苦袭来时，我们可以勇敢地应对，也让我们的心灵在布满荆棘的旅途中，作出勇敢的抉择，去寻找不一样的人生。

凡事不必过于执着

纠缠如毒蛇，执着如冤鬼。激烈得快的，也平和得快，甚至于也颓废得快。

——鲁迅

人们常常执着于某种念头，却往往忽视了生命的有限性。如果我们心心念念在某一种东西上，或在某一种习气上，始终不能解脱，就很难认清自己，更无法与这世界形成和谐的关系。

要认识内心的世界，首先要认识我们的心。由识心而找心，由找心而明心，由明心而安心。

南怀瑾先生说，宇宙生命的来源，本来是清虚的。“本来无一物，何处惹尘埃？”既然一切皆为虚清，又何必对什么事都紧紧地抓着，执着而不肯放手呢？

人，若能悟到这一层次，就算是修行到了真正的境界。照佛理所言，一切凡夫都有我相、人相、众生相、寿者相，打破这些执念，自然能推开迷雾见青天，认识一个全然超新的自己。在这一过程中，我们要随时观察自己，要使此心无所住。

因此，一个看清自己、看透外界的人，必须学会不要将自己的心执着于任何观念和习气上。

马祖道一禅师是南岳怀让禅师的弟子。他出家之前曾随父亲学做簸箕，后来父亲觉得这个行当太没出息，于是把儿子送到怀让禅师那里去学习禅道。

在般若寺修行期间，马祖通一整天盘腿静坐，冥思苦想，希望能够

有一天修成正果。

有一次，怀让禅师路过禅房，看见马祖通一坐在那里面无表情，神情专注，便上前问道：“你在这里做什么？”

马祖通一答道：“我在参禅打坐，这样才能修炼成佛。”

怀让禅师静静地听着，没说什么走开了。

第二天早上，马祖通一吃完斋饭准备回到禅房继续打坐，忽然看见怀让禅师神情专注地坐在井边的石头上磨些什么，他便走过去问道：“禅师，您在做什么呀？”

怀让禅师答道：“我在磨砖呀。”

马祖通一又问：“磨砖做什么？”

怀让禅师说：“我想把他磨成一面镜子。”

马祖通一一愣，道：“这怎么可能呢？砖本身就没有光明，即使你磨得再平，它也不会成为镜子的，你不要在这上面浪费时间了。”

怀让禅师说：“砖不能磨成镜子，那么静坐又怎么能够成佛呢？”

马祖通一顿时开悟：“弟子愚昧，请师父明示。”

怀让禅师说：“譬如马在拉车，如果车不走了，你用鞭子打车，还是打马？参禅打坐也一样，天天坐禅，能够坐地成佛吗？”

马祖通一把心念执着于坐禅，所以始终得不到解脱，只有摆脱这种执着，才能有所进步。

成佛并非执着索求或者静坐念经就可，必须要身体力行才能有所进步。一开始终日冥思苦想着成佛的马祖通一，在求佛之时，已经渐渐走入歧途，偏离了参禅学佛的本意。马祖通一未能明白成佛的道理，就像他没有明白自己的本心一样，他不了解自己的内心如何与佛同在，所以他犯了“执”的错误。

修佛也好，参禅也好，在认识和理解禅佛之前，修行者必须要先认识自己的本身，然后发乎情地做事，渐渐理解禅佛之意。如果执着于认识禅佛之道，最后连本身都不顾了，这就是本末倒置。就像一个人做事之前，必须要理解自身所长，才能放手去做事。如果只看到事物的好处而忽略了自身能力，又怎么可能将事情做好呢？这便是寻明心，安身心的魅力所在。

有两个不如意的年轻人，一起去拜望一位禅师并问道："师父，我们在办公室被人欺负，太痛苦了，求您开示，我们是不是该辞掉工作？"禅师闭着眼睛，隔了半天，吐出五个字："不过一碗饭。"就挥挥手，示意年轻人退下。

回到公司，一个人递上辞呈，回家种田，另一个人却没动。日子转眼过去十年，回家种田的人，以现代方法经营，加上品种改良，居然成了农业专家；另一个留在公司里的人，也不差，他忍着气、努力学，渐渐受到器重，后来成为经理。

有一天两个人相遇了。

农业专家问道："奇怪！师父给我们同样'不过一碗饭'这五个字，我一听就懂了，不过一碗饭嘛！日子有什么难过？何必一定要在公司？所以辞职。你当时为什么没听师父的话呢？"

"我听了啊！"那经理笑道，"师父说'不过一碗饭'，受气、受累时，我只要想'不过为了混碗饭吃'，老板说什么是什么，少赌气、少计较，就成了！师父不是这个意思吗？"

两个人又去拜望禅师，禅师已经很老了，仍然闭着眼睛，隔半天，答了五个字："不过一念间。"然后，挥挥手……

对于人来说，没有一样东西是可以完完全全、真真正正抓住的，无论是物，还是人，因此不必斤斤计较，刻意追逐。对于不生不灭的生命本源，要把握得住，认识得透彻，才能够善始善终。"不知常，妄作凶"，醉生梦死，碌碌无为，终将痛苦离去。想要抓住一切，往往什么都抓不住。

人类较之物类更是固执。有些人总喜欢给自己加上负荷，轻易不肯放下，自谓为“执着”。

执着于名与利，执着于一份痛苦的爱，执着于幻美的梦，执着于空想的追求，数年光华逝去，才嗟叹人生的无为与空虚。我们总是固执地由“我想做什么”到“我一定要做到什么”，理想与追求反而成为一种负担。

很多时候，我们舍不得放弃一个没有前途的工作，舍不得放弃已经过去很久的种种往事，舍不得放弃对权力与金钱的角逐……于是，只能用生命作为代价，透支着健康与年华。但谁能算得出，在得到这些自己认为珍贵的东西时，有多少和生命休戚相关的美丽像沙子一样在指掌间溜走？

要知道，掌中所握的沙子数量是有限的，一旦失去，便再也拿不回来。自在的快乐便是佛家所说的“要眠即眠，要坐即坐”的境界，如果一个人茶饭不宁，百种需求，千般计较，自然谈不上是真正地放下，又如何去感受快乐？

古人云：“无欲则刚。”这其实是一种境界，一种修养。没有太多的欲望，就会活得简单、洒脱、自由。于是，在滚滚红尘中，不如怀一颗平和心，抵挡各种诱惑；做一件平常事，学会放弃不必执着之事；当一个平凡人，简单生活，做最真实的自己。

第五篇
培养美好的品性

第一章

以宽容之心面对生活

宽容是莫大的美德

大智慧者必谦和，大善者必宽容，大骄傲者往往谦逊平和。有巨大成就感的人，必定也有包容万物、宽待众生的胸怀。

——周国平

“大肚能容，容天容地，于己何所不容；启齿便笑，笑古笑今，凡事一笑置之。”这是一种非凡的气度。有了宽容的襟怀，才有容天容地、容江海的高尚和广博，才有来自心底的真诚笑脸，大千世界，日月轮回，时势境迁，人心思变。所以，于己要多责，责本人蒙昧无知；对别人，要多赏识，赏别人有高有低。人生有了这种宽容的气宇，才能安然走过四时，才能闲庭信步笑看花落花开。

人与人之间的你来我往中，免不了会有摩擦和误会，心不存愤恨恶念，语不带尖酸刻薄，不伤害、诽谤他人，而是坚守善美的心念、清静的语言，可在他的心里栽种一株株慈悲的草、宽容的花，一朝人生的大原野就能处处绿意，白云游天，驰骋其间就是“只要自觉心安，东西南北都好”潇洒自在。

所以，宽容是一种莫大的美德，是一种豁达；宽容能够容纳万物，能够包含太虚。心胸坦荡，不以世俗荣辱为念，不为世俗荣辱所累，不为凡尘琐事所扰，不为痛苦烦闷所惊，就会活得轻松、潇洒、磊落、舒心。

这个故事发生在澳大利亚的一个度假村，一个满脸歉意的工作人员正在安慰一个四岁左右的小男孩，小男孩已经哭得筋疲力尽了！问清原因后，才知道，原来那天小朋友特别多，这位工作人员一时疏忽，在儿童网球课结束后少点了一个人，于是，这个小朋友就被留在了网球场里。

等这个工作人员发现人数不对时，赶快跑到网球场将孩子带回来。那个小朋友因为一个人被留在偏远的网球场而受到了惊吓，哭得非常伤心，这一幕被匆匆赶来的孩子的妈妈看见了。

管理人员本以为这位妈妈会痛骂自己一顿，或者向主管部门投诉，或是很生气地要求退费，再也不参加这类儿童俱乐部了！

可是出乎他意料，这位妈妈是这样做的：她蹲下来安慰自己的小孩，并且告诉他：“现在已经没事了，那个哥哥因为找不到你，也非常紧张而且非常难过。他不是故意的，现在，你必须亲亲哥哥的脸颊安慰他一下。”

那个四岁的小孩踮起了脚尖，轻轻地亲了亲蹲在他旁边的工作人员的脸，告诉他：“不要怕了，已经没事了！”

这个母亲用宽容的方式培养出了宽容、体贴的孩子。宽容是一种美德，是最能让人感动的一种品质，很多人因为宽容而改变了他的一生。可见，宽容他人，信任他人，是对人性的肯定，也是对人的帮助在于心理上道义的重建。要做到胸襟开阔，就要意识到“人无完人”，做到“得理让人”，“宽容别人”。

能宽容别人的人是可敬的，生命的意义在于彼此接纳的和谐之中，饶恕是一种极高的美德，一个饶恕别人的人自己的内心也会得到释放。平时打交道的时候，多用理解、同情和爱心去影响别人，不计较小事，不苛求别人，多注意别人的好处，尊重每个人的思维、工作、学习和生活习惯。大海因为能够容纳百川，所以可以成为浩瀚的海洋。处处宽容别人，绝不是代表软弱，绝不是面对现实的无可奈何。在短暂的生命里程中，学会宽容，可谓成就了人的最高修养。

林肯对竞争对手以宽容著称，后来终于引起了议员们极大的不满。

有一位议员说："你不应该和那些人交朋友，而应该消灭他们。"

林肯微笑着回答："当他们变成我的朋友，难道不是正在消灭我的敌人吗？"

这位议员听后，不得不点头称赞总统的智慧和过人之处。

林肯总统的话可谓一语中的，生活中如果我们能够多一些宽容，多一些谅解，公开的对手或许就是我们潜在的朋友。

在竞争激烈的现代社会，磕磕碰碰的事情在所难免。我们在社会交往中，吃亏、被误解、受委屈一类的事也经常发生。我们当然希望不要遇到这些事情，但一旦发生了，最明智的选择就是宽容。宽容不仅仅包含着理解和原谅，更显示出气度和胸襟、坚强和力量。宽容的是别人，给自己的却是快乐。

一般说来，当一个社会形成了一种宽容的气氛时，就会变得充满生机。在这样一个竞争日益激烈的社会中，最要紧的是宽容，是用善心待人，原谅人家偶然的过失，即使是犯有大错的人，也要温和规劝，给他改正的机会。

《论语·阳货篇》中说："宽则得众。"的确如此，如果我们的社会不培养人们宽以待人的心态，不允许人们出错，一旦出错又一味严厉追究责任，那么，这个社会的动力和美德就会丧失。

人的一生不如意事十之八九，面对挫折、责备、无礼和刁难，若都记在心上，反复折磨自己的心灵，人岂非要折寿甚或气死。

或许“不以物喜，不以己悲”这种境界很难做到，但是敞开胸襟，对任何事都淡然应对，心灵将永远不会生出芥蒂，人生中再大的难处也变得不难了。

对于每一个人来说，宽容才会赢得声望，无论任何天才或幸运儿，只有和普通人一样失败、辛苦过来的人才会知道，对于那些正在努力争取改变命运的人们来说，无论出现何种错误或失败都有值得宽容的理由。

做人有德，做事能容

将来世界自当近于孔子所谓天下一家。今试预度其时，个人与群之间，或个人与个人之间，一切皆臻于至善，余恐未易言也。余确信致良知，是立德之本，此不容忽视。

——熊十力

泰山不拒抔土，故能成其高；江海不拒细流，故能成其大。与人交而无怨，是我们在做人中应有的宽容，而这也是一个人成熟的表现。

一个宽容的人保持着一种恬淡、安静的心态，做着自己应该做的事情。宽容的人就像一杯清茶一般沁人心脾，一个善意的微笑、一句幽默的话语也许就能化解人与人之间的怨恨和矛盾，弥合感情的裂痕。

生活中，人人都会犯错误，倘若犯了错误之后不给改过自新的机会，就会激化矛盾，造成不良后果。如果我们能不计较他人的过失，设身处地地为他人着想，或许在宽容的背后，还能收敛一颗顽劣的心。没有多少人会得寸进尺，人们在得到他人的原谅后，多半会真心悔悟。

宽容是上天赐予我们的最美丽的生活原则，它使人类在面对宇宙的浩瀚时不再感到渺小，它使我们从此过上一种涵盖一切和关照一切的有深度的生活，“只有理解一切，才能成为一切”，宽容最终能把地狱变为美丽生活的天堂。

第二次世界大战期间，一支部队在森林中与敌军相遇，激战后两名来自同一个小镇的战士与部队失去了联系。

两人在森林中艰难跋涉，他们互相鼓励、互相安慰。十多天过去了，仍未与部队联系上。这一天，他们打死了一只鹿，依靠鹿肉又艰难度过了几天，可也许是战争使动物四散奔逃或被杀光，这以后他们再也没看到过任何动物。他们仅剩下的一点鹿肉，背在年轻战士的身上。

这一天，他们在森林中又一次与敌人相遇，经过再一次激战，他们巧妙地避开了敌人。就在自以为已经安全时，只听一声枪响，走在前面的年轻战士中了一枪——幸亏伤在肩膀上！

后面的士兵惶恐地跑了过来，他害怕得语无伦次，抱着战友的身体泪流不止，并赶快把自己的衬衣撕下包扎战友的伤口。

晚上，未受伤的士兵一直念叨着母亲的名字，两眼直勾勾的，他们都以为熬不过这一关了。尽管饥饿难忍，可他们谁也没动身边的鹿肉。天知道他们是怎么度过的那一夜。可第二天，部队救出了他们俩。

事隔 30 年，那位受伤的战士安德森说：“我知道谁开的那一枪，他就是我的战友。当时在他抱住我时，我碰到他发热的枪管。我怎么都不明白，他为什么对我开枪？但当晚我就宽容了他。我知道他想独吞我身上的鹿肉，我也知道他想为了母亲而活下来。此后 30 年，我假装根本不知道此事，也从不提及。战争太残酷了，他母亲还是没有等到他回来，我和他一起祭奠了老人家。那一天，他跪下来，请求我原谅他，我没让他说下去。我们又做了几十年的朋友，我宽容了他。”

每一个有坏处的人都有他值得人同情和原谅的地方，宽恕别人所不能宽恕的，是一种最高贵的行为。

古人说：“大度集群朋。”一个人若能有宽宏的度量，他的身边便会集结起大群知心朋友。大度，表现为对人、对事能“求同存异”，不以自己的特殊个性或癖好对待他人；大度，也表现为能听得进各种不同意见，尤其能认真听取相反的意见；大度，还要能容忍他人的过失，尤其是当他人对自己犯有过失时，能不计前嫌，一如既往；大度，更应表现为能够虚心接受批评，发现自己的过失，便立即改正，和他人发生矛盾时，能够主动检查自己，而不文过饰非、推诿责任。大度者，能够关心人，帮助人，体贴人，责己严，责人宽。

著名京剧表演艺术家梅兰芳先生是一位通情达理、善解人意的人，因此他受到许多人的尊敬，得到了“白玉无瑕”的美名。

抗战胜利后，在上海一家小报的广告中，出现了一条“艺人梅兰芳卖画”的字样，显然是有人在冒梅兰芳之名赚钱。

对这种恶劣行为，梅兰芳的朋友们都十分气愤，纷纷准备去那家小报兴师问罪，并准备找出那个冒名者，狠狠教训他一通。

梅兰芳却劝阻了他们，他对朋友们说，这个冒名者想赚钱不假，但通过卖画来赚钱，想必也是有点本事的，估计也是个读书人，只不过命运不济罢了。

朋友们从侧面了解了一下冒名者的来历，果然同梅兰芳所预料的一样。

西班牙著名画家毕加索也经历过这样的事情。毕加索对冒充他作品的假画毫不在乎，从不追究，最多只是把伪造的签名除掉。有人不解地问他为什么这样，毕加索说：“作假画的人不是穷画家就是老朋友，我是西班牙人，不能和老朋友为难，穷画家朋友们的日子也不好过。再说，那些鉴定真迹的专家们也要吃饭，那些假画使许多人有饭吃，而我也没有吃亏，为什么要追究呢？”

梅兰芳和毕加索都是宽容的人，因为他们的一点理解，几分慈悲，那几位穷苦的伪造画者才不至于走投无路。理解和宽容，使他们得到了人们更多的敬重。生活中处处需要宽容的调剂。即使是好友之间也难免出现摩擦，需要宽容和理解弥合友情的裂痕。

用一颗宽容和容纳的心去感受人生中的人和事，由于宽容之于喜欢，正如和风之于春日，阳光之于冬天，它是人类灵魂中的美丽景色。有了广博的襟怀和宽容一切的心灵，就有了可以包容万物的心，这样的人生才能拥有幸福和快乐，才能看到更美的人生风景。

海纳百川，有容乃大

度尽劫波兄弟在，相逢一笑泯恩仇。

——鲁迅

宽容是一种胸怀，林则徐说过：“海纳百川，有容乃大；壁立千仞，无欲则刚。”俗话说：“忍一时风平浪静，退一步海阔天空。”不管是做人还是做事，就要有博大的胸怀，有海纳百川的度量，让宽容撑起一片蔚蓝的天。

宽容是人生的深度，一个人胸怀宽广，就会站得高、看得远，就会宽待他人、善待他人。有了这样的雅量，对于别人对自己的误解、偏见，乃至讽刺、挖苦、谩骂等就会统统不放在心里，更不会为此愁肠百结、郁愤难平、伺机报复，这样的人就会使人感到可亲、可敬、可佩。

其实，宽待敌人并不会让自己损失很多，最重要的是超越自己。化解曾经剑拔弩张的矛盾、冲突，将暴风骤雨化作春风细雨。你如果能够有宽广的胸怀，包容他人，哪怕是这个人曾经使自己伤痕累累，你也能将怨恨、愤怒转化为融洽、和谐，换来的是对方的忏悔和尊重。

纷纭的世界，我们无法拒绝被伤害。有时，甚至眼睁睁看着智慧被夺走，成就被贬低，爱情被摧折……屡屡遭遇锱铢必较的烦腻，争奇斗巧的排斥，以及阴险的谋算，我们的努力与真诚换回的可能仅是一地破碎。

人活在世上，不能不在乎某些东西。于是，伤害过我们的人，你就用甚至几倍的伤害伎俩重创他们。心理得以平衡之后，有一天你又被伤害，你又在报复。周而复始，我们终日被报复充斥，成了报复的囚徒，苍白了信仰，空虚了精神，丢掉了理想，可惜了美德，得到的只是伤害。

宽容是一种境界。当然对伤害自己的人宽容不是一件容易做到的事，要把怨气甚至仇恨从心里驱赶出去，需要极大的勇气和胸襟，只要能使自己心中的爱越来越多，仇恨就会被挤出去。人不需要刻意地去消除仇恨，而是应该不断以爱充满内心、以关怀滋润胸襟，这样，仇恨自然没有容身之处。

你能把虚空宇宙都包容在心中，那么你的心胸自然就能如同天空一样宽广。无论荣辱悲喜、成败冷暖，只要心胸开阔，自然就能做到风雨不惊。

真正的宽容不是摆设与表演，也不是退却与懦弱，它是生命中的大海，即使沉默着，也有涵盖一切和关照一切的深度。由宽大平和之中认识这世界的可爱和可颂赞之处，才不辜负这难得的一生。

气度决定格局，格局决定结局

伟大的心胸，应该表现出这样的气概——用笑脸来迎接悲惨的厄运，用百倍的勇气来应付一切的不幸。

——鲁迅

多一个朋友，就少一个敌人。一个人的胸怀能容得下多少人，就能够赢得多少人。小肚鸡肠的人，眼中的生活是灰色的，他们无时无刻不在算计着、不在担忧着；反之，心胸宽广的人，眼中的生活是彩色的，失去对他们来说是微不足道的，凡事不会时时刻刻抓在手中，他们懂得放下。身临其境地想一下，当把一切得失荣辱都视作浮云一朵的时候，生活不就变得轻松自如了吗？如果这只要大一点的气度就可以办到，那何乐而不为呢？

北大一学者曾经讲过这样一个故事：

在一家贸易市场里，某水果摊位生意十分兴隆，却有一位顾客非常挑剔。

“这水果这么烂，一斤也要卖 50 元吗？”顾客拿着水果左看右看。

“我这水果是很不错的，不然你去别家比较比较。”小贩不慌不忙地说。

顾客说：“一斤 40 元，不然我不买。”

小贩还是微笑地说：“先生，一斤卖你 40 元，那我对刚刚向我买的人怎么交代呢？”

“可是，你的水果这么烂。”

“不会的，如果是很完美的，可能一斤就要卖100元了。”小贩依然微笑着。

不论顾客的态度如何，小贩依然面带微笑，而且始终笑得像第一次那样亲切。

客人虽然嫌东嫌西，最后还是以一斤50元买了。

有人问小贩何以能始终面带笑容，小贩笑着说：“只有想买货的人才会指出货如何不好。如果我不接受他的意见，用几句话把他顶撞回去，他就不会成为我的顾客。”

讲完这个故事后，这位学者接着对学生说：“小贩完全不在乎别人批评他的水果，并且一点儿也不生气，不让狭隘来扰乱方寸，这不只是修养好而已，也是对自己的水果大有信心的缘故。我们在生活中却真的不如这个小贩，平常有人说我们两句，我们就已经气在心里，更不用说微笑以对了。而且生活中批评指责我们的，往往是我们最亲近的人和最好的朋友。正所谓：‘良药苦口利于病，忠言逆耳利于行。’良药虽苦，却是治病的根本；如果没有‘苦口’之‘良药’，我们这种狭隘之病如何会好起来呢？这里有一剂‘良方’，正是对‘症’所下之‘药’。”

嫌货不好才是买货人。故事中的小贩用自己的一脸微笑为我们上了极其宝贵的一课。北大不仅在学术上倡导兼容并包，而且在为人处世上也将包容视为学生人生修养的重要一课。一个善于包容的人才是一个真正有学问、有作为的人。

我们不论与谁交往，都不可能要求对方事事都能做到让我们满意。多一分谅解，多一分气量，你的人际关系才不至于太紧张。私欲往往是德行的敌人，心底无私，才能天下为公。要成大事，就要有海洋一样宽阔的胸襟，宽容是一种雅量，也是一种风度。它是人与人交往的缓冲，它可以化解许多不必要的冲突；宽容又是人与人交往的润滑剂，它可以减轻摩擦，缓和紧张的关系。

气度小的人，往往不能容忍别人比自己优秀的人，也容忍不了和自己存在分歧的人。时间长了，交往的圈子就非常狭小，自己的人生境界自然就难以提升。

其实，细细品味人生哲理，则会明白看似为难的事情也很容易解决，那就是要有宽以待人的气度。

在黄飞鸿系列电影里面，有句话叫作："拳脚小功夫，容人大丈夫。"我们通常会被这种恢宏的气度所折服，这也正好印证了法国作家拉封丹的寓言《南风和北风》中的一句话："温和与友善比暴力要强大。"

当你与家人、同学争吵或者发生冲突的时候，不妨在心中想一想这句话，用宽容来对待矛盾，化解争执，这样你将获得意想不到的结果。

宽容的心令生命更从容

同我一起工作的同事一多半是十年浩劫中的对立面，批斗过我，诬蔑过我，审讯过我，踢打过我。他们中的许多人好像有点愧悔之意。我认为，这些人都是好同志，同我一样，一时糊涂油蒙了心，干出了一些不太合乎理性的勾当。世界上没有不犯错误的人，这是大家都承认的一个真理。

——季羡林

马克·吐温说："一只脚踩扁了紫罗兰，它却把香味留在了那脚跟上，这就是宽容。"宽容向来说起来容易，做起来难，尤其在受过灾祸洗礼的人身上更是难得。宽容是一种至高的人生境界。人具备宽容之美德，心灵会如井中之月，风波虽起，但片刻回复原状，多少仇恨消融为一片宁静。

宽容永远是美德的辅佐，而不是罪恶的助手。宽容的力量不仅仅是将人们的生活变得更加幸福美满，还是一种明智的处世方法，是一种做人的美德。一个人的心中如果装不下“宽容”，你的生活就如同在刀锋上行走。人应该是大度的，是宽容的。宽容不但是一把健康的钥匙，更是人们修养与善意的结晶。

季羡林说：“宽容是一种美德，但是要拥有这种美德，首先得先有豁达的心态。倘若终日斤斤计较、心胸狭窄，眼中容不下半粒沙，处处挑剔别人的坏处，从不为人遮掩难堪，不懂得原谅人，他人必然会觉得你实在难以相处，难免生出疏离之意。”可是一个人能够宽容大度地看待眼前一切，他人也必定宽容视你，人与人之间摩擦大为减少，人人皆活得洒脱淡定，舒适泰然。

一个苦修的头陀听闻有个高僧修行极高，已得“小道”，心中不信。一次与高僧偶遇，一言不发，上去对高僧就是一个响亮耳光，然后嬉笑着等待高僧的责问。然而高僧毫无怒色，却担心地问道：“您的手痛吗？”此乃道也。

故事中的“道”乃佛家所说的慈悲为怀，引申到现实当中，即“宽容”。平常人不是佛，很难做到“打不还手，骂不还口”，但是平常人可以做到容人于心。不要认为“人善被人欺，马善被人骑”，若是别人占你点便宜，给他罢了；若是人家得理不饶人，让着他，免得吵来吵去伤了和气、伤了心脾。

中国人有句古话：“得饶人处且饶人。”在不害大义之下的矛盾，皆是“得饶人处”，都可以被原谅和宽恕。

宽容如泽被苍生的细雨，容万物得其滋润，囊山峦揽百川，纵使你是一棵屋檐下的苔草、石缝里的虫菇，斜风细雨亦会给你带来欣荣。战国时期，秦国丞相李斯在《谏逐客书》里说道："泰山不让土壤，故能成其大；河海不择细流，故能成其深。"此话是劝谏秦王要敞开心胸，不要把六国的人才驱逐出秦国，这样才能成为千古明君。此语虽为权术之道，但正说明了一个人应当心胸宽怀，不计小事。

有时候，宽容也是一种幸福。我们宽恕别人，不但给了别人机会，也赢得了别人的信任和尊敬，我们也因此能够与他人和睦相处。宽容是一种豁达，是一个人有涵养的表现。当时光飞逝，岁月变迁，不管经历什么，我们若始终能宽容待人，生命自会丰盈、逍遥，我们看待生命的眼光也将更加从容。

梁启超到北大去演讲，题目是《评胡适的〈中国哲学史大纲〉》。

梁启超12岁中秀才，16岁中举人，曾发起"公车上书"，参与"百日维新"，学富五车，思想激进，是近代了不起的文化名人。听说梁启超要去演讲，北大学子趋之若鹜。梁启超素与胡适不和，去北大演讲评胡适的书，摆明是要给胡适好看，可胡适并没有有意躲避，百忙之中挤时间去听演讲。

梁启超一共讲了两天，他的演讲极富激情，声音洪亮，声情并茂，而且他的学问、记性都很好，大段的典籍和诗词信手拈来，绝无差错，使师生们赞叹不止。胡适因为工作繁忙，第一天没能去，第二天才出现在会场。

梁启超首先肯定了《中国哲学史大纲》："这部书（《中国哲学史大纲》）处处表现出著作人的个性，他那敏锐的观察力，缜密的组织力，大胆的创造力，都是不废江河万古流的。"

学生们都等着听他接下来说胡适此书如何之好，没想到梁氏此乃欲抑先扬，在接下来的演讲中，他对胡适的观点逐条进行了尖刻的批驳，说胡适把思想的来源抹杀得太过，并且写时代的背景很不对，而且全书只从老子讲起，这并不可靠，因为史学家们对老子的思想，有“六大怀疑”……

最后梁启超得出结论：“总说一句，这个著作者，凡关于知识论方面，到处发表石破天惊的伟论；凡关于宇宙人生观方面十有九很浅薄或谬误！”

在演讲过程中，梁启超引经据典，不遗余力地贬损胡适，说胡适是戴“有色眼镜著书”“强古人以就我”“不能尽脱却主观的臭味”，明显是从学术攻击转向了人身攻击。更让人哭笑不得的是，梁启超讲完，还专门留下时间给胡适作答。

出乎所有人意料，胡适并没有对梁启超的无礼行为进行回击。他发表了一个不卑不亢的简短讲话，既为自己的作品辩白，也表达了对梁启超的尊重。

在胡适看来，梁启超的任性、敢做敢说，完全是出于一片赤子之心，是天真的孩子气。而他对胡适的“骂”，恰恰“表示他天真烂漫，全无掩饰，不是他的短处，正是可爱之处”。

据胡适的秘书胡颂平回忆，一天夜里，胡适对身边的工作人员王志维感慨道：“有些人真聪明，可惜把聪明用得不得当，他们能够记得二三十年前朋友谈天的一句话，或是某人骂某人的一句话。我总觉他们的聪明太无聊了。人家骂我的话，我统统都记不起了，并且要把它忘记得更快更好！”

宽恕别人所不能宽恕的，遗忘别人所不能遗忘的，是一介书生旷达的心胸，亦是一位生活智者超然物外的洒脱。能容天下才，方能为天下人所容。宽容不仅能够医治被宽容者身上的不足之处，还可以挖掘出宽容者身上的伟大之处。你若要彩虹，你就得宽容雨点。“宽以待人”既是一种待人接物的态度，而且还是一种高尚的道德品质，它能够化解人和人之间的许多矛盾，增强人和人之间的友好情感。宽以待人，不断提高自己的思想境界，就能使自己成为一个道德高尚的人。

我们每天穿梭于茫茫人海中，面对一个小小的过失，一个淡淡的微笑，一句轻轻的歉意，带来的是包涵和谅解，谅解别人的缺点和过失。要做到这一点，就要有气量，不能心胸狭窄，应宽宏大度。

宽容了别人，等于善待了自己。学会宽容，这样才能使自己的生活变得轻松、快乐。拥有宽容心才能收获生命的幸福。宽容是万水奔汇的海洋，以宽容的态度对人待己，才会拥有快乐、祥和的人生。

第二章

谦让不代表懦弱

饱满的谷穗总是低着头

大智慧者必谦和，大善者必宽容，大骄傲者往往谦逊平和。有巨大成就感的人，必定也有包容万物、宽待众生的胸怀。

——周国平

蒙田说过这样一句话：“真正有学问的人，就像麦穗一样，只要它们是空的，它们就茁壮挺立，昂首睨视。但当它们趋于成熟、饱含鼓胀的麦粒时，它们便谦虚地低垂着头，不露锋芒。”著名的哲学家苏格拉底说：“我之所以被认为是最有智慧的人，是因为我知道自己一无所知。”

知识匮乏使人骄傲，知识丰富则使人谦逊，所以空心的禾穗、高傲地举头向天，而充实的禾穗则低头向着大地，向着它们的母亲。

谦逊不仅是一种美德，还是你无往不胜的要诀，因为谦和、温恭的态度常常会使别人难以拒绝你的要求，这也是巨大收获的开头，正如亚里士多德所说：“对上级谦恭是本分，对平辈谦逊是和善，对下级谦逊是高贵，对所有的人谦逊是安全。”

学问广博的人，表现得好像还不充实；学识浅显的人，却急于让人知道自己。有大智慧，又懂得如何去光而不耀，想来，这便是苏格拉底最值得人们尊敬的地方。我们人生中所拥有的一切，不过如沧海一粟，是那样的渺小。我们若能以一颗谦卑的心、包容的心去面对眼前的一切，才达到一种做人的至高境界。

爱因斯坦是个名满天下的科学家。有一次他的学生问他：“老师的知识那么渊博，为何还能做到学而不厌呢？”

爱因斯坦很幽默地解释道：“假如把人的已知部分比作一个圆的话，圆外便是人的未知部分，圆越大，其周长就越长，他所接触的未知部分就越多。现在，我这个圆比你的圆大，所以，我发现自己尚未掌握的知识自然是比你多，这样的话，我怎么还敢懈怠下来呢？”

一个人不管自己有多丰富的知识，取得多大的成绩，或是有了何等显赫的地位，都要谦虚谨慎，不能自视过高。应心胸宽广，博采众长，不断地丰富自己的知识，增强自己的本领，进而更深刻地认识自己，获得更大的成功。

《周易》有云：“人道恶盈而好谦。”一个人可以豪气万千，但绝不能傲气半分，纵然有超人的才识，也要虚怀若谷。一个人最大的缺点，就是茫然不知自己还有缺点。因为人们只知道自我陶醉，一副自以为是、唯我独尊的态度，殊不知这种态度会遭到多数人的排斥，使自己处于不利地位。

罗马政治家和哲学家西塞罗会认为：“没有什么能比谦虚和容忍，更适合一位伟人。”一颗谦逊的心是自觉成长的开始，就是说，在我们承认自己并不知道一切之前，不会学到新东西。许多年轻人都有这种通病，他们只学到一点点，却自以为已经学到一切。他们的心关闭起来，再没有东西进得去，他们自以为是万事通，这就会成为我们所会犯的最严重的错误。

清晨的未名湖总荡漾着氤氲的雾气。一学子捧书于石上。晨风中，过来一位老者，他说：“你在看什么书？”

答：“朱光潜的《美学》。”

老者说：“这书不值得看。他的东西都是从国外的美学理论那儿来的。你直接看几本西方美学史就行了。”

学生不由得有些愤怒：从哪儿来的一个老头，竟敢如此贬低朱先生？他猛然站起来，合上书就走。

走不了几步，忽听见耳边有人招呼道：“朱先生您好！”

回头一看，是几个挂红牌的研究生正恭恭敬敬地向刚才那老头行礼。

学生冲上去问道：“您就是朱先生？”

老者含笑颔首：“我告诉你，不要看他的书嘛！当年外国的美学还没有进来，大家看它很稀奇，现在，那些书都介绍进来了，你可以直接看原著，最好是英语原著。翻译得有偏差。”

学生面对朱先生，一时激动得说不出话来。朱先生中等身材，小四方脸，一双眼睛笑盈盈地看着学生。

后来学生才知道，朱先生患有极重的眼疾，近乎失明，可是那天学生记忆里的他分明双目炯炯有神。

朱光潜先生不愧是大师，他这种谦逊、和蔼、朴素的精神足以令我们感动。意大利的达·芬奇在《笔记》中感叹道：“微少的知识使人骄傲，丰富的知识则使人谦逊，所以空心的谷穗高傲地举头向天，而充实的谷穗低头向着大地，向着它们的母亲。”其实，越有学识、越有成就的人越懂得谦虚，也正是这种谦虚的精神促成了他们学术和事业上的成功。

俄国的列夫·托尔斯泰也做了一个很有意义的比方：“一个人就好像一个分数，他的实际才能好比分子，而他对自己的估价好比分母，分母越大，则分数的值越小。”真正的谦虚，是自己毫无成见，思想完全解放，不受任何束缚，对一切事物都能做到具体问题具体分析，采取实事求是的态度，正确对待；对于来自任何方面的意见，都能听得进去，并加以考虑。这样的人能做到在成绩面前不居功，不重名利；在困难面前敢于迎难而上，主动进取。他们的谦虚并不是卑己尊人，而是对自己的一种尊重。

其实，人们不应为自己已有的知识和成绩感到骄傲，容器的容量是有限的，假如人能够保持谦虚的心态，则人的心胸可以扩展到无限。人们如能谦虚处世，无疑可以掌握更多的知识，取得更大的成绩。谦虚使人高尚，谦虚促人进步，一个人只有低着头，才能积蓄向上攀登的力量。

要知道，饱满的稻穗总是低着头的，只有空瘪的稻穗才高昂着头。我们固然要表现生命的率真，但同时也应保持一颗谦逊的心。因而谦虚能够指引人们走向成功，那些在事业上卓有成就的人无一不拥有谦虚的美德。

君子谦逊不谦卑

谦以待人，虚以接物。

——鲁迅

君子谦逊温文，但是骨子里有武者的真和贞，所以，很多人可被人盛赞温柔、好脾气或是有教养，但是很少有人被称作君子。

一味强调自己不如人的人，并不是谦虚，而是一种懦弱。人背负着尊严行走在世间高低不同、起伏不定的道路上，会遇到不同的人，他们各有各的长处，各有各的特点，值得我们去学习、去借鉴。

要想学到别人的长处，我们必须谦逊，谦逊是使人与人友好相处的法宝，没有人会对一个骄傲自大、飞扬跋扈的人说出自己的经验或宝贵的人生收获。这个时候，我们是躬着腰的，也许会觉得很累——因为我们的背上，还背负着尊严。这种疲劳感时刻提醒着我们，要尊重别人，但同时不能贬低自己。

一位闻名遐迩的画家每逢有青年画家登门求教，总是很耐心地给人看画指点；对于有潜力的青年才俊，更是尽心尽力，不惜耗费自己作画的时间。一次，一位后辈画家对于前辈的关爱有加感激涕零，老画家微笑着讲了一个故事：

40年前，一个青年拿了自己的画作到京都，想请一位自己敬仰的前辈画家指点一下。

那画家看这青年是个无名小卒，连画轴都没让青年打开，便推托事务缠身，下了逐客令。

青年走到门口，转过身说了一句话："大师，您现在站在山顶，往下俯视我辈无名小卒，的确十分渺小；但您也应该知道，我从山下往上看您，您同样也十分渺小！"说完转身扬长而去。

青年后来发愤学艺，终于在艺术界有所成就。他时刻记得那一次冷遇，也时刻提醒自己，一个人是否形象高大，并不在于他所处的位置，而在于他的人格、胸襟和修养。

你如果是故事中年轻画家，你会怎么做？保持所谓的谦逊，唯唯诺诺，任由所谓的"前辈"轻视侮辱？年轻画家没有那么做。他是谦逊的，但是谦逊不代表他就没有高傲的人格，他在这位"前辈"面前保留了自己的人格，高傲地离去，并用一生的时间来为自己的高傲积蓄资本，终于成为一位有名的画家。

人可以谦逊，但绝不能过于谦卑，即使自己处处不如人，也要练就一身傲骨，努力提升自己，积蓄资本，这才不失为君子，不失为顶天立地

的大丈夫。

一个伟人多具有谦虚谨慎的品格，不喜欢装模作样，摆架子，盛气凌人，能够虚心向群众学习，了解群众的情况。

美国第三届总统托马斯·杰斐逊说："每个人都是你的老师。"

杰斐逊出身贵族，他的父亲曾经是军中的上将，母亲是名门之后。当时的贵族除了发号施令以外，很少与平民百姓交往，他们看不起平民百姓。

然而，杰斐逊没有秉承贵族阶层的恶习，主动与各阶层人士交往。他的朋友中当然不乏社会名流，但更多的是普通的园丁、仆人、农民或者是贫穷的工人。他善于向各种人学习，懂得每个人都有自己的长处。

有一次，他和法国伟人拉法叶特说："你必须像我一样到民众家去走一走，看一看他们的菜碗，尝一尝他们吃的面包，只要你这样做了，你就会了解到民众不满的原因，并会懂得正在酝酿的法国革命的意义了。"

由于他作风扎实，深入实际，他虽高居总统宝座，却很清楚民众究竟在想什么，他们到底需要什么。这样，他就在密切群众关系的基础上，进而造就他成为一代伟人。

俄国作家契诃夫曾说："人应该谦虚，不要让自己的名字像水塘上的气泡那样一闪就过去了。"如果我们认为自己拥有广博的知识、高超的技能、卓越的智慧，但如果没有谦虚镶边，我们就不可能取得灿烂夺目的成就。

所以，要永远记住："伟人多谦逊，小人多骄傲，太阳穿一件朴素的光衣，白云却披了灿烂的裙裾。"

谦虚谨慎的品格，能使一个人面对成功、荣誉时不骄傲，把它视为一种激励自己继续前进的力量，而不会陷在荣誉和成功的喜悦中不能自拔，把荣誉当成包袱背起来，沾沾自喜于一得之功，不再进取。

居里夫人以她谦虚谨慎的品格和卓越的成就获得了世人的称赞，她对荣誉的特殊见解，使很多喜欢居功自傲、浅尝辄止的人汗颜不已。也正因为她的高尚品格的影响，以后她的女儿和女婿也踏上了科学研究之路，并再次获得了诺贝尔奖，成为令人敬仰的两代人三次获诺贝尔奖的家庭。

谦逊永远是一个人建功立业的前提和基础。不论你从事何种职业，担任什么职务，只有谦虚谨慎，才能保持不断进取的精神，才能增长更多的知识和才干。因为谦虚谨慎的品格能够帮助你看到自己的差距。永不自满，不断前进可以使人能冷静地倾听他人的意见和批评，谨慎从事。否则，骄傲自大，满足现状，停步不前，主观武断，轻者使工作受到损失，重者会使事业半途而废。

满招损，谦受益

要纠正别人之前，先反省自己有没有犯错。

——海子

骄傲是一种不良的心理状态，一个骄傲的人，总会在骄傲里毁灭了自己。印度诗人泰戈尔说过："当我们大为谦卑的时候，便是我们接近伟大的时候。"的确如此，谦虚是做人的必要条件，也是一种优秀的精神品质。"水满则溢"，一个容器若装满了水，稍一晃动，水便溢了出来。一个人若心里装满了自己过去的所谓"丰功伟绩"，便再也容纳不了新知识、新经验和别人的忠言了。长此以往，事业或者止步不前，或者猝然受挫，故古人云："满招损、谦受益。"

季羡林曾在一篇文章中写道："做学问要真谦虚，假虚伪，做人亦是如此。"季羡林说，一个学者，无论年轻或者年老，如果觉得自己学问够大，没必要再学习了，他就不会进步。如果保持谦虚的心态继续学习，不仅表示他道德高尚，秉性良好，而且还会受到更多人的尊敬。说到自己时，季羡林说他从没自满过，别人对他的赞誉，他非常感激，但常常觉得受之有愧。

季羡林曾多次提到自己的资质，他说他也是普通人，只是勤奋刻苦一点，才有了今天的小小成绩，但任何人都知道，这是大师的谦逊之道。他也从侧面告诫我们，做人处世要谦虚，只有谦虚才有成大事的可能。

要知道，不自以为是的人，才能够对事情判断分明；不自夸的人，他的功劳才会被肯定；不骄傲的人，才能够成就大事。人一旦有了自满高傲的心，就会阻碍自己德行的提升。自满之后，便无法再增加；自夸之后，便无法再提高。只有谦逊能让我们始终感到自己的不足，进而努力地在德行上有所提升。

一天，孔子乘着马车周游列国，半路被两个孩子拦住了。孔子问："你们看见马车为什么不躲开呀？"

"听说您是个有学问的人，我们想请您替我们评个理。我比他聪明，学的知识比他多，他就应该听我的，您说对不对？"

另一个孩子反驳说："我承认，您的知识是比我多，但即使知识很多，也应该谦虚点才对呀！怎么能在别人面前趾高气扬呢？"

孔子笑笑，从车上拿出一只椭圆形的容器。这容器口很小，底也不大，说："我用它做个实验，你们就会明白了。"

说罢，孔子将容器往地上一放，立即就倒了，他将容器支起来，一松手，又倒了。"我有办法叫它站起来。"

他舀了一瓢水，扶着容器往里倒，当水灌到一半时，松开手，容器果然稳稳当当地站住了。

"信吗？它马上还会倒下来。"孔子说着又继续向容器里倒水，容器渐渐地满了，突然倒下了，水也流了出来。

孔子这才语重心长地说："'自满'就好比这满水，容器太满了就会倾倒，里面的水就流出来了，这就是损失，也就是所谓的'满招损'；如果是空的或者不满的容器，就好比谦虚，能往里面注水，水就能得到增加，这就是'谦受益'。"

"这真是至理哲言呀！"两个孩子心悦诚服。

"自满者败，自矜者愚"，这是因为自满就会盛气凌人，就会不求上进。因为骄傲让我们再也看不到自己身上的问题，而把别人看得一无是处；听不进别人的善意批评，总是处于盲目的优越感之中，逐渐放松对自己的要求，自然便没有进步了。真正成功的人都是极力做到虚怀若谷，谦恭自守。

骄傲自大的人心里装满了自己过去的所谓"丰功伟绩"，再也容纳不了新知识、新经验和别人的忠言了。长此以往，事业或者止步不前，或者猝然受挫。

德国诗人歌德曾说："感到自己渺小的时候，才是巨大收获的开头。"而一旦你感到了自己的伟大，那你就准备去迎接失败吧，一个自负的人，最终只会让自己的名字像水塘上的气泡那样一闪就过去了。

一个人成功的时候，还能保持清醒的头脑，而不趾高气扬，他往往会取得更大的成功。要衡量一个人是否真正能有所成就，就要看他能否有这种能力。所以，福特说："那些自以为做了很多事的人，便不会再有什么奋斗的决心。"

有许多人之所以失败，不是因为他的能力不够，而是因为他觉得自己已经非常成功了。他们努力过奋斗过，战胜过不知多少的艰难困苦，凭着自己的意志和努力，使许多看起来不可能的事情都成了现实；然后他们取得了一点小小的成功，便经受不住考验了。他们被荣誉和奖赏冲昏了头脑，而从此懈怠懒散下去，放松了对自己的要求，终至一无所成。

因此，一个人不管自己有多丰富的知识，取得了多大的成绩，或是有了何等显赫的地位，都要谦虚谨慎，不能自视过高。应心胸宽广、博采众长，不断地丰富自己的知识，增强自己的本领，进而获取更大的业绩。如能这样，则于己、于人、于社会都有益处。谦虚永远是成大事者所具备的一种品质，而只有弱者才会为自己的成功自鸣得意。

每个人都有自己某方面的特长和优势，一方面的优势只不过限定在一个很小的范围内，放在一个更大范围就会失去这种优势，我们应该客观地看待自己的优势，同时认识到优势往往是和不足并存的，无论对谁，我们都应该保持谦虚的态度，在发挥自己优势的同时，学习他人的优点，努力弥补自己的不足，才能不断取得进步。时刻记住要有一颗谦虚的心，我们才会收获更多。

敢于低头是魄力，更是能力

一个喜欢张扬自己的人，终究是不会有大成就的。

——张岱年

低头是一种能力，它不是自卑，也不是怯弱，它是清醒中的善变。懂得低头，才能出头，一个人活在世上，就必须保持低调，时常低下自己的头。记住：不论你的资力、能力如何，在茫茫人海里，你只是一个小分子，无疑是渺小的。

敢于低头是一种魄力、一种能力，也是一种智慧和勇气。要知道，敢于碰硬，被视为有“骨气”。若一味地有“骨气”，到头来，不但会被拒之门外，而且还会被“门框”撞得头破血流，元气大伤，有些人会因此而一败涂地。正如我们去旅游时穿过山洞时该低头就低头，该弯腰就弯腰。

一位博士生用博士文凭找工作，却一无所获，深思之后决定以本科生的身份试着去寻求，结果很快被一家公司录用。

在工作中，他以博士的水准去完成本科生的工作，得到了领导的赏识，连连提拔，最后才亮出自己的底牌，领导得知后，不仅对其工作能力更加肯定，也对其谦虚低调的为人大为赞叹。

博士生隐藏了自己的真实学历，却获得了更好的赏识，这是一种智慧，能低头看脚下的路，也是对自己能力的自信。我们相信，是金子总有发光的那一天，但这种谦卑的姿态却不是每个人都放得下，这也富含了深刻的哲理。

人生，其实也是如此。怀着一颗谦卑的心，在喧闹浮躁的社会，默默地向着宁静的地方前进，要保持着一颗向上却不浮华的心，这样的人，他谦卑，结果他得到认可和提拔，有了自己的一片天。

富兰克林年轻时曾去拜访一位德高望重的老前辈。那时他年轻气盛，挺胸抬头迈着大步，一进门，他的头就狠狠地撞在了门框上，疼得他一边不住地用手揉搓，一边看着比他的身子矮去一大截的门。

出来迎接他的前辈看到他这副样子，笑笑说："很痛吧！可是，这将是你今天来访问我的最大收获。一个人要想平安无事地活在世上，就必须时刻记住：该低头时就低头。这也是我要教你的。"

富兰克林把这次拜访得到的教导看成是一生最大的收获，并把它列为一生的生活准则之一。富兰克林从这一准则中受益终生，后来，他功勋卓越，成为一代伟人，他在他的一次谈话中说："这一启发帮了我的大忙。"

列夫·托尔斯泰曾说："一个人就好像是一个分数，他的实际才能好比分子，而他对自己的估价好比分母，分母越大，则分数的值越小。"

该低头时就低头，并不是为了达到目的而屈尊求辱的卑贱，而是一种智慧和历经风尘洗练后的积淀。

有一种石头，它隐于山林，没于草间，不为人知，它长得普普通通，并不像周围的同伴般棱角分明。经过千百年的风吹雨打日晒，它仍保持着秉性，谦卑地隐藏于草莽。后来它被精心地雕刻成一座石像，立于万人之前，受人膜拜敬仰。有一条小溪，它流过小村地头，流过顽石水草。它知道在它的前面，还有大江大河，还有大海。它知道它的渺小，于是它谦卑地流着，流向大河，又让大河载着它奔向大海。于是，它清澈的小水滴，也成了凝聚大海广阔胸怀的一部分。小溪的水，也由此得到永恒的价值。

夸耀自己和自我表扬并不会为我们赢得好的机会，只会断送我们的前程。一个喜欢标榜自己的人，往往会失去朋友，失去别人的信任，因为没有人喜欢和一个自我表扬的人在一起，别人不但对你的能力产生怀疑，更严重的是你的品德和灵魂也会遭人批评。无疑，一个没有好人缘、不可信的人永远也不会与成功邂逅。

“谦虚使人进步，骄傲使人落后”，只有低下头来，我们才能看清自己的优点和不足，从而不断地改进自己。有时候，只是稍微低一下头，放下架子，或许我们的人生之路就会更加精彩，我们的能力也会有所长进。

人因自谦而成长，因自满而堕落

只有竹子那样的虚心，牛皮筋那样的坚韧，烈火那样的热情，才能产生出真正不朽的艺术。

——茅盾

老子在《道德经》中说：“生而不有，为而不恃，功成而不居。”又说，“功成名遂，身退，天之道。”如果成功之后，只知自我陶醉，迷失于成果之中停滞不前，那就是为自己的成就画上句号。人因自谦而成长，因自满而堕落。成功固然值得自豪，然而自傲就是自暴，自满就是自弃。成功常在辛苦日，败事多因得意时。

“低调的人不会骄傲，骄傲的人也做不到低调。”骄傲自满是我们前进路上的绊脚石，它就像有色眼镜一样，会让我们看不到别人身上的优点，自以为是、止步不前。骄傲自大的人会在自己与外界之间树起一道无形的“城墙”，让人与外界产生隔膜，这使人变得狭隘、自私、目中无人，如井底之蛙，看不到更广阔的世界。

幻象总是比较显著地出现在一个人生命中最自卑的地方，以便身体的平衡系统帮他从自卑的郁结中解放出来。

有一位哲学家说：“一个人若种植信心，他会收获品德。”一个人若种下骄傲的种子，他必收获众叛亲离的果子，甚至带来不可预知的危险，就像那只自夸自大、自我膨胀的狐狸一样。

骄傲是对自己缺乏信心的表现。自信与自傲，有时只有一线之隔。高傲并不是自尊或自信，而是过度的自我意识使然。人因自满而堕落，一个人不要老想着出风头。任何一个人的成绩都是在他谦虚好学、伏下身子扎实肯干的时候取得的，一旦骄气上升、自满自足，那么他必然会停止前进的脚步。

肖恩是一个刚刚毕业的大学生，不但面貌英俊，而且热情开朗。他决定找一份与人交往的工作，以发挥自己的长处。很快，他就得到一个好机会——一家五星级宾馆正在招聘前台工作人员。

肖恩决定去试试，于是第二天清早就去了那家宾馆。主持面试的经理接待了他。看得出来，经理对肖恩俊朗的外表和富有感染力的热情相当满意。他拿定主意，只要肖恩符合这项工作的几个关键指标的要求，他就留下这个小伙子。

他让肖恩坐在自己对面，并且开门见山地说："我们宾馆经常接待外宾，所有前台人员必须会说四国语言，这一指标你能达到吗？"

"我大学学的是外语，精通法语、德语、日语和阿拉伯语。我的外语成绩是相当优秀的，有时我提出的问题，教授们都支支吾吾答不上来。"肖恩回答说。事实上，肖恩的外语成绩并不突出，他是为了获取经理的信赖，自己标榜自己。但显然，他低估了经理的智商。事实上，在肖恩提交自己的求职简历时，公司已经收集了有关的详细信息，其中包括肖恩的大学成绩单。

听了肖恩的回答，经理笑了一下，但显然不是赏识的笑容。接着他又问道："做一名合格的前台人员，需要多方面的知识和能力，你……"经理的话还没说完，肖恩就抢先说："我想我是不成问题的。我的接受能力和反应能力在我所认识的人中是最快的，做前台绝对会很出色的。"

听完他的回答，经理站了起来，并且严肃地对他说："对于你今天的表现，我感到很遗憾，因为你没能实事求是地说明自己的能力。你的外语成绩并不优秀，平均成绩只有 70 分，而且法语还连续两个学期不及格；你的反应能力也很平庸，几次班上的活动你都险些出丑。年轻人，在你想要夸夸其谈时，最好给自己一个警告。因为每夸夸其谈一次，诚实和谦逊都要被减去 10 分。"

在我们的生活中，像肖恩这样的人并不少见。很多人只知吹嘘自己曾经取得的辉煌，夸耀自己的能力学识，以为这样可以博得别人的好感和赞扬，赢得别人的信任，但事实上，他们越吹嘘自己，越会被人讨厌；越夸耀自己的能力，越受人怀疑。

有人会说，大凡骄傲者都有点本事、有点资本。《三国演义》中"失荆州"和"失街亭"的关羽和马谡不是都熟读兵书、立过大功吗？这种说法其实是只看到了事情的表面，而没看到事情的本质。关羽之所以"大意失荆州”，马谡之所以“失街亭”，正是因为他们自以为“有资本”而铸成大错。

每个人都有自身缺乏的东西，不要以为自己有点墨水就自满自足。有句俗语称：“一瓶子不满，半瓶子乱晃。”杯子里如果有了水，就尽快把它倒了，保持空杯的状态，千万不要有半杯水就推来搡去，很容易洒得到处都是。人们只有每天补充自己所没有的学问，日积月累，持之以恒，“温故而知新”，如此方能受益匪浅。

第三章

与人为善，以诚相交

善良是一缕最美的人性光辉

对待一切善良的人，不管是家属，还是朋友，都应该有一个两字箴言：一曰真，二曰忍。真者，以真情实意相待，不允许弄虚作假；对待坏人，则另当别论。忍者，相互容忍也。

——季羡林

“人之初，性本善。”善良是人性光辉中最温暖、最美丽、最让人感动的一缕。人生不一定人人都成功，不一定人人都能成为英雄豪杰，但一定要善良仁慈。善良是和谐、美好之道，心中充满善良、慈悲，才能感动、温暖人间。没有善良就不可能有内心的平和，就不可能有世界的祥和与美好。

善良也是一种温馨的力量，它总是很容易地聚集人气，使你成为最受欢迎的一个。日本哲学家西田几多郎说过：“善行为就是一切以人格为目的的行为。人格是一切价值的根本，宇宙间只有人格具有绝对的价值。”

一个人的生命，除非有助于他人，除非充满了喜悦与快乐，除非养成对人人怀着善意的习惯，对人人抱着亲爱友善的态度，并从中得到喜悦

与快乐，否则他就不能称得上成功，也不能称得上幸福。

人生在世，短短几十年而已，未存善念的心就如同一口干枯的井。善良很小，譬如一个鼓励的微笑、一声亲切的问候，举手之劳，便能丰盈我们的生活，滋养我们的灵魂。记住，善良永远是人性中最美的那缕光芒。

一天，一个中年妇女见自己家门口站着三位老人，便上前对老人们说："你们一定饿了，请进屋吃点东西吧！"

"我们不能一起进屋。"老人们说。

"为什么？"中年妇女不解。

一位老人指着同伴说："他叫成功，他叫财富，我叫善良。你现在进屋和家人商量一下，看看需要我们当中哪一位？"

中年妇女进屋和家人商量后决定把善良请进屋。她出来对老人们说："善良老人，请到我家来做客吧。"

善良老人起身向屋里走去，另两位叫成功和财富的老人也跟进来了。

中年妇女感到奇怪，问成功和财富："你们怎么也进来了？"

"哪里有善良，哪里就有成功和财富。"老人们回答说。

也许你会说："善良真的如此重要吗？"善良的品格的确很重要。品格是伦理道德范畴中最基本的概念，这一概念的具体体现就是善行，就是善举，就是对社会、对他人做一些符合道德要求的、具有有益后果的事情。

不过，要真正学会行善不是一件容易的事，因为善与恶是相对立的伦理道德。那些真正的行善者都是真诚的、道德品质高尚的人。这些行善者的心是宽容的，他们待人厚道，心灵质朴，因此，常能获得人们真正的友爱。

做人，从小就要讲求有一颗善良的心。有了善良的心，你就会受到生活的眷顾；有了善良的心，你的思想也就纯洁无污，就不会做出奸诈险恶的事情，因而你也不会受到外界的诱惑。在这个社会上，爱人就会被爱，恨人就会被恨，给予就会被给予，剥夺就会被剥夺。你如果对自己、对他人、对一切美好的事物都充满爱心，怀有善意，你的生活就会充满激情，会使你的人生发生伟大的转变。

一家餐馆里，一位老太太买了一碗汤。她在餐桌前坐下后，突然想起忘记取面包。

她起身取回面包，重返餐桌。然而令她惊讶的是，自己的座位上坐着一位男子，正在喝着自己的那碗汤。

“这个无赖，他为什么喝我的汤？”老太太气呼呼地寻思，“可是，也许他太穷了，太饿了，还是一声不吭算了，不过，也不能让他一人把汤全喝了。”

于是，老太太装着若无其事的样子，与男子同桌，面对面地坐下，拿起汤匙，不声不响地喝起了汤。就这样，一碗汤被两个人共同喝着，你喝一口，我喝一口。两个人互相看看，都默默无语。

这时，男子突然站起身，端来一大盘面条，放在老太太面前，面条上插着两把叉子。

两个人继续吃着，吃完后，各自直起身，准备离去。

“再见！”老太太友好地说。

“再见！”男子热情地回答。他显得特别愉快，感到非常欣慰。因为他自认为今天做了一件好事——帮助了一位穷困的老人。

男子走后，老太太才发现，旁边的一张饭桌上放着一碗没人喝过的汤，正是她自己的那一碗。

在老太太弄清了事情的始末之后，尴尬之余她一定感受到了一种莫名的感动，这种温暖的力量来自善良品质的感染。

善良就像是内心一道源源不断的泉水，它所带来的感动将会比生命本身更长久。休谟说：“人类生活的最幸福的心灵气质是品德善良。”一个心地善良的人必是一个心灵丰足的人，同时，善良的举动也会带给他人内

心的感动和震撼。拥有善良的人，既赠与他人幸福，又让自己的生命从容而无悔。古人说，朝闻道，夕死可矣。同样，爱与善何时回忆，对一个人而言，都不算太晚。多一份付出，就多了一盏大灯照耀自己前行的灯，它能使你更深层次地感悟什么是人生。

一灯大师说过："世人无数，可分三品，时常损人利己者，心灵落满灰尘，眼中多有丑恶，此乃人中下品；偶尔损人利己，心灵稍有微尘，恰似白璧微瑕，不掩其辉，此乃人中中品；终生不损人利己者，心如明镜，纯净洁白，为世人所敬，此乃人中上品。人心本是水晶之体，容不得半点尘埃。"人世间最宝贵的不是金银财宝，而是一颗宽厚无私、品行高尚的心灵，那是纵有千金也不能买到的稀世珍品。

善良是一缕最美的人性光辉。多份付出，它能使我们确信，我们正在做正确而且有益的事情，它能使我们更能对自己的良知负责，并且给我们当下的生活增加信心。多份付出，还在于它能使我们强化自己的能力，并且追求更高质量的生活。因为，此时我们拥有着最佳的心态，并借着有规律的自律行动，愈来愈了解多付出一点点的整个过程和意义。

与人相处，贵在真诚

不一定把所有的话都说出来，但说出来的话一定是真话。

——季羡林

英国诗人乔叟曾说过："真诚才是人生最高的美德。"很多人总觉得周围的人难以信任，对一切都抱有一颗戒备的心，然后感叹世事难料，人心不古。其实，在抱怨别人没有真诚对待自己的时候，你是否问过自己，你以一颗真诚的心对待这个世界了吗？如果你对他人失去了真诚，又有什么资格获得真诚呢？

以学术为毕生事业的冯友兰，更习惯以学术的方式阐述人生的哲理。对于真诚，他用一些学术，甚至是文艺作品为例进行分析，他说："以文艺作品为例，为什么有些作品，能令人百看不厌呢？即因其中有作者的'一段真至精神'在内。"不管是什么样的作品，真正打动人心的，是那份真诚的精神与情感，而不是那些华丽的文字。冯友兰还借用《周易》中的内容来说明真诚的重要：《周易》乾卦的《文言》说："修辞立其诚。"我们说话、写文章都要表达自己真实的见解，这叫"立其诚"。做人也是如此，唯有用一颗真诚的心，才能换得别人的真诚相待。

在一个名叫纽萨拉姆的小镇上，有一幢孤零破旧的小木屋，这就是当地的邮政局。邮政局太小了，只有邮政局长一个人，那是一个高个子的小伙子。干这行工资少得可怜，是个苦差事，除了这小伙子外，几乎没人愿意做这份工作。然而，他却十分认真地履行着邮政局长的职责。

难怪镇上的人都骄傲地说："纽萨拉姆镇邮局是世上最好的邮局，纽萨拉姆镇邮政局长是世上最好的邮政局长。"

因为这个邮政局的营业量不足以支付各项费用，所以上级邮政局决定将它关闭。当通知下达后，小伙子便将账目整理得清清楚楚，最后共余3美元5美分。

不知为什么，上级邮政局却一直没有派人来结账，也许早已把这个小邮政局忘记了吧。这个小伙子就一直保管着这3美元5美分，即使在最困难的时候也没有动用过它。在整整一年多的时间里，他依旧履行着一个邮政局长的职责，依旧将小木屋打扫得干干净净，尽管他已有了一份新的工作。

终于有一天，他在小镇上碰到了上级邮政局的一位官员，便郑重地交出了3美元5美分和账本，并将小木屋锁好，把钥匙给了那位官员。

这时候，他如释重负地笑了。这个小伙子就是后来成为美国第十六任总统的亚伯拉罕·林肯。

后来，林肯刻苦攻读考得了律师执照。有一次，有一位被告邀请他出庭担任辩护律师。林肯在全面详细地了解了情况之后恳切地说："我不能为你辩护，因为在法庭辩护时，我的良心会不停地提醒我：'林肯，你在说谎！'到时候，我很可能会情不自禁地高声叫起来。"

林肯在就任美国总统之前，已经是一个因诚实而有些名气的人，人们亲切地称他为"诚实的林肯"。

林肯用他的真诚告诉我们，至诚如神，巧伪不如拙诚。在生活中，懂得与人真诚相处的人，才能获得他人的尊重和敬仰。

明末清初大思想家王夫之在其《庄子通》一书中强调，个人身处世间，不可"挟心而与天下游"，否则就会像"韩非知说之难，而以说诛。扬雄知白之不可守，而以玄死"。既然一个人不可"挟心而与天下游"，那就说明人生在世，要学会"以真示人"。

但是，很多人都自认为聪明，可以骗得了天下人，其实，人的智慧相差无几，一个人的那点小小伎俩怎么可能瞒得了其他人呢？捷克作家米兰·昆德拉说："人类一思考，上帝就发笑。"因此，一个人在这个社会上生存，不要总希冀自己能够"瞒天过海"，还是应以真示人，但求无违自己的心。

有这样一个商人，他从事的是绳索贩卖业务。由于资金有限，经营规模非常小。但他是一个非常聪明的人，想出了一个办法来改善经营状况。他先从一家生产麻绳的厂家进麻绳，每根麻绳的进价是5毛，照理说加上运输费、保管费、搬运费，每根麻绳卖出去的价格肯定要高于5毛钱。

可是他却又以每根麻绳5毛钱的价格卖给了其他的工厂和零售商，自己不但1分钱没赚，还赔了一大笔钱。

后来，人们都知道有一个“做赔本买卖”的商人，于是订货单像雪片一样飞到他的手中，他的名字也像长了翅膀一样飞到人们的耳朵里。

他找到生产麻绳的厂家，说：“过去的一年里，我从你们厂购买了大量的麻绳，而且销路一直不错。可我都是按进价卖出去的，赔了不少钱，如果我继续这样做的话，没几天我就要破产了。”

厂商看到他给客户开的收据和发票，大吃一惊，头一次遇到这种甘愿不赚钱的生意人。厂商感动不已，于是一口答应以后每条绳索以 4 角 5 分的价格供应给他。

他又来到他的客户那里，很诚实地说：“我以前为了扩大自己的影响，原价出售麻绳，到现在为止，我是 1 分钱也没赚你们的。但若长此下去，我只有破产这一条路了。”他的诚实感动了客户，客户心甘情愿地把货价提高到了 5 角 5 分钱。

这样两头一交涉，一条绳索就赚了 1 角钱。他当时一年有 1000 份订货单，利润就相当可观，几年后他从一个穷光蛋摇身一变，成为有名的绳索大王。

古往今来，商人成功的秘诀只有一个字，那就是“诚”。真诚是一种品格，同时是我们立身的根本，它往往能够在不经意间为我们带来更多的利益。

敞开心扉，真诚地对待他人，或许也会有一时被误解之时，但那段“真至精神”，终将落入世人的眼中和心中。

在这个世界上，我们每一个人都是独一无二的。每个人都有自己的独特个性和特色，我们不必去寻求这样那样的机心，应以自我的真心对待万事万物。事实上，只要我们在遵守团体规则的前提下能够保持自我本色，不人云亦云，不亦步亦趋，就能创造出属于自己的美好人生。

保持本色，以真示人

偶尔真诚一下，进入了真诚角色的人，最容易被自己的真诚感动。

——周国平

每个人刚走上社会时，都是怀着一颗真诚之心，然而经历艰难困苦之后，一颗原本真诚的心变了。生活在世事纷扰的世界里，尔虞我诈让我们多了一些虚伪，钩心斗角让我们多了一些狡诈，世态炎凉让我们多了一些冷漠。长久漂泊在生活的大洋中，有多少人能远离虚伪、保持一颗纯净质朴的心呢？这是对一个人本真生命的考验，每个人都需给出自己的答案。

每一个人在世俗社会中熏染得久了，就会越来越世故。心灵的泉水就会越来越少，甚至干涸，而那些能够保持自己本真天性，真诚地对待他人的人，往往会拥有别人想象不到的幸福，也会得到更多人的尊重和认可。

在美国南北战争期间，有位年轻人找到林肯，要求他开一张去南方的通行证。

林肯说："战争正在进行，你去南方干什么呢？"

年轻人说："去探亲。"

"那你一定是个北方派，你去劝说一下你的亲友们，让他们放下武器。"林肯高兴地说。

那年轻人说："不！我是个南方派，我要去鼓励他们，要他们坚持到底。"

林肯很不高兴："你来找我干什么？你以为我能给你通行证吗？"

年轻人沉着地说："总统先生，我在学校读书时，老师就给我们讲诚实的林肯的故事，从此，我便下定决心要学习林肯，一辈子不说谎。我不能为了一张通行证而改变自己说话做事都要诚实的习惯。"

林肯被年轻人真诚的话语打动了："好吧，我给你开一张。"

说着，他在一张卡片上写下了这样一行字："请让这位年轻人通行，因为他是一位信得过的人。"

年轻人用他的真诚打动了林肯，获得了在当时的情况下几乎不可能获得的探亲机会，这就是真诚的力量。

面对失败不敷衍、不做作、不逃避，能真实可爱地袒露自己内心的人，自然会得到别人的谅解，获得别人的认可。质朴是这个世界的原始本色，没有一点功利色彩。就像花儿的绽放、树枝的摇曳、风儿的低鸣、蟋蟀的轻唱，它们全听凭内心的召唤，是本性使然，没有特别的理由。

有一位公共汽车驾驶员的女儿，她想当歌星，但不幸的是她长得不好看，嘴巴太大，还长着龅牙。

她第一次在新泽西的一家夜总会里公开演唱时，直想用上唇遮住牙齿，她企图让自己看来显得高雅，结果却把自己弄得四不像，这样下去她就注定要失败了。

幸好当晚在座的一位男士认为她很有歌唱的天分，他很直率地对她说："我看了你的表演，看得出来你想掩饰什么。你觉得你的牙齿很难看？"那女孩听了觉得很难堪，不过那个人还是继续说下去，"龅牙又怎么样？那又不犯罪！不要试图去掩饰它，张开嘴就唱，你越不以为然，听众就会越爱你。再说，这些你现在引以为耻的龅牙，将来可能会带给你财富呢！"

女孩接受了那个人的建议，把龅牙的事抛诸脑后，从那次以后，她

只把注意力集中在观众身上。

她开怀尽情地演唱，后来成为电影及电台中走红的顶尖歌星，现在，别的歌星倒想来模仿她了。这个女孩就是凯丝·达莱。

其实有很多人都是因为坚持本色的自己而成名的，如卓别林开始拍电影的时候，那些电影导演都坚持要卓别林去学当时非常有名的一个德国喜剧演员，但是对卓别林来说，那是违背自己内心的。

事实证明，那样的道路也是走不通的，卓别林是在坚持自己的表演风格之后，才走向成功，为大众所熟知的。

卓别林的成功告诉我们一个事实，我们每个人都是独一无二的，我们的心灵不需要任何修饰，只要活出本色，每个人都可以优秀，都可以成功。

爱默生在《论自信》这篇散文里说："在每一个人的教育过程之中，他一定会在某个时期发现，羡慕就是无知，模仿就是自杀。不论好坏，他必须保持本色。虽然广大的宇宙之间充满了好的东西，可是除非他耕作那一块给他耕作的土地，否则他绝得不到好的收成。他所有的能力是自然界的一种新能力，除了他之外，没有人知道他能做些什么，他能结什么，而这都是他必须去尝试求取的。"

的确，上天把不同的土地放在不同的人心中，这注定会让他们结出不同的果实，问题的关键就看各自怎样耕耘。

其实，人走过的岁月愈多，累积的足印愈深，就会愈想抓住回眸的无邪。于是，人们从心底渴望回归，回归到生活的原始本色。

当人性自然的清净面即所谓本性、本来面目呈现的时候，就会感到无比的欢喜。因此，人一旦本性显露，无须拘泥于语言文字，心性清净，没有污染，便可以回归生命的幸福与圆满。

尊重别人，才能获得尊重

人格和尊严是不容侵犯的。

——鲁迅

尊重，是一种品德。它反映的是一个人的文化素养、道德修养。尊重是一个说起来容易做起来很难的事情。但对一个综合素养很高的人，他会在无时无刻中表现出尊重。因为尊重折射的是人的内在素养的外在表现。

笛卡尔说过："尊重别人，才能让人尊敬。"尊重他人是文明的起点，人活在世上必然要和别人交往，而对人的尊重是最起码的礼貌，任何不尊重他人的言行都会引起别人的反感，更不会赢得别人的尊重，要想得到他人的尊重，得先尊重别人。

现实生活中，我们都希望得到别人的尊重。从某种意义上说，尊重别人其实就是尊重自己。一个不懂得尊重别人的人自己也永远获得不了别人的尊重。尊重是相互的。你只要首先尊重了别人，你就会在无形中感动对方，从而也会赢得他对你的尊重。所以，要想获得别人的尊重，就要首先学会尊重别人。

有这样一则震撼心灵的故事：

1921 年，路易斯·劳斯出任星星监狱的监狱长，那是当时最难管理的监狱。可是 20 年后劳斯退休时，该监狱却成为一所提倡人道主义的机构。研究报告将功劳归于劳斯，当他被问及该监狱改观的原因时，他说："这些都源于我已去世的妻子——凯瑟琳，她就埋葬在监狱外面。"

凯瑟琳是一位慈祥的母亲，她有 3 个孩子。劳斯成为监狱长时，第一次举办监狱篮球赛，她就带着3个可爱的孩子走进体育馆，与服刑人员坐在一起。

她心中的想法是："我要与丈夫一道关照这些人，我相信他们也会关照我，我不必担心什么！"

当凯瑟琳得知一名被判定有谋杀罪的犯人瞎了双眼时，她立刻前去看望。

她握住犯人的手问："你学过点字阅读法吗？"

"什么是'点字阅读法'？"犯人问。

于是她教他阅读。多年以后，这个人每次想起她还会流泪。

凯瑟琳在狱中曾经遇到一个聋哑人，结果她自己到学校去学习手语。

后来，她在一场交通事故中逝世。第二天，劳斯没有上班，代理监狱长管理监狱的工作。这个消息立刻传遍了监狱，大家都知道出事了。

接下来的一天，凯瑟琳的遗体被放在棺材里运回家，她家距离监狱不是很远。代理监狱长早晨散步时惊愕地发现，一大群看上去最凶悍、最冷酷的囚犯，竟齐集在监狱大门口，他们想去看凯瑟琳最后一眼。

他走上前去，见有很多人正在流泪。他知道这些人爱着凯瑟琳，思索再三后，他转身对他们说："好了，各位，你们可以去，只要今晚记得回来报到！"然后他打开监狱大门，让一大队囚犯走出去，在没有守卫的情形之下，走路去见凯瑟琳最后一面。

结果，当晚回来报到的囚犯，一个都没少。

人们都说从凯瑟琳的身上能看到一种品德，是人最起码的品德，那就是尊重别人，不以别人的身份高低而有任何差别。真正懂得尊重别人的人，无论他的钱财多寡，无论是否接受过文化教育，他都不会傲慢对人，也不会让自己成为这样的人。尊重一切值得尊重的人，不会觉得自己比任何人优越许多，不会假惺惺地俯就，总是既绅士又随和。

每一个生命都是值得尊重的，而一个不懂得尊重的人，在人们的眼里，他所有的一切都归于零。这就是尊重的力量。一个人无论平凡还是卓越，只有懂得尊重别人，才能够赢得别人的尊重。每个人都是独立的个体，都应该做天地间大写的人。每一个人都很在意自己的尊严，给别人以尊重胜过给别人以黄金。

尊重能换来情感，情感却不是黄金能买到的。黄金能使人弯下自己的腰，尊重却能使人付出自己的心。一个懂得尊重别人的人，才是真正能虏获别人心灵的人。因此，从现在开始，学会尊重每一件事物，尊重每一朵花的恣意开放，尊重每一个生命的独立与自由，这样，你的生命也会在他人的尊重中肆意绽放。

君子之交淡如水

最好的朋友是你们静坐在游廊上，一句话也不说，当你们各自走开的时候，仍感到你们经历了一场十分精彩的对话。

——海子

孔子曾经说：“晏平仲善与人交，久而敬之。”意思是说晏子是个了不起的人，很善于和人交往人，他和老朋友交往，相处得越久，就越是互相尊敬。这句话也正如我们常说的“君子之交淡如水”。水，清澈、透明、纯洁、公平、随和、宽容；君子，如兰、淡泊、宁静、致远。二者似远实近，身上所具备的品质大抵相同。古人追求如水般恬淡的君子之交，不求相交轰轰烈烈，只求信义和真诚。

君子之交，相亲相知，这种交往是高尚、有益之交，它形淡如水，情浓如血，味轻如雾，义重如山。正如薄伽丘所说：“友谊真是一样最神圣的东西，不光值得特别推崇，而且值得永远赞扬。它是慷慨和荣誉的最贤惠的母亲，是感激和仁慈的姊妹，是憎恨和贪婪的死敌。它时时刻刻都准备舍己为人，而且完全出于自愿，不用他人恳求。”

其实，人们之所以如此看重友情在自己生命中的分量，是因为朋友就是另一个自己，他们的存在让我们的生命焕发光彩，关键时刻甚至还能震撼我们的心灵。

实际上，真正的朋友，彼此之间不存在什么礼遇，哪怕只是一碗清水、一根鹅毛，也一样能代表情意的深厚。

无论古今，人行走于世都会常常喟叹：“相识满天下，知心能几人？”因此每当遇到知心之人，必然有“为知己者死”的情怀。

为何有人不惜自己的性命也要守住知己？这是因为每当心境彷徨，知己会与自己共同承担苦闷；每当怒气冲天，知己会以宽容的胸怀接纳；每当欣喜若狂，知己会乐于分享；每当乐不思蜀，知己会及时给予忠告；每当走向歪路，知己会及时地拉自己一把；面对知己，无须言语的解释，举手投足、一个眼神、一个微笑，他便能体会到你此刻的心意。然而，知己必须要朝朝暮暮彼此相对么？实则不然。

蕨菜和离它不远的一朵无名小花是好朋友。每天天一亮，蕨菜和无名小花就扯着嗓子互相问候。日子久了，它们都把对方当成自己最知心的朋友。同时，它们发现，由于相距较远，每天扯着嗓子说话很不方便，便决定互相向对方靠拢，它们认为彼此之间距离越近，就越容易交流，感情也越深。

于是，蕨菜拼命地扩散自己的枝叶，它蓬勃地生长，舒展的枝叶像一把大伞。无名小花则尽量向蕨菜的方向倾斜自己的茎枝，它俩的距离越来越近了。

出乎意料的是：由于蕨菜的枝叶像一柄张开的大伞，它不仅遮住了无名小花的阳光，也挡住了它的雨露。

失去阳光和雨露滋润的无名小花日渐枯萎，它在伤心之余，不再与蕨菜共叙友情，相反，它认为是蕨菜动机不良，故意谋害自己，在心里痛恨起蕨菜来。

而蕨菜，由于其枝叶过于茂盛，一次狂风暴雨后，它的枝叶被折断了许多，身子光秃秃的。看着遍体鳞伤的自己，蕨菜把这一切都归咎于无名小花，如果没有无名小花，它也绝不会恣意让自己的枝叶疯长。

于是，一对好朋友便反目成仇了。

这是一则充满睿智的寓言。人与人的相处就像故事中的蕨菜和无名小花一样，也是需要距离的。亲密的朋友之间，确实存在着共同的目标、爱好，乃至心灵的沟通，但这并不代表两个人可以毫无间隙、融为一体。过于亲近，有时候反而会被刺伤；过于疏远，又感受不到友情的温暖，只有把握好相处的距离，才能让友谊之树常青。

“朋友”两个字，有时显得这样简单，有时却有显得那么伟大。古希腊哲学家德谟克利特说：“连一个高尚朋友都没有的人，是不值得活着的。”现代人越来越难以理解这句话中涵盖的交友艺术，一来朋友越来越少，二来人越来越忙碌，已无暇去细细品味。有的人因为和老朋友交情深厚，相处起来无所顾忌，时间长了，曾经很好的朋友也可能会形同陌路。

每个人都想拥有真正的朋友，纯洁的友谊，但是正因为难得，反而显得珍贵。其实，很多人意识不到，真正的君子之交是恬淡如水的，很多时候我们所能做到的，只是对朋友多一些敬爱和真诚，在相互交往的时候，适当地拉开一些距离，留出一些空间。即使这空间可能会隔着千山万水，隔着几十年的光阴，只要我们用心经营，适当地维系彼此间的关系，友情依然会长久顺畅地发展下去，美好友谊的圣洁之光会在彼此的生命中闪耀。

第六篇
给心灵留一片自由的空间

第一章

保持一颗敬畏之心

一切生命都值得敬畏

一个健康的人格，首先要学习敬畏天命。

——牟宗三

孔子说：“君子有三畏——畏天命，畏大人，畏圣人之言。”这句话是说，君子所敬畏的有三样：敬畏天的旨意，敬畏大人，敬畏圣人的圣言。所谓畏就是敬，人生无所畏，实在很危险。一个“畏”字，把人的恭敬之心、顺从之意与知命而行的喜乐之情描写得淋漓尽致。这其中有知的敬畏、顺的平安和行的喜乐。而敬畏生命，就是尊敬生命，是在实际上和精神上两个方面，都保持真实的敬畏之心。根据同样的理由，尽我所能，挽救和保护生命达到它的高度发展，就是尽善尽美。

阿尔贝特·史怀泽曾说过这样一句话：“敬畏生命，生命的休戚与共，是世界上的大事。”这位被爱因斯坦称为20世纪最伟大的人物之一的史怀泽，创立了“敬畏生命”的伦理学。他认为，“善是保存和促进生命，恶是阻碍和毁灭生命”。如果我们摆脱自己的偏见，抛弃我们对其他生命的疏远性，与我们周围的生命休戚与共，敬畏所有存在的生命，那么我们就是道德的。只有这样，我们才是真正的人。

珍惜生命，最根本的是敬畏生命，由此才能认识生命、热爱生命、善待生命。每个生命，对于生命个体来说，都是唯一的。

生命是神圣的，又是平等的，值得我们去珍视、善待。我们应该体认生命的尊严与可贵，关注并珍视生命，在生命之前保持谦恭与敬畏，应该将“生的意志”当作是神圣的东西，予以肯定、尊重，并且具有对生命的破坏与压迫。

地球上的生命都是同质平等的，凡是生命都值得敬畏。不能以亲疏远近、贵贱高低来区分生命维度，将生命等级化，也不能以富有价值、缺少价值来划分生命。生命应该是一切道德伦理的基础，无论为己为人，都不能构成伤害和毁灭生命的理由。

弘一法师是现代著名的高僧，一次，他到弟子丰子恺家，丰子恺请他坐藤椅。他把藤椅轻轻摇动，然后慢慢地坐下去，起先丰子恺不敢问，后来看他每次都如此，丰子恺就问他为何这样谨小慎微。

弘一法师温和而自然地回答说：“这椅子里头，两根藤之间，也许有小虫伏着。突然坐下去，会把它们压死，所以先摇动一下，慢慢地坐下去，好让它们走避。”

正如故事中所讲，即使是一只毫不起眼的小蚂蚁，在佛家眼中那也是一条生命，它与我们人类的生命是一样的，本质上并没有什么区别，也应该享有生命的权利和尊严。真正的慈悲是平等地关怀一切众生。无论是亲朋好友，还是路人甲乙丙，甚至是敌人，都要随时准备给予对方帮助，要随时以一颗众生平等的心去与人相处，与这个世界融合。生命无论多么卑微，在这个世界上都应该有自己的一席之地。

一个人只有敬畏生命才会衍生出智慧，才能活得真切而亲近本真。因为我们都是一个有思维的生命，因而也必须以同等的敬畏之情来尊敬其他生命，而不仅仅限于自我的小圈子。每一个生命都深深地渴望圆满和发展的意愿，跟人类是一模一样的。所以，任何毁灭、妨碍、阻止生命自我意愿的行为都是极其恶劣的。

有这样一则故事：

滴水和尚19岁时就在曹源寺出家，拜在仪山禅师门下。刚刚入寺修习时，他终日里被派去打杂，给寺中僧人们烧洗澡水，时间久了，他渐渐不满于师父的安排。

有一次，师父洗澡嫌水太热，就让他去提一桶冷水过来调和一下。滴水和尚便去提了凉水过来，他先将一部分热水泼在了地上，又把多余的冷水也泼在了地上，然后将水调凉了。师父严厉地斥责他说："你怎么如此冒冒失失的！地上有多少蝼蚁、草根，这么烫的水泼下去，会烫死多少生命？而剩下的那些冷水，如果用来浇花育园，又能活多少草木？你若心无慈悲，出家又为了什么呢？"

滴水和尚顿悟，他既明白了原来烧水做饭之中也可以悟到禅机，更清楚了慈悲心在修禅过程中的意义所在，自此，他以"滴水"为号，成为一代禅师。

这个故事的道理很简单，它告诉我们关怀生命并不仅仅指关怀人类自身，而是关怀世间一切具有生命的生物，甚至蝼蚁、草根，都是慈悲的对象。

"佛观一杯水，八万四千虫"，在众生眼中，这只是普普通通的一杯清水，而在佛的眼里，水中却有无数需要救助的生命。传说佛祖曾要求弟子在饮水之前先将水过滤一遍，所以佛教至今仍保留着滤水的传统。

世间的生命原本是没有任何所谓的"高、低、贵、贱"之分的，每一个生命都有着它所存在的意义与价值。不论在什么情况下，毁灭和伤害生命都如同恶魔一样有罪。在实践中，我们真的被迫选择。我们经常必须武断地决定何种形式的生命，甚至何种特殊的人，我们应该挽救，何种我们应该毁灭。尽管如此，敬畏生命的原则仍然是完整的和毋庸置疑的。

康德说过："头上的星空和内在的道德律，于我心中充满着常新的、益增的敬仰与畏惧，我们越常思考，便越坚定它。"敬畏生命，其实是一种自重自警状态下的自觉把握，心存敬畏，就有了如履薄冰的谨慎态度，就有了战战兢兢的体察心情，就有了小心翼翼地戒惧意念，就有了虚怀若谷的君子风度，敬畏生命，也就有了如负泰山的神圣责任。

敬畏生命，也是热爱生活，热爱我们自己的人生。我们在关爱其他生命的同时，其实也是对我们自身生命的关怀与尊重。因此，任何一个生命都与我们息息相关、血肉相连，都是值得我们去关怀的。拥有这样慈悲心肠的人，能够给别人带来很多的温暖和关爱，也让自己的生活明亮而充满色彩。

遵从信仰的力量

信仰是对人生根本目标的确信。

——周国平

法国有位名人曾经讲过："能够激发一颗灵魂的高贵、伟大的，只有信仰。在最危险的情形下，是虔诚的信仰支撑着我们；在困难面前，也是信仰帮助我们获得胜利。"

信仰是什么？有人说是明灯，照耀人前行的方向；有人说是理念，一种由抽象到具体，由具体到抽象的精神遐想。不管怎样，有信仰是好的。

在一座孤岛上，一个灯塔守护人生活了将近40年。当他还是一个毛头小伙子时，就随着父亲来到了这个孤岛。

白天父子两人出海捕鱼；晚上就燃起篝火，为过往的轮船引航。20年后，父亲死了，他就一个人在孤岛上守护着这座灯塔。

一个狂风暴雨的夜里，一艘客轮在灯塔的指引下，安全地停泊在孤岛避风处的港湾。

船长上岸后，万分感激地对守塔人说："如果没有这座灯塔的指引，我这艘客船，还有满船的乘客，早就葬身海底了。作为感谢，我要带你离开这个地方，并且每月至少给你2500美元的薪水。"

守塔人笑着摇摇头。

船长大惑不解："难道你不想过安逸的生活吗？"守塔人平静地说："想！但是这里就是我的岗位。10年前有一个遭遇风暴的船长和你一样，答应给我3000美元的薪水。可是假如我当时真的答应他离开了这里，后来的那些船只，包括你的这艘，今天还能获救吗？"

船长如梦方醒，激动而又惭愧地抱住了守塔人。

这个故事告诉我们，人们一旦选择了信仰，就意味着要为了神圣的理想必须笃定前行，无怨无悔。正如诗人纪伯伦所说的那样：信仰是我们心中的绿洲。这片绿洲灌溉着自然，滋养着人类，净化着心灵。

人的一生做什么也许并不重要，重要的是能否造福于更多的人。这种造福就是将自己的善良和爱传播给更多的人，让更多的人受益。信仰即是教人行善的方式，温暖别人，自己也不会寒冷。这就是信仰的最高境界。

然而，要始终如一的坚守信仰谈何容易，“路漫漫其修远兮”，坚守信仰，也需要顿悟。

在一个寒冷的冬夜，有一个乞丐来找荣西禅师，哭诉道：“禅师，我的妻儿已多日粒米未进。我想尽我的一切努力给他们温饱，可是始终无法办到。连日来的霜雪使我旧病复发，我现在实在是精疲力竭了，如果再这样下去，我妻儿都会饿死。禅师，请您帮帮我们吧！”

荣西禅师听后颇为同情，但是身边既无钱财，又无食物，如何帮他呢？不得已，只好拿出准备装饰佛像的金箔说道：“把这些金箔拿去换钱应急吧！”

听到荣西禅师的这个决定，弟子们都很惊讶，纷纷表示抗议：“老师！那些金箔是准备装饰佛像用的，您怎么能轻易送给别人？”

荣西禅师非常平和地对弟子说：“也许你们无法理解，可是我实在是为尊敬佛陀才这样做的。”

弟子们一时无法领悟老师的深意，愤愤地说道：“老师！您说是为了尊敬佛陀才这么做的，那么我们将佛陀圣像变卖以后用来布施，这种不重信仰的行为也是尊敬佛陀吗？”

荣西禅师不再辩解，只是说：“我重视信仰，我尊敬佛陀，即使下地狱，我也要为佛陀这么做！”

弟子们仍然不服，还是嘀咕个没完。荣西禅师于是大声斥责道：“佛陀修道，割肉喂鹰、舍身饲虎，在所不惜，佛陀是怎么对待众生的？你们真的了解佛陀吗？”

真正的信仰不是仅仅挂在嘴上，更要用善行去实践，甚至舍生取义也在所不惜。而生活中的我们不管有没有遵循某种宗教，只要信仰美，信仰善，信仰生活，信仰一切能给人带来美好向往的事物，我们的内心就是强大的，力量就是充足的，目光就是坚定的。只是不要忘记，最崇高的信仰并非高高在上，而是俯身低行，与最普通也是最善良的人们靠在一起的。

对最普通的付出爱，就是将信仰根植于每个人的心中，施爱的人也因此成为别人的信仰。它永远与我们的内心通行，是一颗根植于心灵深处的种子，让我们勇敢地前行，毫无顾忌地向理想奔去。

信仰的力量能够跨越时空，无论时光流逝，无论沧海桑田。信仰是一股巨大的力量，它能够铸造信念，可以让一种精神的光芒薪火相传，生生不息。

“靖康耻、犹未雪，臣子恨，何时灭，驾长车，踏破荷兰山阙”表现的是精忠报国、收复故土、统一祖国的坚定信仰；“我自横刀向天笑、去留肝胆两昆仑”表现的是赤胆忠心、胸怀天下、济世救民的无私信仰；“幽燕烽火几时收，闻道中洋战未休；膝室空怀忧国恨，谁将巾帼易兜鍪”表现的是忧国忧民、以身奉国的崇高信仰。

一花一世界，一沙一天国

只要能培一朵花，就不妨做做会朽的腐草。

——鲁迅

中国有这样一句话：“一花一世界，一沙一天国。”这本来是佛教中的一个故事。传说佛在灵山，众人问法，佛不说话，只拿起一朵花示之，众弟子不解，唯迦叶尊者破颜微笑。只有他悟出道来了，宇宙间的奥秘，不过在一朵寻常的花中。

从研究微观世界入手，照样能够得知宇宙的大道理，即我们所说的最一般的本质和最一般的规律。一朵花虽小，却包含了所有物质、所有生命、所有植物都有的东西。从现代科学的眼光看，无论动物还是植物，都是由细胞构成的，花也是如此；地球上的生物都会受到气候、地理环境的影响，花也是如此。

正所谓“麻雀虽小，但五脏俱全”，不要自以为人很高贵，很特别，这个世界是如此的不同，但万事万物又是如此相同，可谓是“一花一世界”。

所以，这就启发我们去思考：如何以有限的时间去研究那无限的时间和空间。或许我们没有必要也没有可能穷尽对一切事物的认识，但只需要我们深入研究某一种具体物质就可以了。因为所有的物质都有共通的东西。

比如说人和水、地球和太阳，从表面形象上看，没有直接的关联。但现代科学就告诉我们，实质上人、水、太阳都是一样的。因为它们包含的化学元素都是相同的，都是这些基本的化学元素通过不同的组合演变而成的。老子也说：“道生一，一生二，二生三，三生万物。”可见万物都是从“一”这种最基本的物质生化出来的，当然也可以“还原”为“一”，包含“一”的物质。

每一个生命都值得我们尊重，每一个事物都有其存在的价值。一株草、一朵花都足以感动我们的心灵。一束阳光、一句温存的话语都可以温暖我们尘封已久的心。心与心的交流和共鸣奏响和谐的旋律，心灵也习得温情的通透。就像海子说的：“给每一条河每一座山起一个温暖的名字。”其实，每一个生命都值得我们祝福。

有时候我们会有这样的疑问：“这世界是什么？”这是不安分的心在叩问灵魂。那么世界是什么？数千年前，尼罗河畔，那些长髯飘飘的学者们便在争论这个难题。有的说，世界是火，有火才有生命；有的说，世界

是水，海是我们最初的家园；还有的说，世界是空气、是泥……其实，他们都对，世界是如此多元，唯其多元才丰富；唯有丰富，才有思想迥异的人。

当我们信手翻着宋人话本《碾玉观音》，不由得会想，人与人是如此的不同。

话本的开头是这样的疑问："春已归去，不知哪儿是春住处？"

王观说春到江南去了："若到江南赶上春，千万和春住。"

苏小妹说春被带走了："燕子衔将春色去，纱窗几阵黄梅雨"。

还有苏轼说、秦观说、黄庭坚说……王安石倒是承认，二十四番花信风罢了，春自然也走了。春归何处？引得这些诗人话语纷纷。

其实他们都对，诗人有诗人的天地，对万物莫不有自己的理解。大千世界，芸芸众生，不同的人对世界自然有不同的理解、丰富的答案。

或许人们的理解不同，是因为角度不同，"横看成岭侧成峰，远近高低各不同"。一个人只能占一位置，一位置就只能见一方风景。不同的只是，有的人站得高些，看得远些；有的人站得低些，看得片面些。一张白纸上有一黑点，有的人认为这是一张白纸，有的则认为那是一团黑点，他们从不同角度看，答案便多样。

世界是什么？真的很难回答，因为可以有如此多的答案。人生如何选择？真的很难挑选，可以快走追赶，直指成功；可以慢走领略，欣赏夹岸平沙、落英缤纷。既然有那么多答案，何不在多元的世界里，以包容的心态看万事万物？容许在前提正确的情况下做出各异的价值取向，让世界更精彩。如是想，不安分的心慢慢归于平静。因为开始明白，自己不过是多元天地中小小的一元。一花一世界，世界开满各异的繁花。

面对我们的人生，我们可以有多彩的选择。永恒和瞬间是归于一处的，追求生命的意义，就是把握好当下的自己。我们可以扬鞭大漠，可以隅居江南，可以坐拥书城，可以铁马金戈，人生的答案尽可以丰富多样。多样的理解，多样的方法，多样的答案。总之，每一个角度都是“一花一世界，一沙一天国”。

生命短暂，好好地生活

只有快乐的哲学，才是真正深湛的哲学；西方那些严肃的哲学理论，我想还不曾开始了解人生的真义。在我看来，哲学的唯一效用是叫我们对人生抱一种比一般商人较轻松较快乐的态度。

——林语堂

感慨生命的短暂，不是学曹孟德“譬如朝露，去日苦多”的叹息，也不是苏轼“人生如梦”的无奈，更不是看破红尘的消极避世，而是想生命易逝，我们今天能健康、自在、安乐地活着，就没有什么理由不去珍惜生命，热爱生活，过好生命中的每一天。

法国作家巴尔扎克把时间比作资本；德国诗人歌德把时间看成是自己的财产；鲁迅先生对时间的认识更深刻，他说：“时间就是生命。无端地空耗别人的时间，其实无异于谋财害命。”时间会从指缝间稍纵即逝，生命也就短短的数十载，所以更应该珍惜光阴，好好生活。

人生于世，追求名利也好，追求高尚也罢，这一生忙忙碌碌，无非是为了拥有属于自己的那一片风景。多少年来，我们总是习惯于让一些无谓的事情占据我们的心胸，遮蔽着模糊的眼睛。

然而，也许在我们忙碌的时候，眼前的风景已经与我们失之交臂了，等醒悟回头时，也许只剩下落英一片，甚至什么都没有，只留下满腹的伤感。所以，懂得生活的人会给予我们这样的告诫：生命短暂，好好生活，勿要错过。

有个叫阿巴格的人生活在内蒙古草原上。有一次，年少的阿巴格和他父亲在草原上迷了路，阿巴格又累又怕，到最后快走不动了。

父亲就从兜里掏出5枚硬币，把一枚硬币埋在草地里，把其余4枚放在阿巴格的手上，说："人生有5枚金币，童年、少年、青年、中年、老年各有一枚。你现在才用了一枚，就是埋在草地里的那一枚。你不能把5枚都扔在草原里，你要一点点地用，每一次都用出不同来，这样才不枉人生一世。今天我们一定要走出草原，你将来也一定要走出草原。世界很大，人活着，就要多走些地方，多看看，不要让你的金币没有用就扔掉。"在父亲的鼓励下，那天阿巴格走出了草原。

阿巴格始终牢记父亲的话，保持积极的心态，在有限的生命中好好地活着。长大以后，阿巴格想到世界上更多的地方看一看，他离开了家乡，成了一名优秀的船长。

这则故事告诉我们：珍惜自己的生命，珍惜光阴，无论在什么困境下都要保持一颗不放弃坚持的心。这样才能走出沼泽，好好生活。只要信念在，希望就在，即便此刻身陷泥沼也会守得云开见月明。

生命是一篇小说，不在长，而在好。一定要在有限的时间里演绎无限多姿多彩的故事，才不枉费人活一世。

每个人的生命都是有限的，少一份抱怨，就多一份幸福。不要总认为自己比别人不幸，每个人都需要一种知足的态度去对待生活，珍惜现在所拥有的才不会错过，才有可能得到更多的收获。

同一件事情，可以有不同的评价，但是悲观的人只会对不幸听之任之。而乐观的人则会在不幸中看到更大的机会，从而得到自己想要的。生命短暂，乐观的人才会在有限的时间里获得更多，享受美好的日子。

在宇宙大家庭里，有众多兄弟。他们分别叫浮云、雷霆和闪电等。浮云每日在天空中游荡，飘来飘去，经久不散；而雷霆和闪电却分秒必争，来去匆匆，瞬间不见。为此，浮云取笑闪电："瞧，我的生命多么长久，你的生命多么短暂。"

闪电无暇反驳，它只是静静地聚集着所有的力量，等待划破天空的那一刻。不久之后，闪电将整个身体越过天空，迸发出震惊世界的电光，浮云瞬间也被照亮了。

雷霆在一旁听了，忍不住吼叫起来，对浮云说："亲爱的兄弟，请别忘了，同样的生命，有的留给大地的都是阴影，而有的带给世界的是光明。"

生活的快乐在于打开心门，心门打开了才会感受到阳光。一切的喜怒哀乐都源于内心，要想好好生活，就要给自己一颗阳光温暖的心去感受生活中的点滴。内心有爱，得到的是欢乐；内心有恨，得到的只是痛苦。

生命短暂，如果没有一双发现美的眼睛，就不会得到快乐幸福。好好生活的前提是去发现生活中的美好而不是带着怨恨去活着。而不是通过外在物化的手段去试图改变，心快乐，生活就快乐，生命短暂，好好生活。

实在的生活就是寒来暑往，重复着一条固定的路线，但是，路边的一花一草、一树一木，却悄悄地发生着变化，都在努力地向这个世界展示着它的美丽，都在等待着我们的欣赏与感动。

其实很多时候，风景不在你刻意去寻求的远方，却在你无意路过的途中。而我们却让自己变得忙碌，变得烦躁。到头来，我们又得到了什么，失去了多少？错过了旭日东升的壮观，夕阳西下的悠然；错过了繁花雨露、花前月下；错过了多少最真实的快乐。所以，在路上，请留心沿途的风景吧，让它触动你的眼睛，让它燃烧你的心灵，温暖你人生旅程的每一个寒冬。不要让风雨模糊了视线，不要让行色匆匆成为我们的理由。

人生是一趟单程的旅行，我们只有前行，没有回返的可能。我们不知道明天的生命列车要开往何处，明天的阳光是否依旧灿烂，重要的是我们要从容面对，不要错过生命沿途的风景与快乐。

风景在沿途，快乐在心中，生命是虚无而又短暂的，它如流水般消逝，永远不复回。一个人只有真正认清了生命的意义、生命的方向，善于好好地活着，才能将生命演绎得无比灿烂、无比美丽。

回归本真，诗意且神圣

若吾人不知宇宙间事物变化之通则，而任意作为，则必有不利之结果。

——冯友兰

我们来自大自然，只有回归大自然才能找到本真的自己。这正如爱默生所说的：“人是一种活动的植物，他们像树一样，从空气中得到大部分的营养。如果他们总是守在家里，他们就憔悴了。”冯友兰也极为赞同这一点，他说：“若吾人不知宇宙间事物变化之通则，而任意作为，则必有不利之结果。”我们要治病，除了吃药外，还可以下棋以养心，钓鱼以抒怀，这便是回归本真，享受宁静、诗意的人生。

显然，冯友兰是想从反面说明人与自然之关系：人本源于自然，若一味地想要远离自然，无异于“任意作为”，所能产生的“不利之结果”也必然降临于人自己身上，现代人的生活正是如此。

许多人生活在大都市中，平时接触的都是高楼大厦、车水马龙，人们远离大自然，污浊的空气和浮躁的气氛无意中给我们带来了许多的烦恼。这样的日子，宛如魔鬼的陷阱之中一般，也难怪梭罗会抛开繁华的生活，扛着一把斧头到瓦尔登湖畔去过“诗意且神圣”的生活。于他而言，真正的生活应该在大自然之中，也唯有在大自然之中，人才能找回生活最本真的样子。

哲学家们希望每一个生命都恢复到朴实的境界，活着就是活着，以本色存在。人生没有什么“观”，人生就以生为目的，本来如此，这个题目本身就是答案。有时，人应该成为一块拒绝雕琢的“原木”，不须雕琢，也不须苛求人生应该如何如何，无欢喜也无悲凉，保留人性中单纯、善良、朴实的东西，不要让外在的雕饰破坏自然的本质，顺其自然才是本真。

有空的时候，不妨走出喧嚣的城市，步入静谧、纯粹的大自然，去享受清风的吹拂、感受花草的芳香，一切的苦闷和阴影都会烟消云散。

人本是自然之子，但在社会进程中，人一方面得以升华，以文化区别于动物，同时也在被社会所异化，从而表现出了许多非自然的属性，尤其是在商业社会中，这种异化尤为明显。庄子认为，养心首先要养自然之心，要保持人原有的那种质朴、纯真的自然属性。整日工于心计、追逐名利，如何养生，如何养心？回归本真，是在心态上回到自然去。这就是庄子给我们的启示。

王维有诗云：“木末芙蓉花，山中发红萼。涧户寂无人，纷纷开且落。”芙蓉花不为谁而开，也不为谁而落，即便有哪个人或者是野兽路过，它的开落也与之无关。它只是在完成自己的命运，开了，就会落，这就是它的生活。而人在很多时候，也会有地方需要我们以这样的姿态去对待：不求问，不求解，而答案自会清晰。

质朴是这个世界的原始本色，没有一点功利色彩。就像花儿的绽放、树枝的摇曳、风儿的低鸣、蟋蟀的轻唱，它们听凭内心的召唤，是本性使然，没有特别的理由，一如人生而为生一样的单纯。因而，生命有时无须追问，回归本真的自我，反而诗意且神圣。

第二章

超然于物外

人在生活中，心在生活外

人生在世，应当马马虎虎，糊糊涂涂，才会腾达，才会有福气。文人往往是非辨得太明，泾渭分得太清。黛玉最大的罪过就是她太聪明。所以红颜每多薄命，文人亦多薄命。

——林语堂

每个人都拥有一段人生，不管长短，都是属于自己的生命。蒙田说:“收拾好行装，随时准备和人生告别。”就是说对待这个生命，我们不妨眷恋、执着，但同时更要有一种超脱的态度，身在红尘中，心不被红尘所掩。入世再深，也要有个限度，也要给自己的心灵留一点悠然的栖息之地。

人生在世，标示的是人与世界的内在关联，人与世间万物的和谐一体。中国哲学向来主张天人合一，而不是天人对立或主观客观的二元分割。老子讲道法自然，庄子讲混沌状态也是这个意思。如果能聆听道家的智慧，用淡泊的心去看世界，去“物物而不物于物”，持守一份超然、平淡，就会回归于天地之间，重获心灵的健康和自由。庄子就是个超然物外的圣人。他身在红尘，却不为生活所役，不被世俗所拘。所以他面对生死，拥有的是一份豁然超脱的心境。

一天晚上，明月当空，马祖道一禅师的3个得意弟子西堂智藏、百丈怀海和南泉普愿兴致勃勃地跟随师父一同赏月。

赏月的过程中马祖道一禅师问3位弟子道：“此情此景你们的心中所想是什么？”

西堂智藏立马答道：“依我看，此时正好焚香以讲经说法供佛。”

百丈怀海也跟随继续答道：“照我说呀，此时正是参禅打坐的好时机。”

此时只有南泉普愿默而不答，他对众人微微一笑后，便拂袖便走。

马祖道一禅师看到后，便大加赞叹道：“经入藏，禅归海，只有南泉普愿独起物外。”

马祖道一禅师借赏月时的心境，想让3位弟子领悟禅法要旨，但是西堂智藏迷于对经典的讲解，而百丈怀海专注于对禅的修行，只有南泉普愿不迷执一切法相，心无障碍，独超物外，达到入时观自在。之后，3位弟子相继开悟，都成为著名禅师，各自分化一方，弘扬马祖道一的禅法。

两千年前的庄子在《庄子·齐物论》中写道：“一受其成形，不忘以待尽。与物相刃相靡，其行尽如驰，而莫之能止，不亦悲乎！”这就是“物于物”的人生境况，庄子深为其感到悲哀。对物的沉迷，势必造成人与自我的分离和疏远，结果就是“物于物”，沦为外物的奴仆。

死亡是人生的必然，庄子却把它看得如此淡然而豁达。一位思想深邃而敏锐的哲人，就这样以浪漫达观的态度和无所畏惧的心情，从容地走向了死亡，走向了在普通人看来万般惶恐的无限和虚空。从无中来到无中去，其实这正是生命的本真状态；只是有些人把生命想得过于复杂，令它承载了许多额外的沉重，因此失去了许多生活的真味。只有超脱出来，才能领略人生的另一层境界。

历史上，“采菊东篱下，悠然见南山”的陶渊明也是超脱物外的，从他一生的经历就可以看出，他是人在生活中，心在生活外，过着怡然自得的生活。

陶渊明一生经历坎坷，经历过繁华和贫苦。时代思潮和家庭环境的影响，使他接受了儒家和道家两种不同的思想，培养了“猛志逸四海”和“性本爱丘山”的两种不同的志趣。

在任彭泽县令时，他因为不愿为“五斗米折腰”遂授印去职。自此结束了他 13 年的仕宦生活，这 13 年，是他为实现“大济苍生”的理想抱负而不断尝试、不断失望、终至绝望的 13 年。最后赋《归去来兮辞》，表明与上层统治阶级决裂，不与世俗同流合污的决心。自此他摆脱了“心为形役”的官场，开始了超脱的田园生活。

陶渊明辞官归里，过着“躬耕自资”的生活。归隐田园的生活清苦淡泊，陶渊明却以此为乐。因其居住地门前栽种有五棵柳树，固被人称为五柳先生。夫人翟氏，与他志同道合，安贫乐道，“夫耕于前，妻锄于后”，归田之初，生活尚可。“方宅十余亩，草屋八九间，榆柳荫后檐，桃李罗堂前。”

陶渊明爱菊，宅边遍植菊花。“采菊东篱下，悠然见南山”至今脍炙人口。他生性喜爱喝酒，饮必醉。朋友来访，无论贵贱，只要家中有酒，必与同饮。他先醉，便对客人说：“我醉欲眠卿可去。”

他辞官回乡 22 年一直过着贫困的田园生活，而固穷守节的志趣，老而益坚。在病中，他给自己写了《拟挽歌辞》3 首，在第三首诗中末两句说“死去何所道，托体同山阿”，对死亡看得平淡自然。

超然物外，超尘脱俗，说起来容易，做起来难。人生在世，就像一根葛藤，越长越与其他的藤蔓纠缠在一起。人想脱离世界，世界不会脱离人。人想绕开社会，社会不会绕开人。人想躲避生活，生活不会躲避人。人想超越俗世，俗世不会超越人。既然来到世界，人就要有勇气蹚生活的浑水。

在道家的眼中，人与万物、与天地自然，不是对立的。人不是地球的唯一主人，人不主宰万物，也不被万物所主宰、所奴役。

心境不同，境界自然不同。人生苦短，岁月无情，我们都想在平凡的日子里做出非凡的业绩，都想在有生之年创造奇迹。于是，我们常常会被名利所累；会为富贵劳心；会面容憔悴身心疲惫，得意时忘形，失意时烦忧。生在虚伪中，活在梦幻里，人生必然会疲惫不堪。

所以，我们要时时修炼自己的内心，在面对纷繁、物化的社会现实时，能够安时处顺，恪守本心的宁静，不被物欲左右，不为名利所屈服，“不与物牵”。如果能够在现实生活中始终如一地坚持这样宠辱不惊，心灵就会逐渐清净，抗击外在环境干扰的能力就会增强，这样就可以做到“结庐在人境，而无车马喧”的坦荡和恬适了。

先有超然气度，方有翩翩风度

一个人的心胸，决定了他拥有的涵养和风度。

——袁行霈

气度是一个人心理素质的表现形式，说一个人有气度无疑是一种褒奖。气度是一种高尚的人格修养，一种“宰相胸襟”，一种成大事的大将风范。有气度的人很少计较一城一地的得失，常得之淡然，失之泰然。有气量不仅意味着一种超然，更是一种智慧、一种胸襟。

而风度指的是一种表现在外的态度和举止，它实际上和穿衣打扮并没有直接的联系。气度是意志坚强者动人的风采，它昭示的是做人的豪迈；气度是仁厚的等待，它让良知感化愚顽，用成熟来导引轻率；气度还是用生命担起的一份责任，它需要坚韧不拔的毅力和忍耐。气度很像是一种高营养成分，它会给人带来一种品格、一种魅力。有了内在的超然的气度，才能自然流露出来。风度是模仿不来的，它需要从自我内心开始修炼。超然的气度往往能给人带来别样的风度。

历史上有超然气度的不乏其人，魏晋名士的风骨更是为后人所津津乐道。

嵇康是个风度非凡的人，历史记载嵇康身长七尺八寸，风姿特秀。见者叹曰：“萧萧肃肃，爽朗清举。”“肃肃如松下风，高而徐引。”

他的好友山涛说：“嵇叔夜之为人也，岩岩若孤松之独立；其醉也，傀俄若玉山之将崩。”他的哥哥嵇喜就在《嵇康别传》里，很不谦虚地夸耀他是“正尔在群形之中，便自知非常之器”。

然而，偏偏就是这样一位相貌堂堂的人物，却有“土木形骸，不自藻饰”的个性倾向，据同时代的颜之推在《颜氏家训》里记载，当时的上层男士，崇尚阴柔之美，非常重视个人修饰，出门前不但要敷粉施朱，熏衣修面，还要带齐羽扇、麈尾、玉环、香囊等各种器物挂件，于此方能“从容出入，飘飘若仙”。

试想一下，与那些脂粉扑面、轻移莲步的矫揉造作者相比，嵇康的外貌风度是多么令人神清气爽。

嵇康的风度除了他的容貌之外，和他具有超然旷达的个性也有关系。嵇康爱好打铁，铁铺子在后园一棵枝叶茂密的柳树下，他引来山泉，绕着柳树筑了一个小小的游泳池，打铁累了，就跳进池子里泡一会儿。

嵇康自由懒散，“头面常一月十五日不洗，不大闷养，不能沐也”，再加上他幼年丧父，故而经常放纵自己，用他的话说就是“又纵逸来久，情意傲散”。成年的他接触老庄哲学之后，“重增其放，使荣进之心日颓”。在这天才的懒散与自由里孕育着嵇康的狂放和旷达。生活中的嵇康的确很狂，他轻时傲世，对礼法之士不屑一顾。

嵇康的志向已经写在了他的诗里，《述志诗》“冲静得自然，荣华安足为”。“冲静”二字最能代表嵇康的情操、志趣和人生追求，不慕荣华，“轻时傲物，不为物用”，唯求虚静冲淡以获得自然的归宿。他的诗也如其人，平淡高远，超乎时俗。

嵇康的一生有很多不幸的遭遇，但这一切，他只是淡然处之，随性而为。他的生命在这种超然的境界里盛放，他的风骨、气度也成了魏晋的一道永不泯灭的风景。

一个没有气度的人会很容易走向气度的反面，那就是忌妒和仇恨，就是小肚鸡肠与睚眦必报，就是凡事钻牛角尖儿。忌妒者的人生表现形式一般只会有两种，一方面是悲哀自己的不幸，另一方面是恼恨他人的幸福。如果气度是命运，那么忌妒就是命运的奴隶，最终的结果只能是作茧自缚。

其实，得到时要珍惜，失去时不懊悔，重要的是如何看待，重要的是怎样面对。锦衣玉食并非幸福快乐，粗茶淡饭照样颐养天年。身居高位也有忧愁烦恼，平民百姓也有快乐时光。保持超然的心境就是打开快乐匣子的钥匙，也是顺渡人生之河的木舟。有了超然的气度，由内而外，真正的风度也随之而来。

男子体操单杠决赛上，28岁的俄罗斯老将涅莫夫第三个出场，他在杠上一共完成了直体特卡切夫、分体特卡切夫、京格尔空翻、团身后空翻两周等连续6个精彩绝伦的空翻和腾越，非常完美，只是在落地时出现了一个小小的失误——向前移动了一步。随后，观众把最热烈的掌声送给了他。

但是裁判只给了他9.725分！此刻，体操史上少有的情况出现了：全场观众愤怒了，他们全都站起来，报以持久而响亮的嘘声，比赛不得不被打断。

全场观众不停地喊着："涅莫夫！涅莫夫！"并且全部站了起来，不停地挥舞手臂，用持久而响亮的嘘声，表达自己对裁判的愤怒。比赛被迫中断，第四个出场的美国选手保罗·哈姆虽已准备就绪，却只能尴尬地站在原地。

此时，已退场的涅莫夫从座位上站起来，露出了成熟的微笑，向朝他欢呼的观众挥手致意，并深深地鞠躬，感谢观众对自己的喜爱和支持。涅莫夫的大度反而进一步激发了观众对裁判打分的不满，嘘声更响了，不同国度的观众挥舞着不同的旗帜。

在如此巨大的压力下，裁判终于被迫重新打分，这一次涅莫夫得到了9.762分。但裁判的退让根本不能平息观众的不满，观众的嘘声反而更大。重新准备开始比赛的保罗·哈姆只能僵立在原地。

这时，涅莫夫显示出了非凡的人格魅力和宽广胸襟，他重新回到心爱的单杠边。

只见涅莫夫先是举起强壮的右臂表示感谢观众的支持；接着伸出右手食指做出噤声的手势，请求观众给保罗·哈姆一个安静的比赛环境；然后具有大将风范地双手下压，要求观众们保持冷静。

观众理解了涅莫夫的苦心，他们渐渐安静了，中断了十几分钟的比赛才得以继续进行。

最终，涅莫夫虽然没有拿到金牌，但他仍然是观众心目中的“冠军”；他没有打败对手，但他以自己的气度征服了观众。他是那晚当之无愧的无冕之王，他劝慰观众的感人一幕如大片中的经典场景，让人久久无法忘记。

他的行为，捍卫了尊严；他的风度，赢得了尊敬。这就是气度的魅力，拿得起，放得下，不计较，善爱人，能宽容。放大自己的气度，一个人也就摆脱了名利、得失之心的困扰。

是否拥有气量、具有风度，关键看三点：一是平等的待人态度，不自认为高人一等，保持一颗平常心，平视他人，尊重他人；二是宽阔的胸襟，胸怀坦荡，虚怀若谷，闻过则喜，有错就改；三是宽容的美德，能够仁厚待人，容人之过。由此，气量实际上反映了一个人的素养和品性。

人有七情六欲，物有百转轮回。我非消极避世，更无厌倦红尘。青春勃发，就该建功立业，志向高远，就当奋发图强。世事变迁不改凌云壮志，岁月流逝不变英雄本色。为人诚恳宽容，处世不走极端，“牢骚太胜防肠断，风物长宜放眼量”。

累了，将心靠岸，倦了，及时调整。成功来临，淡然对待，面对失败，处之泰然。闲看花开花落，静观云卷云舒，顺其自然，随遇而安，这样才能具有超然的气度。

关注内心的和谐

心灵如同一面镜子，需要时常擦拭。

——徐志摩

苏轼在《超然台记》中说："凡物皆有可观。苟有可观，皆有可乐，非必怪奇伟丽者也。铺糟啜醨，皆可以醉，果蔬草木，皆可以饱。推此类也，吾安往而不乐？"在苏轼看来，任何东西都有它的价值，我们无论身处何地、何种环境中都可以快乐。这体现出了苏轼的人生观，他有一种超然物外、随缘自适的人生态度，在这种旷达态度的背后，他仍然坚持着对人生、对美好事物的追求，是另一种和解还是另一种抗争，这些都不重要，重要的是有血有肉的灵魂，一颗淡泊而和谐的心。

苏轼的超然是在充分的人生经历中得出的处事态度。苏轼的一生大起大落，但归结起来可谓是失意的一生。仕途上的不得志与文学上的成就形成巨大反差。他的一生漂泊落魄，与其入世理想相差甚远。但正是因为苏轼拥有一颗超脱而和谐的心灵，因此他能在人生的低谷中写出"竹杖芒鞋轻胜马，谁怕？一蓑烟雨任平生"这样的诗句。他也因此在任何时候都能感知生命中的美好。

德山禅师在尚未得道之时曾跟着龙潭大师学习，日复一日地诵经苦读让德山有些忍耐不住。一天，他跑来问师父："我就是师父翼下正在孵化的一只小鸡，真希望师父能从外面尽快地啄破蛋壳，让我早日破壳而出啊！"

龙潭笑着说："被别人剥开蛋壳而出的小鸡，没有一个能活下来的。

母鸡的羽翼只能提供让小鸡成熟和有破壳力的环境，你突破不了自我，最后只能胎死腹中。不要指望师父能给你什么帮助。”

德山听后，满脸迷惑，还想开口说些什么，龙潭说：“天不早了，你也该回去休息了。”德山撩开门帘走出去时，看到外面非常黑，就说：“师父，天太黑了。”龙潭便给了他一支点燃的蜡烛。

他刚接过来，龙潭就把蜡烛熄灭，并对德山说：“如果你心头一片黑暗，那么，什么样的蜡烛也无法将其照亮啊！即使我不把蜡烛吹灭，说不定哪阵风也要将其吹灭啊！只有点亮心灯一盏，天地自然成了一片光明。”

德山听后，如醍醐灌顶，后来果然青出于蓝而胜于蓝，成了一代大师。

如果内心为物所役，在面对凡尘种种的时候难免会为之所困，为之所累。沉迷于物欲的追求之中，狂乱而不能自拔，却不知快乐为何物。成功时狂喜，失败时过悲。这些都是内心不和谐的表现。

对人生和生命的领悟源于一个人的灵性，而个人灵性的关键就在于他的心灵，因此，一个人生活在这个世界上，必须懂得时时修炼自己的心灵，以和谐的雨露、淡然的清风养育它。只有内心归于和谐、平静，才能在繁华世俗的背后，看见鲜花遮掩的皎洁月亮。

金庸小说《天龙八部》有这样一个情节：逍遥派掌门人逍遥子，设下珍珑棋局，以此来寻找自己的接班人。珍珑棋局绝妙非常，以至于30年来一直无人可破，于是哑翁发出邀请函，请武林上有名的青年才俊来破。在慕容复、段誉等高手纷纷败下阵来之时，少林寺小和尚虚竹恰来找薛神医解少林方丈之毒，误打误撞也来破局。一点棋势也不懂的他胡乱走了几步，谁知神奇无比的围棋珍珑，竟被虚竹这样一个不大会下棋，也不想破这个棋局的人给解开了。

于是金庸先生借玄难高僧之口说：“这局棋本来纠缠于得失胜败之中，以致无可破解，虚竹这一不着意于生死，更不着意于胜败，反而勘破了生死，得到解脱……”

可见，有时候心里无物，反而更容易成功。虚竹的心里无生死、无胜败，他的内心单纯而和谐，这个棋局就像人生，纠结于胜败反而被困其中，无所谓胜败、名利，就不至于陷入迷宫。

一位哲人说过：“生命如同一草一木，皆蕴含着极深的学问。”几乎所有的白花都很香，而愈是颜色艳丽的花愈是缺乏芬芳。人也一样，愈朴素单纯的人，愈有内在的芳香。夜来香、晚香玉其实白天也很香，但是很少闻得到，因为白天人的心太浮了，闻不到夜来香的香气。

生命是一个过程，功名利禄，富贵荣华，无人能带走自己一生经营的名利，那就让自己的内心少贪求一些，多呼吸山林间的清新空气，多汲取善的清泉，保持和谐的心境，让生命自在地绽放和凋谢。

辟一方净土，诗意栖居

中国人得势时都信儒教，不遇时都信道教，各自优游林下，寄托山水，怡养性情趣了。

——林语堂

德国伟大的哲学家海德格尔到晚年时，幡然醒悟，回归到了诗性的境界，写下了这句话：“人，当诗意地栖居。”这一句雅致的话震惊了全世界。泰戈尔也曾说：“死之烙印将生命本真烙在生之硬币上，是它去购买那些真正有价值的东西。唯有诗意地生活，才能清明淡然地看待纷争的世界，让烦扰不再。”

人的一生，是生命表达的过程，如果以诗的形式表达，人生就是诗。泰戈尔有这样的诗句：“生如夏花之灿烂，死如秋叶之静美。”一个人来到世上是偶然的，离去却是必然的。所以热爱生命，崇尚自由，方能为自己开辟一方诗意的净土。

诗意栖居，给我们指明了一条闪现光明的林荫路。诗意的人生就是用审美的眼光和审美的心胸看待世界，照亮万物一体的生活世界，体验无限的意味和情趣，从而享受现在，回到人的精神家园。

诗意地栖居，可以收获一份别样的意境。陶渊明在“采菊东篱下，悠然见南山”的田园生活中觅得了闲适和淡然；梭罗于湛蓝的瓦尔登湖中获得了超然与恬静。诗意地栖居，与自然拥抱，脚踏大地，仰观星辰。

诗意地栖居也就是诗意地生活，诗意不仅仅是诗人才应该有，我们平常人也应该有。诗意也不应仅仅理解为诗歌中的意境，不应仅仅是在写诗时才有。诗意是对世界、对人生的爱，诗意的生活是真正的“人”的生活。

留心世界，你会发现每一个早晨和夜晚，每一个日出和日落、每一片叶子、每一朵鲜花都是充满诗意的。诗意其实很平常，春天萌发的嫩叶、深秋凉丝丝的雨，登高望远所看到的广阔天地，这些都是诗意。

要想诗意地栖居，就要有一颗诗意的心。我国著名美学家宗白华热爱自然，自然的景象能时时激起他心中的灵感和他的诗意。

宗白华在《我和诗》一文中写道：

我小时候虽然好玩耍，不念书，但对山水风景的酷爱是发乎自然的。天空的白云和覆成桥畔的垂柳，是我孩心的最亲密的伴侣。我喜欢一个人坐在水边的石头上看天上白云的变幻，心里浮着幼稚的幻想。风烟清寂的郊外，清凉山、扫叶楼、雨花台、莫愁湖是我同几个伙伴每星期日步行游玩的目标。我记得当时的小文里有“拾石雨花，寻诗扫叶”的句子。湖山的情景在我的童心里有着莫大的势力。一种罗曼蒂克的遥远的情思引着我在森林里、落日的晚霞里、远寺的钟声里有所追寻，一种无名的隔世的相思，鼓荡着一股心神不安的情调；尤其是在夜里，独自睡在床上，顶爱听那远远的箫笛声，那时心中有一缕说不出的深切的凄凉的感觉，和说不出的幸福的感觉结合在一起……

宗白华有着诗意的心境，所以，他感受到了自然中的美和诗意。相反，如果缺乏一颗诗心，昏蒙愚暗，那么在大自然的美景面前就会什么也看不到，也毫无感触。拥有一颗诗意的心，还要有一些知足的、超然的人生态度。

现在的大多数人，孜孜以求的是物质的享受，不仅不懂得欣赏自然之美，而且还把高尚的精神的追求驱逐出心之国门。他们关注的都是外在的东西，很少关注自己的内心世界，这样的心灵只能是一颗平庸的心灵，这样的生活是沉重的，是干涩的，是远离诗意的。

从道格拉斯·马罗区的诗中，我们或许可以得到一些启发：

如果你不能成为山顶的一株松，
就做一棵小树，生长在山谷中，
但须是最好的一棵。
如果你不能成为一棵大树，
就做一棵灌木。
如果你不能成为一棵灌木，

就做一叶绿芽，让公路上也有几分欢娱。

……

世上的事情，多得做不完，

工作有大的，也会有小的，

该做的工作，就在你身边。

如果你不能做一条公路，

就做一条小径。

如果你不能做太阳，

就做一颗星星。

不能凭大小来论断你的输赢，

只要你努力做到最好。

这首诗中透露着知足与感恩，这也是诗意，诗意不仅是大自然的美不胜收，还是心灵的知足恬淡。诗意存在于生活的每个角落，也存在于人的生活态度之中。诗意很简单，也许是午后阳光下的品茗，也许是失利后的一笑而过，更也许是一段夹带苦涩的回忆，是泛黄的日记本。诗意是触动心灵的一丝感动，它触手可及，时时就围绕在我们的身边，只是需要我们真正地用心去生活，去寻找，去发现。

诗意生活，要求我们会欣赏大自然。当我们在为生计奔波的时候，被各种压力压得喘不过气来的时候，我们要学会诗意地生活。要抽出时间，走进大自然，去倾听鸟儿的鸣叫，看苍苍莽莽的森林、潺潺的溪流。在享受自然的纯净时，自然便会给我们的心灵以慰藉，浮躁的心灵便会沉静如水。

要欣赏大自然，还要会欣赏社会，要在似乎不完善中发现内在的和谐。要欣赏柔婉和秀丽，要欣赏粗犷和豪迈，要欣赏幽默诙谐，还要

能够品味自己的不幸，或者同情他人不顺遭遇的情感。人，当诗意地栖居，且让我们诗意地生活，拂去世俗的尘埃，清除红尘纷扰，双手合十，微笑着诗意生活，就像梭罗一样，找寻到深藏在瓦尔登湖中星辉斑斓的美好。

第三章

独处，是另外一种境界

学会默默地享受生命

当我沉默的时候，我觉得充实；我将开口，同时感到空虚。

——鲁迅

法国伟大的哲学家卢梭说过：“我立即将我的思想从低处升高，转向自然界所有的生命，转向事物普遍的体系，转向主宰一切的不可思议的上帝。”卢梭为了到花园里看日出，他必须起得比太阳早。为了享受一个只属于自己的下午，他迈着平静的步伐，到树林中去寻觅一个荒野的角落，一个人迹罕至，因而没有任何奴役和统治印记的荒野的角落，一个他相信在他之前从未有人到过的幽静的角落，那儿不会有令人厌恶的第三者跑来横隔在大自然和他之间。他静静地享受着大自然的美妙，享受着生命带给人的思考。

很多时候，人不是自己太孤独了，而是因为我们不太经常和内心的自己沟通了。你疏远了它，它也同样和你陌生起来。这个过程中很像神话传说中的灵魂归壳，开始是我们从那个真实的自我中走出，迷失于这个花花世界。也许我们的周围开始多了些许喧嚣，充满了这样或那样的诱惑，于是我们的心也开始变得难以平静。站在城市的街头，漫无边际地流浪和寻找着前进的方向，心里充满着浮躁与不安。自己努力地试着融入那种喧嚣，但很难，于是渴望有份宁静，在宁静中默默地享受生命。

小罗和阿恒结婚已5年了。小罗现在是一个全职家庭主妇，不会有人想到她曾经是个十分优秀的商场经理。

小罗常常觉得有点失落、后悔和惋惜。她问自己，这几年在家庭中操劳这么久，她究竟得到了些什么。一座带小花园的属于她和阿恒的房子、一辆小汽车、一个孩子，生活给她的报酬难道就这么微薄吗？小罗想不通。

有一天，小罗在收拾屋子时，发现了一盘看上去很旧的录像带，她十分好奇，停下手里的活，将录像带塞进放映机里。

屏幕上，首先显示出这样一个画面，她抱着一大束玫瑰站在房门口，显得十分光彩照人。小罗想起那是4年前第一次收获自己种植的玫瑰。当时，看到自己辛勤除草、松土、灭虫的工作终于有了回报，她高兴得合不拢嘴。

屏幕上接着显示出这样的场景：宝宝摇摇摆摆地出现在屏幕上。他瞪着一对大眼睛，手指头含在小嘴里，一颠一颠地向镜头跑来。突然，他"啪"地摔在地上，随即号啕大哭起来。看到宝宝可爱的样子，小罗情不自禁地笑了。

看完录像带，小罗已感动得满眼泪花。原来这5年里，她获得了这么多欢笑和快乐。

生命本身就是个过程，这个过程需要我们默默地用心体会，如果能在这个过程中体会到生命的魅力，才真正懂得珍惜生命、享受生活。人们一直在寻找属于自己的远离时间尘嚣的世外桃源，其实，真正的世外桃源就在我们的心中，只要用心感悟便可获得，这是完全超越物质世界的审美体验，是一种陶醉于自我的快乐和享受。在这个喧嚣的都市里，静下心来，在独处中修炼自己，是把美丽的自然之灵魂种在心中。这样可以拭去太多太多的烦躁与不安，可以让疲惫、紧绷的心灵放松下来，默默地享受生活中隐藏的幸福。

默默地享受生命，不要在尘俗中庸碌之后，甚至在生命消失殆尽时才渐渐感悟。其实，默默地感受生活只是一种提高生活质量的处世态度，是一种冷静感受人生的深邃而智慧的境界。佛家讲，生活是一种修行。在这样一种修行中，我们需要有耐性，即使在无人问津的时候，也能自己默默地忍受孤独与寂寞，并且从中体悟到人生。

学会享受寂寞，寂寞是一种内敛的品质，这样的品质需要极大的智慧和定力，才能约束自己的心灵，不被喧嚣的俗物所污浊。多看书，多一些独立的思想，多体验一下寂寞，人生的真谛实际上就隐藏在极为平凡的事物中间。忍受寂寞，其实也就是在默默地享受着生命，这需要有一颗宁静的心。

王维有诗云:“人闲桂花落，夜静春山空。”说的就是一种空灵恬静的精神状态。此处的“静”有自然界的宁静，更是诗人内心淡泊明静的真实写照。一个人放下所有的思绪，品上一杯浓浓的香茶，释放一下自己的疲惫身心。在百忙或喧嚣中，留一点时间给自己，让自己慢慢享受。

在长夜到来的时候，或闭上眼，或看看星星和月亮，也许我们的心情就会好很多。学会默默地享受生命，或许我们就能坦诚地面对现实，笑迎阳光；或许我们就会少些浮躁，多些平静；或许我们就不再埋怨自己，努力在虚伪的世界里活出一个真实的自我。

有一种自由叫孤独

孤而不独，是一种大境界、大自由。

——朱光潜

“人生而孤独”，孤独是人生的难题。生活就是一次关于孤独的修行，只有能够忍耐寂寞的人才能体会孤独的美好。周国平说，孤独之为人生的重要体验，不仅是因为唯有在孤独中，人才能与自己的灵魂相遇，而且是因为唯有在孤独中，人的灵魂才能与上帝、与神秘、与宇宙的无限之谜相遇。

在交往中，人面对的是部分和人群，而在独处时，人面对的是整体和万物之源。这种面对整体和万物之源的体验，便是一种广义的宗教体验。

英国作家赫胥黎说：“越伟大、越有独创精神的人越喜欢孤独。”孤独不是温饱后的无病呻吟。孤独是灵魂的放射，理性的落寞，也是思想的高度，人生的境界。它没有声音却有思想，没有外延却有内涵，孤独是一种深刻的诠释，是不能替代的美丽。

生活本是一种磨炼，生命本是一种感受。梦起梦灭、缘来缘走，恰如天高云淡、海深水稠，皆是自然之中因果关系。所以忙碌时想追求自由，那就要在喧闹的环境中寻找孤独。孤独必会让人承受寂寞和痛苦。但如果懂得享受孤独时，那深邃的凄美和思绪的自由便会吐蕊而出，展现出一道美丽的风景线。

尼采说：“更高级的哲人孤独着，并非他想孤独，而是在他的周围找不到相同的朋友。”纵观中国历史长河，有多少仁义之士是在孤独中度过。有“僵卧孤村不自哀，尚思为国戍轮台”的陆游，在他报国无望之时，只好告知小儿“王师北定中原日，家祭无忘告乃翁”；也有“举世混浊而我独清，众人皆醉而我独醒”的屈原，因为他的心灵选择了正义，因此他尝尽了孤独的苦头。因为心灵上的孤独，他们才独上高楼，望尽天涯路，成就了历代被人歌功颂德的一代宗师。

对于爱因斯坦来说，在普林斯顿高等研究院的日子里，最重要的并不是科学研究，而是陪哥德尔散步回家。

哥德尔不爱与人交往，甚至在哈佛大学授予其荣誉博士学位、美国总统颁发给他国家科学奖等重要场合，都拒绝出席领取。

20 世纪中叶爱因斯坦去世后，哥德尔更加深居简出。此时，这位被看作亚里士多德以来最伟大的逻辑学家，唯一的朋友是来自中国的王浩。

在世人眼中，哥德尔最耀眼的时刻莫过于 1930 年哥尼斯堡举办的国际数学会议。年方 25 岁的他在会议即将结束时，漫不经心地宣布了那个革命性的发现——不完全性定理。简单地说，就是在一个形式系统中存在一些命题，既不能证明它是真的，也不能证明它是假的。哥德尔的理论大大颠覆了人们对数学的传统观念。除了摇撼数学赖以生存的基础，哥德尔的不完备理论对许多领域产生影响，甚至包括法律上的“无罪推定”。

在普林斯顿待了 20 多年后，哥德尔才从访问学者转为正式教授，等待时间之长，可谓史无前例。博弈论的创始人之一冯·诺依曼曾经不平地说:“如果哥德尔不能当教授，我们这些人怎么可以当教授？”

一如他孤独的人生，他所研究的内容晦涩难懂。这位徘徊在知识边界的孤独者，始终不喜欢谈论自己或受到瞩目。他要求王浩在其死后才可以发表一篇有关他的传记。因此，王浩在书中告诫后来者:“一个人天赋再高，想获得一点真重要真耐久的成绩，必须对外界诱惑保持清醒的头脑，永不懈怠地埋头苦干，靠众人的喝彩、神秘的灵感或不诚实的手段根本做不到。”

对科学家而言，孤独不是悲凉，它能点燃智慧的火焰；它不是一种狂妄，那是到达成功的起点。

科学家的孤独不是无端的空虚，也不是唯我独尊的孤单，而是一种深刻的钻研。在纷乱的社会环境中，又有谁能像哥德尔一样在孤独的探索中成就伟大呢？

孤独是一种美丽的心境，是一个人思想灵魂修养的体现，是难能可贵的一种风范。

卞之琳曾说过这样一句话：“美丽的风景是孤独的，孤独的风景是美丽的，如果有一双慧眼，那么就去找那些美丽的风景吧，哪怕是一瞬间，就足以打动人们的心灵。”这句话是在告诉人们，懂得品味孤独的人，才会看到那一道别样的美丽风景。只有在品位孤独时，你才会发觉它的美丽，才会感受到它的魅力。

在独处中修炼自己

你要发现自己的真，你得给自己一个单独的机会；你要发现一个地方的真，你也得有单独玩的机会。

——徐志摩

《诫子书》中有句名言：“静以修身，俭以养德。非淡泊无以明志，非宁静无以致远。淫慢则不能励精，险躁则不能治性。”古人何其精辟也，

一个“静”字道尽了人间真谛。清静无为，静心修炼，正是那如禅的境界。那静的前提是什么呢？就是学会独处。

每一个人的一生，都有过寂寞的体验，懂得寂寞，是人生的一种境界。“古来圣贤皆寂寞”，独处是对至高人生境界的一种追求。只有能独处的人，才能将全部心思用在目标上。不问结果，享受过程之美，才会使生命更有意义。正如一位哲人所说：“只有伟大的人，才能在独处寂寞中完成他的使命。”学会独处，方能心如止水，方能领略到汹涌澎湃的大潮之美；空谷幽兰，才能绽放香飘弥久的绝世芳香。若要成为真正的强者，就要能够忍耐孤独，学会独处。

卢梭说过这样一句话：“我最不感到厌烦的事情就是独处，我最忍受不了的事情就是闲聊。”独处并不是孤单和无聊，静下心来，在独处中提升自己的修为，是一种享受和境界。当我们独自一人坐下来，同时打开自己的心，我们就会看到一个新的世界。倒上一杯茶，独处一隅，独对自己最真实的内心，静静地思考自己的路，让自己的心灵得到净化，会发现宁静的美好时光，只有那些能够坚强面对孤独的人，才有力量成就伟大的事业。在独处中修炼自己，会让我们离美好的生活越来越近。

康德在46岁时获得教授职称，但在之后的11年里没有发表任何学术论著，当时有一些人认为他很无能。

其实在那十几年的时间里，康德正独自一个人默默地沉思，构思巨著。可是周围的人早已不再相信他的能力。一次，康德的一名学生在参加教授聚会时宣布康德正在创作一部伟大的著作，不料顿时引起教授们的一片起哄和调侃。康德对他们的嘲讽无动于衷，也不辩白，只顾埋首思考自己的著作。

后来，57岁的康德开始动笔，仅仅用几个月的时间，便完成了《纯粹理性批判》一书的写作，证明了自己的价值。11 年没有作品问世的康德是孤独的，他遭受了众人的鄙夷，但孤独中的他并没有迷失方向，而是在孤独中沉思，化孤独为力量。对于能够承受孤独的人，孤独是洗礼；对于不能承受孤独的人，孤独则是梦魇。

可以看出，当我们像一位独居辛勤的农人埋头耕耘，不错过季节的春耕、施肥、锄草，做好要做的每件事，收获注定是必然的结果。这是给心灵放假，让自己走出心的藩篱的过程。学会一个人独处，才能感到与自然、与生活、与天地的灵与肉的结合，才能宠辱不惊，临危不乱，清贫而不贪，富足而不骄。

怎样才能在独处中修炼自己？我们应该首先做到树立正确的意识，不要害怕一个人去面对生活，要认识到独处是一种机会，是一个人走向成熟的必经阶段。另外，我们还要学会在独处时进行深层思考。凡事有自己的见解，不要急躁，不慌张，懂得静心。在一个独处时，学会抉择，学会认识事情的本质，就是在独处中修炼自己。

一个人独处一室，静下心来，可以让思维更加清晰。人一旦感到没有方向，就很有可能会胡思乱想，然后演变为烦躁、不安、消极。做任何事没有目的性，不知道自己为什么要做。迷茫时，我们最需要的是，让自己的心静下来，冷静调理好自己的思路，明确目标。做到这点，我们才能更有效地达到目标。

做一只无头苍蝇，到处乱飞，结果只是竹篮打水一场空。越是迷茫，我们越需要独处一室去思考、去审视。千万不能如一匹脱了缰的野马，仍然四处乱奔，没有了方向。我们要在迷茫时，能停下那匆忙的脚步，静下心来，冷静思考，然后整装待发，方可在独处中修炼一个更加优秀、更加出色的自我。

寂寞是一种清福

忍受寂寞，忍耐，默默担当一个大宇宙，像自然一样默默。

——冯至

寂寞是一种清福，《辞海》里说：“无聊寂寞。”由此可知，对于无聊者，寂寞是一种难耐的苦境，而对于有心者，寂寞却是一种难得的清静。无聊的人，即便身处闹市也会索然寡味，寂寞难耐；有心之人，哪怕独对旷野亦觉生机盎然，天开地阔。“人闲桂花落，夜静春山空”，此境非闲不得；“采菊东篱外，悠然见南山”，此意非闲难会。

苏轼身在庙堂陷身政务之时，佳作甚稀，而一旦置身民间得闲静思，好诗好词接踵而至；文天祥身陷囹圄，其身始闲，其诗方雄；杜少陵沉郁顿挫，惊人之笔，多成夜间；“夜里挑灯看剑，梦回吹角连营”，其言悲壮，其境雄壮，而写这首词的时候，辛稼轩却已鬓发萧然，已非少壮……

梁实秋也在《寂寞》的文章中这样写道：

寂寞是一种清福。我在小小的书斋里，焚起一炉香，袅袅的一缕烟线笔直地上升，一直戳到顶棚，好像屋里的空气是绝对的静止，我的呼吸都没有搅动出一点波澜似的。我独自暗暗地望着那条烟线发怔。屋外庭院中的紫丁香还带着不少嫣红焦黄的叶子，枯叶乱枝的声响可以很清晰地听到，先是一小声清脆的折断声，然后是撞击着枝干的磕碰声，最后是落到空阶上的拍打声。这时节我感到了寂寞。在这寂寞中我意识到了我自己的存在——片刻的孤立的存在。这种境界并不太易得，与环境有关，更与心境有关。寂寞不一定要到深山大泽里去寻求，只要内心清净，随便在市廛里、陋巷里，都可以感觉到一种空灵悠逸的境界，所谓“心远地自偏”是也。在这种境界中，我们可以在想象中翱翔，跳出尘世的渣滓，与古人同游。所以我说，寂寞是一种清福。

但是寂寞的清福是不容易长久享受的。它只是一瞬间的存在。世界有太多的东西不时地提醒我们，提醒我们一件煞风景的事实：我们的两只脚是踏在地上的呀！一只苍蝇撞在玻璃窗上挣扎不出去，一声“老爷太太可怜可怜我这个瞎子吧”，都可以使我们从寂寞中间一头栽出去，栽到苦恼烦躁的旋涡里去。至于“催租吏”一类的东西打上门来，或是“石壕吏”之类的东西半夜捉人，其足以使人败兴生气，就更不待言了。这还是外界的感触，如果自己的内心先六根不净，随时都意马心猿，则虽处在最寂寞的境地里，他也是慌成一片，忙成一团，六神无主，暴跳如雷，他永远不得享受寂寞的清福。

如此说来，所谓寂寞不即是一种唯心论，一种逃避现实的现象吗？也可以说是。一个高韬隐遁的人，在从前的社会里还可以存在，而且还颇受人敬重，在现在的社会里是绝对的不可能。现在似乎只有两种类型的人了，一是在现实的泥濡中打转的人，一是偶然也从泥濡中昂起头来喘口气的人。寂寞便是供人喘息的几口新空气。喘几口气之后还得耐心地低头钻进泥濡里去。所以我对于能够昂首物外的举动并不愿再多苛责。逃避现实，如果现实真能逃避，吾寤寐以求之。

寂寞就是这样一种清福，提到寂寞，许多人都会把它与孤独、苦涩、迷失、惆怅、伤感联系在一起。但是，如果你静心体会寂寞其实是宁静，是洒脱，是悠远，是自我一种难得的感觉，在感到寂寞时轻轻地合上门和窗，隔去外面喧闹的世界，默默地坐在书架前，用粗糙的手掌爱抚地拂去书本上的灰尘，翻着书页嗅觉立刻又触到了久违的纸墨清香。学会享受寂寞，你就学会了享受人生。

在越来越喧闹的尘世中，人们却越来越孤独，才情被泯灭，个性被消磨，爱情永不知足，友谊脚步蹒跚。有的人把寂寞写在脸上，有的人把寂寞藏在心里；一种是精神贫乏者的表现，另一种是精神富有者的象征。前者是因为他们不能或无法理解别人的许多思想和情感，后者是因为他们自己有很多的思想和情感体验得不到共鸣，不能被他人所理解。

几个年轻人嘻嘻哈哈地走进了山中小寺，只见一位老僧正手敲木鱼虔诚地在大佛的一侧诵经。年轻人围着小寺转了一圈不仅见不到一个游客，连沙弥也没看到一个，只有那咚咚的木鱼声和着山野里的清风在耳边回响。年轻人觉得有点奇怪再次转回了那间不大的大殿问仍在闭目诵经的老僧道："和尚，你这庙里咋不见人影呀？"老僧微睁双眼反问道："我不是人？你不是人？咋说不见人影呢？"

"哦，我是说这寺里咋就只见到你一个僧人呢？"年轻人说。

"本来就只有我一个僧人，这又有什么奇怪的呢？"老僧平静地回答。

"你一个人在这深山古寺里不害怕吗？成天面对古佛清灯，与日月为伴，和山野为邻你不寂寞吗？要是叫我在这里生活我早就成疯子了，太孤单了呀！"年轻人叫了起来。

老僧停住手中的木鱼睁大双眼看着眼前的几个年轻人缓缓地说道："喜欢热闹的人是因为心灵感到寂寞，想用喧嚣来充实那颗寂寞的心；我不怕寂寞是因为我的内心无比的丰盈与充实，不需要别人的介入。所以我也就不惧怕冷清与寂寞了。"

其实，老僧的寂寞并不与交往抵触，孤独或许是一种财富。有些人常常在热闹中寂寞，是一种无法言状的累——无端地陪着他人说说笑笑，伪装着自己的真实内心。不能想自己想的事；不能做自己情愿做的事——只一味着迎合。有些人常常在寂寞中热闹，那是彻底表达的孤独，是一种自由的境界、智慧的境界、超凡脱俗的境界，也是交错着痛苦的人生境界。

寂寞如同“阳春白雪”，曲高自然和寡；寂寞如同“高山流水”，知音唯有子期；寂寞如同“二泉映月”，忧愤不失追求。寂寞不仅是对镜时一种无法梳理的情绪，也是面壁时一种冷静思索的境界；它是一种思想，时而静若寒剑，冷冷痛彻心扉；时而迅如闪电，稍纵即逝；在每个寂寞的心中，它或许是内心深处最柔软、最不可触动的角落。

明月是寂寞的，洒向大地的依然是清辉一片；流星是寂寞的，陨落的瞬间依然有灿烂相随；空谷中的幽兰是寂寞的，却不因此而减退芳华；峭壁上的青松是寂寞的，却并不因此而衰老苍翠。耐住寂寞是一种风度，而细细品味寂寞则是一种清福。